空调器维修
从入门到精通

李志锋　主编

机械工业出版社

本书作者曾在多个大型品牌空调器售后服务部门工作，拥有18年的空调器维修经验，熟悉各品牌空调器的维修方法。本书是作者长期维修实践经验的结晶，内含大量维修实物图片，重点介绍了挂式、柜式、定频、变频空调器维修基础知识和维修技巧，主要内容包括空调器结构和工作原理、空调器制冷系统维修、空调器电控系统维修、安装和代换空调器主板、空调器常见故障维修。另外，本书附赠有空调器维修视频和空调器故障代码速查表（通过"机械工业出版社E视界"微信公众号获取）。

　　本书适合初学、自学空调器维修人员阅读，也适合空调器维修售后服务人员、技能提高人员阅读，还可以作为职业院校、培训学校制冷维修相关专业学生的参考书。

图书在版编目（CIP）数据

空调器维修从入门到精通 / 李志锋主编 . —北京：机械工业出版社，2020.4
ISBN 978-7-111-64921-2

Ⅰ.①空… Ⅱ.①李… Ⅲ.①空气调节器–维修 Ⅳ.① TM925.120.7

中国版本图书馆 CIP 数据核字（2020）第 035345 号

机械工业出版社（北京市百万庄大街 22 号　邮政编码 100037）
策划编辑：刘星宁　　　　责任编辑：刘星宁　朱　林
责任校对：张　征　樊钟英　封面设计：马精明
责任印制：孙　炜
北京联兴盛业印刷股份有限公司印刷
2020 年 4 月第 1 版第 1 次印刷
184mm×260mm · 19.5 印张 · 468 千字
标准书号：ISBN 978-7-111-64921-2
定价：79.00 元

电话服务　　　　　　　　网络服务
客服电话：010-88361066　机工官网：www.cmpbook.com
　　　　　010-88379833　机工官博：weibo.com/cmp1952
　　　　　010-68326294　金书网：www.golden-book.com
封底无防伪标均为盗版　机工教育服务网：www.cmpedu.com

近几年，随着全球气候变暖和人民生活水平的提高，空调器正在进入千家万户。随着空调器保有量的大幅增加，随之而来的就是空调器维修量的急剧增长，每到夏天，就会有大量的新的维修人员进入，这部分人员急需在短时间内掌握空调器维修基本技能，而本书中的很多知识都能满足这部分人群的需求，如本书中介绍的空调器制冷系统维修、安装和代换空调器主板等。随着竞争的加剧和技术的进步，空调器生产企业每年都在不断推出新产品，对于新型空调器及采用新技术的空调器的维修，难度在加大，而本书对各类空调器的电控系统进行了深入分析，采用了大量维修实例，介绍了空调器维修通用技巧，从而能够满足想要提升维修技术的空调器维修人员的需求。

本书作者曾在多个大型品牌空调器售后服务部门工作，拥有18年的空调器维修经验，熟悉各品牌空调器的维修方法。本书是作者长期维修实践经验的结晶，内含大量维修实物图片，重点介绍了挂式、柜式、定频、变频空调器维修基础知识和维修技巧，主要内容包括空调器结构和工作原理、空调器制冷系统维修、空调器电控系统维修、安装和代换空调器主板、空调器常见故障维修。另外，本书附赠有空调器维修视频和空调器故障代码速查表（通过"机械工业出版社 E 视界"微信公众号获取）。

需要注意的是，为了与电路板上实际元器件文字符号保持一致，以及为便于初学者学习和理解，书中部分元器件文字符号以及专业术语未按国家标准修改。本书测量电子元器件时，如未特别说明，均使用数字万用表测量。

本书由李志锋任主编，参与本书编写并为本书编写提供帮助的人员有周涛、李嘉妍、李明相、班艳、刘提、刘均、金闯、金华勇、金坡、李文超、金科技、高立平、辛朝会、王松、陈文成、王志奎等。值此成书之际，对他们所做的辛勤工作表示衷心的感谢。

由于作者能力水平所限加之编写时间仓促，书中错漏之处难免，希望广大读者提出宝贵意见。

作　者

目 录 CONTENTS

第一章

Chapter 1

空调器结构和制冷系统原理

对密闭空间、房间或区域里空气的温度、湿度、洁净度及空气流动速度（简称"空气四度"）等参数进行调节和处理，以满足一定要求的设备，称为房间空气调节器，简称为空调器。

第一节　空调器型号命名方法和匹数含义

一、型号命名方法

执行国家标准 GB/T 7725—2004，基本格式如图 1-1 所示。之后又增加 GB 12021.3—2010 标准，主要内容是增加"中国能效标识"图标。

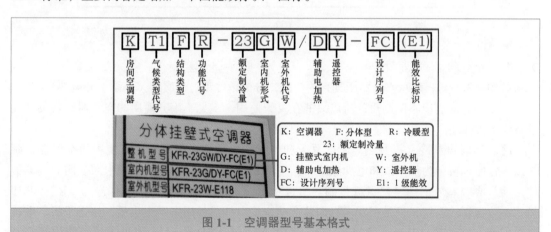

图 1-1　空调器型号基本格式

1. 房间空调器代号

"空调器"汉语拼音为"kong tiao qi"，因此选用第 1 个字母"k"表示，并且在使用时为大写字母"K"。

2. 气候类型代号

表示空调器所工作的环境，分 T1、T2、T3 三种工况，具体内容见表 1-1。由于在我国使用的空调器工作环境均为 T1 类型，因此在空调器标号中省略不再标注。

表 1-1　气候类型工况　　　　　　　　　　（单位：℃）

	T1（温带气候）	T2（低温气候）	T3（高温气候）
单冷型	18～43	10～35	21～52
冷暖型	−7～43	−7～35	−7～52

3. 结构类型

家用空调器按结构类型可分为整体式和分体式两种。

整体式即窗式空调器，实物外形如图 1-2 所示，英文代号为"C"，早期使用较多；由于运行时整机噪声太大，目前已淘汰不再使用。

分体式英文代号为"F"，由室内机和室外机组成，也是目前最常见的结构形式，实物外形如图 1-5 和图 1-6 所示。

图 1-2　窗式空调器

4. 功能代号

如图 1-3 所示，表示空调器所具有的功能，分为单冷型、冷暖型（热泵）和电热型。

单冷型只能制冷不能制热，所以只能在夏天使用，多见于南方使用的空调器，其英文代号省略不再标注。

冷暖型既可制冷又可制热，所以夏天和冬天均可使用，多见于北方使用的空调器，制热按工作原理可分为热泵式和电加热式，其中热泵式在室外机的制冷系统中加装四通阀等部件，通过吸收室外的空气热量进行制热，也是目前最常见的形式，英文代号为"R"；电加热式不改变制冷系统，只是在室内机加装大功率的电加热丝用来产生热量，相当于将"电暖气"安装在室内机，其英文代号为"D"（整机型号为 KFD 开头），多见于早期使用的空调器，由于制热时耗电量太大，目前已淘汰不再使用。

5. 额定制冷量

如图 1-4 所示，用阿拉伯数字表示，单位为 100W，即标注数字再乘以 100，得出的数字为空调器的额定制冷量，我们常说的"匹"也是由额定制冷量换算得出的。

➡ 说明：由于制冷模式和制热模式的标准工况不同，因此同一空调器的额定制冷量和额定制热量也不相同，空调器的工作能力以制冷模式为准。

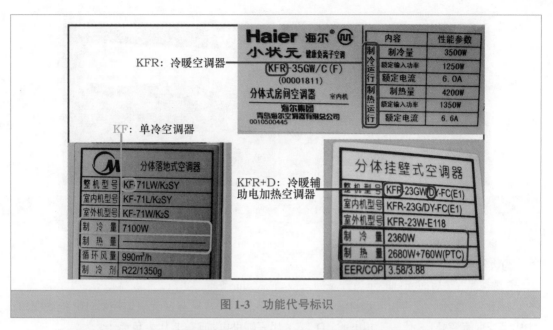

图 1-3　功能代号标识

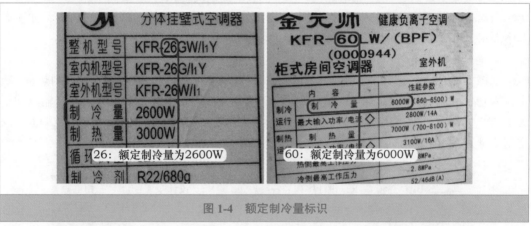

图 1-4　额定制冷量标识

6. 室内机结构形式

D 代表吊顶式，G 代表挂壁式（即挂机），L 代表落地式（即柜机），K 代表嵌入式，T 代表台式。家用空调器常见形式为挂机和柜机，分别如图 1-5 和图 1-6 所示。

图 1-5　挂壁式空调器

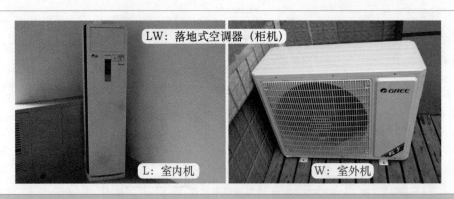

图1-6　落地式空调器

7. 室外机代号

为大写英文"W"。

8. 斜杠"/"后面标号表示设计序列号或特殊功能代号

如图1-7所示，允许用汉语拼音或阿拉伯数字表示。常见有Y代表遥控器；BP代表变频；ZBP代表直流变频；S代表三相电源；D（d）代表辅助电加热；F代表负离子。

➡ 说明：同一英文字母在不同空调器厂家表示的含义是不一样的，例如"F"，在海尔空调器中表示为负离子，在海信空调器中则表示使用R410A无氟制冷剂。

9. 能效比标识

如图1-8所示，能效比即EER（名义制冷量/额定输入功率）和COP（名义制热量/额定输入功率）。例如海尔KFR-32GW/Z2定频空调器，额定制冷量为3200W，额定输入功率为1180W，EER = 3200W ÷ 1180W ≈ 2.71；格力KFR-23GW/（23570）Aa-3定频空调器，额定制冷量为2350W，额定输入功率为716W，EER = 2350W ÷ 716W ≈ 3.28。

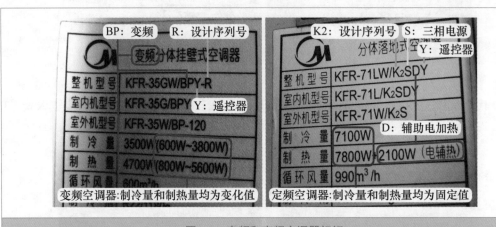

图1-7　变频和定频空调器标识

如图1-9所示，能效比标识分为旧能效标准（GB 12021.3—2004）和新能效标准（GB 12021.3—2010）。

旧能效标准于2005年3月1日开始实施，分体式共分为5个等级，5级最费电，1级最省电，详见表1-2。

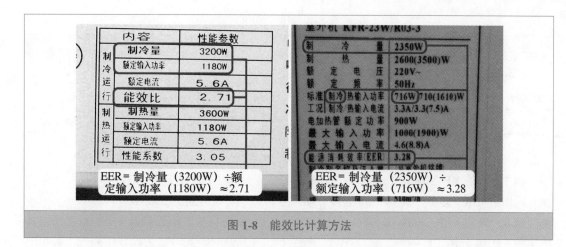

图1-8 能效比计算方法

表1-2 旧能效标准

	1级	2级	3级	4级	5级
制冷量≤4500W	3.4及以上	3.39~3.2	3.19~3.0	2.99~2.8	2.79~2.6
4500W＜制冷量≤7100W	3.3及以上	3.29~3.1	3.09~2.9	2.89~2.7	2.69~2.5
7100W＜制冷量≤14000W	3.2及以上	3.19~3.0	2.99~2.8	2.79~2.6	2.59~2.4

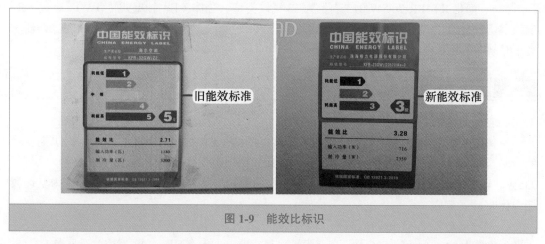

图1-9 能效比标识

海尔 KFR-32GW/Z2 空调器能效比为2.71，根据表1-2可知此空调器为5级能效，也就是最耗电的一类；格力 KFR-23GW/（23570）Aa-3 空调器能效比为3.28，按旧能效标准为2级能效。

新能效标准于2010年6月1日正式实施，旧能效标准也随之终止。新能效标准共分3级，相对于旧标准，级别提高了能效比，旧标准1级为新标准的2级，旧标准2级为新标准的3级，见表1-3。

海尔 KFR-32GW/Z2 空调器能效比为2.71，根据新能效标准3级最低为3.2，所以此空调器不能再上市销售；格力 KFR-23GW/（23570）Aa-3 空调器能效比为3.28，按新能效标准为3级能效。

表 1-3 新能效标准

	1级	2级	3级
制冷量 ≤ 4500W	3.6 及以上	3.59 ~ 3.4	3.39 ~ 3.2
4500W ＜ 制冷量 ≤ 7100W	3.5 及以上	3.49 ~ 3.3	3.29 ~ 3.1
7100W ＜ 制冷量 ≤ 14000W	3.4 及以上	3.39 ~ 3.2	3.19 ~ 3.0

10. 空调器型号举例说明

例 1，海信 KF-23GW/58 表示为 T1 气候类型、分体（F）挂壁式（GW 即挂机）、单冷（KF 后面不带 R）定频空调器，58 为设计序列号，每小时制冷量为 2300W。

例 2，美的 KFR-23GW/DY-FC（E1）表示为 T1 气候类型、带遥控器（Y）和辅助电加热功能（D）、分体（F）挂壁式（GW）、冷暖（R）定频空调器，FC 为设计序列号，每小时制冷量为 2300W，1 级能效（E1）。

例 3，美的 KFR-71LW/K2SDY 表示为 T1 气候类型、带遥控器（Y）和辅助电加热功能（D）、分体（F）落地式（LW 即柜机）、冷暖（R）定频空调器，使用三相（S）电源供电，K2 为设计序列号，每小时制冷量为 7100W。

例 4，科龙 KFR-26GW/VGFDBP-3 表示为 T1 气候类型、分体（F）挂壁式（GW）、带有辅助电加热功能（D）、冷暖（R）变频（BP）空调器，制冷系统使用 R410A 无氟（F）制冷剂，VG 为设计序列号，每小时制冷量为 2600W，3 级能效。

例 5，海信 KT3FR-70GW/01T 表示为 T3 气候类型、分体（F）挂壁式（GW）、冷暖（R）定频空调器，01 为设计序列号，特种使用（T，专供移动或联通等通信基站使用的空调器），每小时制冷量为 7000W。

二、 匹（P）数的含义及对应关系

1. 空调器匹数的含义

空调器匹数是一种不规范的民间叫法，这里的匹（P）数代表的是耗电量，因早期生产的空调器种类相对较少，技术也基本相似，因此使用耗电量代表制冷能力，1 匹（P）约等于 735W。现在，国家标准不再使用"匹（P）"作为单位，而是使用每小时制冷量作为空调器能力标准。

2. 制冷量与匹（P）的对应关系

制冷量为 2400W 约等于正 1P，以此类推，制冷量 4800W 等于正 2P，对应关系见表 1-4。

表 1-4 制冷量与匹（P）的对应关系

制冷量	俗称
2300W 以下	小 1P 空调器
2400W 或 2500W	正 1P 空调器
2600 ~ 2800W	大 1P 空调器
3200W	小 1.5P 空调器
3500W 或 3600W	正 1.5P 空调器

（续）

制冷量	俗称
4500W 或 4600W	小 2P 空调器
4800W 或 5000W	正 2P 空调器
5100W 或 5200W	大 2P 空调器
6000W 或 6100W	正 2.5P 空调器
7000W、7100W 或 7200W	正 3P 空调器
12000W	正 5P 空调器

注：1 ~ 1.5P 空调器常见形式为挂机，2 ~ 5P 空调器常见形式为柜机。

挂式空调器制冷量常见有 1P 和 1.5P 共 2 种（见图 1-10），1P 制冷量为 2400W（或 2300W、2500W、2600W），1.5P 制冷量为 3500W（或 3200W、3300W、3600W）。挂式空调器的制冷量还有 2P（5000W）和 3P（7200W），但比例较小。

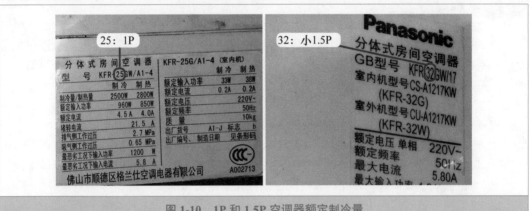

图 1-10　1P 和 1.5P 空调器额定制冷量

柜式空调器制冷量常见有 2P、2.5P、3P 和 5P 共 4 种，如图 1-11 和图 1-12 所示，2P 制冷量为 5000W（或 4800W 或 5100W）、2.5P 制冷量为 6000W（或 6100W）、3P 制冷量为 7200W（或 7000W 或 7100W）、5P 制冷量为 12000W。

示例：KFR-60LW/（BPF），数字 60 × 100=6000，空调器每小时额定制冷量为 6000W，换算为 2.5P 空调器，斜杠"/"后面 BP 含义为变频。

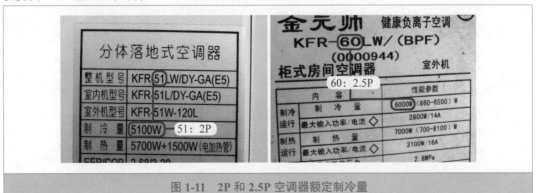

图 1-11　2P 和 2.5P 空调器额定制冷量

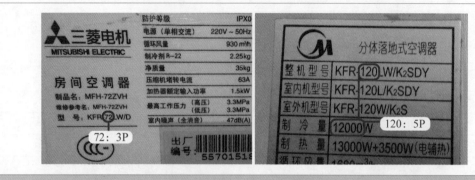

图 1-12　3P 和 5P 空调器额定制冷量

第二节　挂式空调器构造

一、外部构造

空调器整机从结构上包括室内机、室外机、连接管道、遥控器四部分。室内机组包括蒸发器、室内风扇（贯流风扇）、室内风机、电控部分等，室外机组包括压缩机、冷凝器、毛细管、室外风扇（轴流风扇）、室外风机、电气元器件等。

1.室内机的外部结构

挂壁式空调器室内机外部结构如图 1-13 和图 1-14 所示。

① 进风口：房间的空气由进风格栅吸入，并通过过滤网除尘。说明：早期空调器进风口通常由进风格栅（或称为前面板）进入室内机，而目前空调器进风格栅通常设计为镜面或平板样式，因此进风口部位设计在室内机顶部。

② 过滤网：过滤房间中的灰尘。

③ 出风口：已降温或加热的空气经上下导风板和左右导风板调节方位后吹向房间。

④ 上下导风板（上下风门叶片）：调节出风口上下气流方向（一般为自动调节）。

⑤ 左右导风板（左右风门叶片）：调节出风口左右气流方向（一般为手动调节）。

⑥ 应急开关按键：无遥控器时使用应急开关可以开启或关闭空调器的按键。

⑦ 指示灯：显示空调器工作状态的窗口。

⑧ 接收窗：接收遥控器发射的红外线信号。

⑨ 蒸发器接口：与来自室外机组的管道连接（粗管为气管，细管为液管）。

⑩ 保温水管：一端连接接水盘，另一端通过加长水管将制冷时蒸发器产生的冷凝水排至室外。

2.室外机的外部结构

室外机的外部结构如图 1-15 所示。

① 进风口：吸入室外空气（即吸入空调器周围的空气）。

② 出风口：吹出为冷凝器降温的室外空气（制冷时为热风）。

③ 管道接口：连接室内机组管道（粗管为气管，接三通阀；细管为液管，接二通阀）。

④ 检修口（即加氟口）：用于测量系统压力，系统缺氟时可以加氟使用。

⑤ 接线端子：连接室内机的电源线。

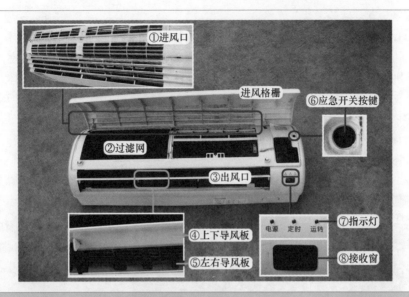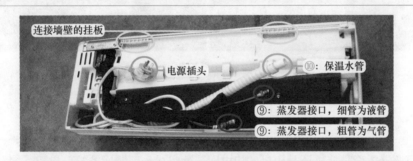

图 1-13　室内机正面外部结构

图 1-14　室内机反面外部结构

图 1-15　室外机外部结构

3. 连接管道

如图 1-16 左图所示，用于连接室内机和室外机的制冷系统，完成制冷（制热）循环，其为制冷系统的一部分；粗管连接室内机蒸发器出口和室外机三通阀，细管连接室内机蒸发器进口和室外机二通阀。由于细管流通的制冷剂为液体，粗管流通的制冷剂为气体，所以细管也称为液管或高压管，粗管也称为气管或低压管。材质早期多为铜管，现在多使用铝塑管。

4. 遥控器

如图 1-16 右图所示，用来控制空调器的运行与停止，使之按用户的意愿运行，其为电控系统的一部分。

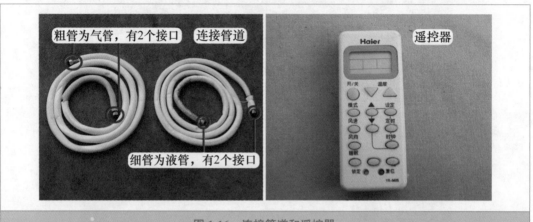

图 1-16　连接管道和遥控器

二、　内部构造

家用空调器无论是挂机还是柜机，均由四部分组成，即制冷系统、电控系统、通风系统和箱体系统。制冷系统由于知识点较多，在本章第四节和第二章进行详细说明。

1. 主要部件安装位置

（1）室内机主要部件

如图 1-17 所示，制冷系统包括蒸发器，电控系统包括电控盒（包括主板、变压器、环温和管温传感器等）、显示板组件、步进电机，通风系统包括室内风机（一般为 PG 电机）、室内风扇（也称为贯流风扇）、轴套、上下和左右导风板，辅助部件包括接水盘。

（2）室外机主要部件

如图 1-18 所示。制冷系统包括压缩机、冷凝器、四通阀、毛细管、过冷管组（单向阀和辅助毛细管），电控系统包括室外风机电容、压缩机电容、四通阀线圈，通风系统包括室外风机（也称为轴流电机）、室外风扇（也称为轴流风扇），辅助部件包括电机支架、挡风隔板。

2. 电控系统

电控系统相当于"大脑"，用来控制空调器的运行，一般使用微控制器（MCU）控制方式，具有遥控、正常自动控制、自动安全保护、故障自诊断和显示、自动恢复等功能。

图 1-19 为电控系统主要部件，通常由主板、遥控器、变压器、环温和管温传感器、室内风机、步进电机、压缩机、室外风机、四通阀线圈等组成。

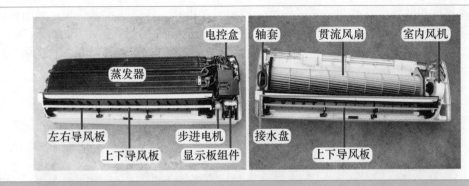

图 1-17　室内机主要部件

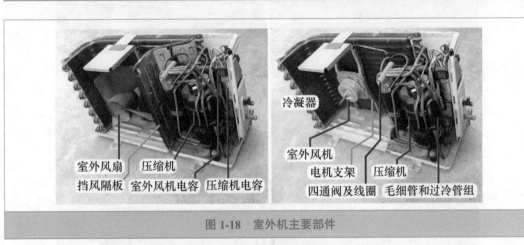

图 1-18　室外机主要部件

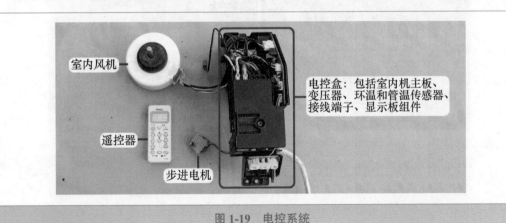

图 1-19　电控系统

3. 通风系统

为了保证制冷系统的正常运行而设计，作用是强制使空气流过冷凝器或蒸发器，加速热交换的进行。

（1）室内机通风系统

室内机通风系统的作用是将蒸发器产生的冷量（或热量）及时输送到室内，降低或提高房间的温度。如图 1-20 所示，使用贯流式通风系统，其包括贯流风扇和室内风机。

贯流风扇由叶轮、叶片和轴承等组成，轴向尺寸很宽，风扇叶轮直径小，呈细长圆筒状，特点是转速高、噪声小；左侧使用轴套固定，右侧连接室内风机。

室内风机产生动力驱动贯流风扇旋转，早期多为 2 速或 3 速的抽头电机，目前通常使用带霍尔反馈功能的 PG 电机，只有部分高档的定频和变频空调器使用直流电机。

贯流风扇

室内风机:早期为抽头电机,目前为PG电机

图 1-20　贯流风扇和室内风机

如图 1-21 所示，贯流风扇叶片采用向前倾斜式，气流沿叶轮径向流入，贯穿叶轮内部，然后沿径向从另一端排出，房间空气从室内机顶部和前部的进风口吸入，由贯流风扇产生一定的流量和压力，经过蒸发器降温或加热后，从出风口吹出。

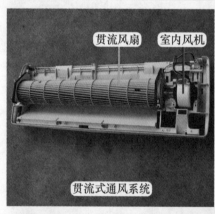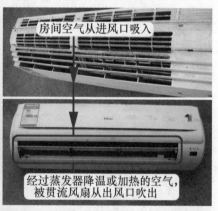

贯流风扇　室内风机

房间空气从进风口吸入

贯流式通风系统

经过蒸发器降温或加热的空气，被贯流风扇从出风口吹出

图 1-21　贯流式通风系统

（2）室外机通风系统

室外机通风系统的作用是为冷凝器散热，如图 1-22 所示，其使用轴流式通风系统，包括室外风扇和室外风机。

室外风扇结构简单，叶片一般为 2 片、3 片、4 片、5 片，使用 ABS 塑料注塑成形，特点是效率高、风量大、价格低、省电，缺点是风压较低、噪声较大。

定频空调器室外风机通常使用单速电机，变频空调器通常使用 2 速、3 速的抽头电机，只有部分高档的定频和变频空调器使用直流电机。

如图 1-23 所示，室外风扇运行时进风侧压力低，出风侧压力高，空气始终沿轴向流动，制冷时将冷凝器产生的热量强制吹到室外。

图 1-22　室外风扇和室外风机

图 1-23　轴流式通风系统

4. 箱体系统

箱体系统是空调器的骨骼。

图 1-24 所示为挂式空调器室内机组的箱体系统（即底座），所有部件均放置在箱体系统上，根据空调器设计的不同外观会有所变化。

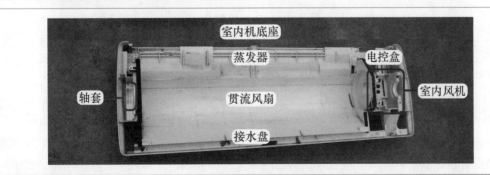

图 1-24　室内机底座

图 1-25 所示为室外机底座，冷凝器、室外风机固定支架、压缩机等部件均安装在室外机底座上面。

图 1-25　室外机底座

第三节　柜式空调器构造

一、室内机构造

1. 外观

目前柜式空调器室内机从正面看，通常分为上下两段，如图 1-26 所示，上段可称为前面板，下段可称为进风格栅，其中前面板主要包括出风口和显示屏，取下进风格栅后可见室内机下方设有室内风扇（离心风扇）即进风口，其上方为电控系统。

➡ 说明：早期空调器从正面看通常分为 3 段，最上方为出风口，中间为前面板（包括显示屏），最下方为进风格栅。目前的空调器将出风口和前面板合为一体。

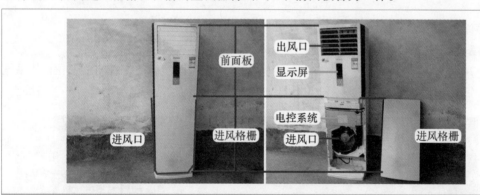

图 1-26　室内机外观

进风格栅顾名思义，就是房间内空气由此进入的部件，如图 1-27 左图所示，目前空调器进风口设置在左侧、右侧和下方位置，从正面看为镜面外观，内部设有过滤网卡槽，过滤网就是安装在进风格栅内部，过滤后的房间空气再由离心风扇吸入，送至蒸发器降温或加热，再由出风口吹出。

如图 1-27 右图所示，翻开前面板后部，取下泡沫盖板后，可看到安装有显示板（从正面看为显示屏）、上下摆风电机和左右摆风电机。

➡ 说明：早期空调器进风口通常设计在进风格栅正面，并且由于出风口上下导风板为手动调节，未设计上下摆风电机。

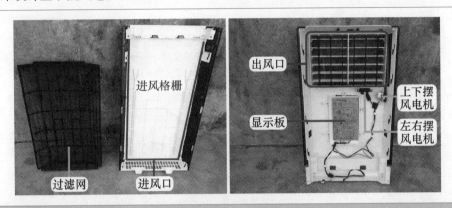

图 1-27　进风格栅和前面板

2. 电控系统和挡风隔板

取下前面板后，如图 1-28 左图所示，可见室内机中间部位安装有挡风隔板，其作用是将蒸发器下半段的冷量（或热量）向上聚集，从出风口排出。为防止异物进入室内机，在出风口部位设有防护罩。

取下电控盒盖板后，如图 1-28 右图所示，电控系统主要由主板、变压器、室内风机电容和接线端子等组成。

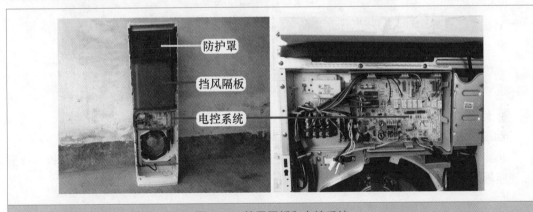

图 1-28　挡风隔板和电控系统

3. 辅助电加热和蒸发器

取下挡风隔板后，如图 1-29 所示，可见蒸发器为直板式。蒸发器中间部位装有 2 组 PTC 式辅助电加热，在冬季制热时提高出风口温度。蒸发器下方为接水盘，通过连接排水软管和加长水管将制冷时产生的冷凝水排至室外。蒸发器共有 2 个接头，其中粗管为气管，细管为液管，经连接管道和室外机二通阀、三通阀相连。

4. 通风系统

取下蒸发器、顶部挡板、电控系统等部件后，如图 1-30 左图所示，此时室内机只剩下外壳和通风系统。

　　通风系统包括室内风机（离心电机）、室内风扇（离心风扇）和蜗壳。图1-30右图所示为取下离心风扇后离心电机的安装位置。

图1-29　辅助电加热和蒸发器

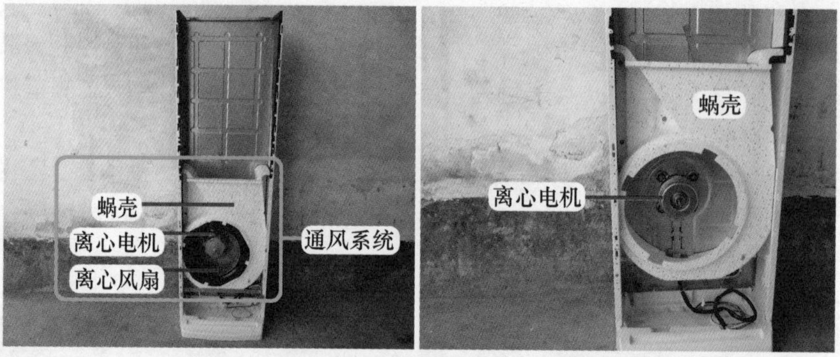

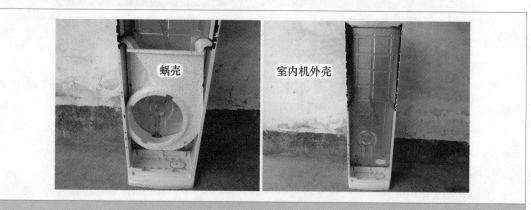

图1-30　通风系统

5. 外壳

　　如图1-31左图所示，取下离心电机后，通风系统的部件只有蜗壳。

　　再将蜗壳取下，如图1-31右图所示，此时室内机只剩下外壳，由左侧板、右侧板、背板和底座等组成。

图1-31　外壳

二、 室外机构造

1. 外观

室外机实物外形如图 1-32 所示，通风系统设有进风口和出风口，进风口设计在后部和侧面，出风口在前面，吹出的风不是直吹，而是朝四周扩散。其中接线端子连接室内机电控系统，管道接口连接室内机制冷系统（蒸发器）。

2. 主要部件

取下室外机顶盖和前盖，如图 1-33 所示，可发现室外机和挂式空调器室外机相同，主要由电控系统、压缩机、室外风机和室外风扇、冷凝器等组成。

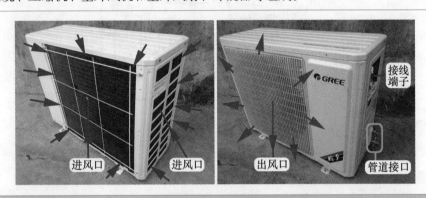

图 1-32　室外机外观

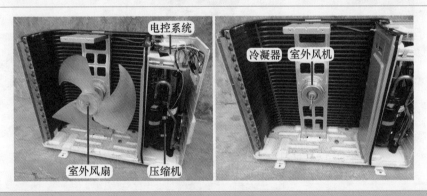

图 1-33　主要部件

第四节　空调器制冷系统工作原理

一、 单冷型空调器制冷系统

1. 制冷系统循环

单冷型空调器制冷循环原理图如图 1-34 所示，实物图如图 1-35 所示。

来自室内机蒸发器的低温低压制冷剂气体被压缩机吸气管吸入，压缩成高温高压气体，由排气管排入室外机冷凝器，通过室外风扇的作用，与室外的空气进行热交换而成为低温高压的制冷剂液体，经过毛细管的节流降压、降温后进入蒸发器，在室内风扇作用下，吸收房间内的热量（即降低房间内的温度）而成为低温低压的制冷剂气体，再被压缩机压缩，制冷剂的流动方向为①→②→③→④→⑤→⑥→⑦→①，如此周而复始地循环达到制冷的目的。制冷系统主要位置压力和温度见表1-5。

➡ 说明：图中红线表示高温管路，蓝线表示低温管路。

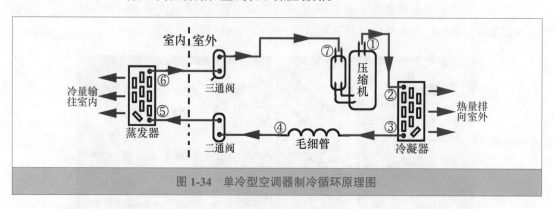

图1-34　单冷型空调器制冷循环原理图

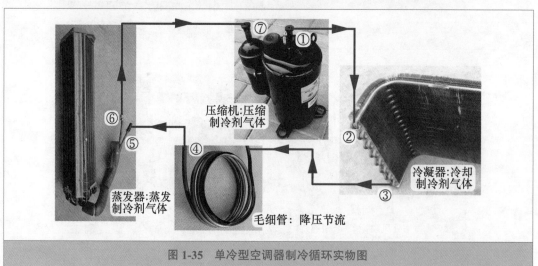

图1-35　单冷型空调器制冷循环实物图

表1-5　制冷系统主要位置压力和温度

代号和位置		状态	压力/MPa	温度/℃
①：压缩机排气管		高温高压气体	2.0	约90
②：冷凝器进口		高温高压气体	2.0	约85
③：冷凝器出口（毛细管进口）		低温高压液体	2.0	约35
④：毛细管出口	⑤：蒸发器进口	低温低压液体	0.45	约7
⑥：蒸发器出口	⑦：压缩机吸气管	低温低压气体	0.45	约5

2. 单冷型空调器制冷系统主要部件

单冷型空调器的制冷系统主要由压缩机、冷凝器、毛细管和蒸发器组成，称为制冷系统四大部件。

（1）压缩机

压缩机是制冷系统的心脏，将低温低压气体压缩成为高温高压气体。压缩机由电机部分和压缩部分组成。电机通电后运行，带动压缩部分工作，使吸气管吸入的低温低压制冷剂气体变为高温高压气体。

压缩机常见形式有活塞式、旋转式、涡旋式 3 种，实物外形如图 1-36 所示。活塞式压缩机常见于老式柜式空调器中，通常为三相供电，现在已经很少使用；旋转式压缩机大量使用在 1~3P 的挂式或柜式空调器中，通常使用单相供电，是目前最常见的压缩机；涡旋式压缩机通常使用在 3P 及以上柜式空调器中，通常使用三相供电，由于不能反向运行，使用此类压缩机的空调器室外机设有相序保护电路。

活塞式　旋转式　涡旋式

图 1-36　压缩机

（2）冷凝器

冷凝器实物外形如图 1-37 所示，其作用是将压缩机排气管排出的高温高压气体变为低温高压液体。压缩机排出的高温高压气体进入冷凝器后，吸收外界的冷量，此时室外风机运行，将冷凝器表面的高温排向外界，从而将高温高压气体冷凝为低温高压液体。

常见形式：常见外观形状有单片式、双片式或更多。

（3）毛细管

毛细管由于价格低及性能稳定，在定频空调器和变频空调器中大量使用，安装位置和实物外形如图 1-38 所示，目前部分变频空调器使用电子膨胀阀代替毛细管作为节流元件。

毛细管的作用是将低温高压液体变为低温低压液体。从冷凝器排出的低温高压液体进入毛细管后，由于管径突然变小并且较长，因此从毛细管排出的液体的压力已经很低，由于压力与温度成正比，此时制冷剂的温度也较低。

（4）蒸发器

蒸发器实物外形如图 1-39 所示，作用是吸收房间内的热量，降低房间温度。工作时毛细管排出的液体进入蒸发器后，低温低压液体蒸发吸热，使蒸发器表面温度很低，室内风机运行，将冷量输送至室内，降低房间温度。

常见形式：根据外观不同，常见有直板式（一折式）、二折式、三折式或更多。

图 1-37　冷凝器

图 1-38　毛细管

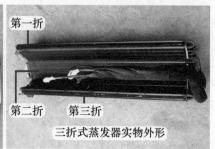

图 1-39　蒸发器

二、　冷暖型空调器制冷系统

在单冷型空调器的制冷系统中增加四通阀，即可组成冷暖型空调器的制冷系统，此时系统既可以制冷，又可以制热。但在实际应用中，为提高制热效果，又增加了过冷管组（单向阀和辅助毛细管）。

1. 四通阀安装位置和作用

四通阀安装在室外机制冷系统中，作用是转换制冷剂流量的方向，从而将空调器转换为制冷或制热模式，如图 1-40 左图所示，四通阀组件包括四通阀和线圈。

如图 1-40 右图所示，四通阀连接管道共有 4 根，D 口连接压缩机排气管，S 口连接压缩机吸气管，C 口连接冷凝器，E 口连接三通阀经管道至室内机蒸发器。

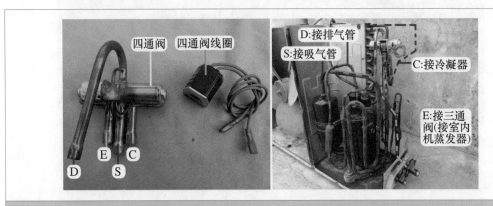

图 1-40　四通阀组件和安装位置

2. 四通阀内部构造

如图 1-41 所示，四通阀可细分为换向阀（阀体）、电磁导向阀和连接管道共 3 部分。

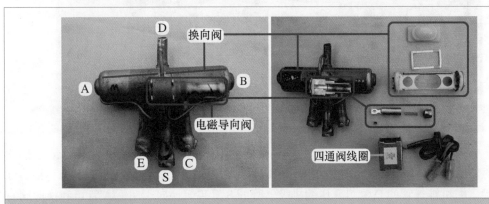

图 1-41　四通阀内部结构

（1）换向阀

将四通阀翻到反面，并割开阀体表面铜壳，如图 1-42 所示，可看到换向阀内部零件，主要由阀块、左右 2 个活塞、连杆和弹簧组成。

活塞和连杆固定在一起，阀块安装在连杆上面，当活塞受到压力变化时其带动连杆左右移动，从而带动阀块左右移动。

如图 1-43 左图所示，当阀块移动至某一位置时使 S-E 管口相通，则 D-C 管口相通，压缩机排气管 D 排出高温高压的气体经 C 管口至冷凝器，三通阀 E 连接压缩机吸气管 S，空调器处于制冷状态。

如图 1-43 右图所示，当阀块移动至某一位置时使 S-C 管口相通，则 D-E 管口相通，压缩机排气管 D 排出高温高压气体经 E 管口至三通阀连接室内机蒸发器，接冷凝器的 C 口连接压缩机吸气管 S，空调器处于制热状态。

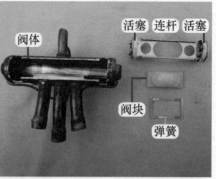

图 1-42　换向阀组成

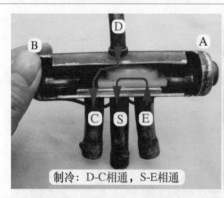
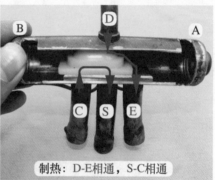

制冷：D-C相通，S-E相通

制热：D-E相通，S-C相通

图 1-43　制冷制热转换原理

（2）电磁导向阀

电磁导向阀由导向毛细管和导向阀本体组成，如图 1-44 所示。导向毛细管共有 4 根，分别为连接压缩机排气管的 D 管口、压缩机吸气管的 S 管口、换向阀左侧 A 管口和换向阀右侧 B 管口。导向阀本体安装在四通阀表面，内部由小阀块、衔铁、弹簧和堵头（设有四通阀线圈的固定螺钉）组成。

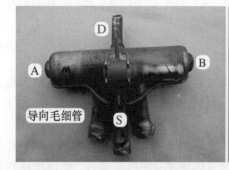
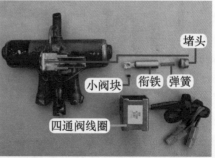

图 1-44　电磁导向阀组成

如图 1-45 所示，导向阀连接 4 根导向毛细管，其内部设有 4 个管口，布局和换向阀类似，小阀块安装在衔铁上面，衔铁移动时带动小阀块移动，从而接通或断开导向阀内部下方 3 个管口。衔铁移动方向受四通阀线圈产生的电磁力控制，导向阀内部的阀块之所以称为"小阀块"，是为了和换向阀内部的阀块进行区分，2 个阀块所起的作用基本相同。

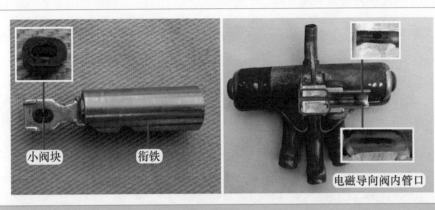

图 1-45　小阀块和导向阀管口

3. 制冷和制热模式转换原理

（1）制冷模式

当室内机主板未向四通阀线圈供电时，即希望空调器运行在制冷模式。

室外机四通阀因线圈电压为交流 0V，如图 1-46 所示，电磁导向阀内部衔铁在弹簧的作用下向左侧移动，使得 D 口和 B 侧的导向毛细管相通，S 口和 A 侧的导向毛细管相通，因 D 口连接压缩机排气管，S 口连接压缩机吸气管，因此换向阀 B 侧压力高、A 侧压力低。

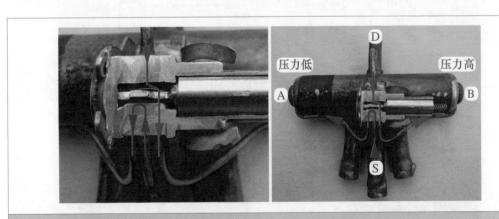

图 1-46　电磁导向阀使阀体压力左低右高

如图 1-47 和图 1-48 所示，因换向阀 B 侧压力高于 A 侧，推动活塞向 A 侧移动，从而带动阀块使 S-E 管口相通，同时 D-C 管口相通，即压缩机排气管（D）和冷凝器（C）相通、压缩机吸气管（S）和连接室内机蒸发器的三通阀（E）相通，制冷剂流动方向为 ①→D→C→②→③→④→⑤→⑥→E→S→⑦→①，系统工作在制冷模式。制冷模式下系统主要位置压力和温度见表 1-5。

（2）制热模式

当室内机主板向四通阀线圈供电时，即希望空调器处于制热模式。

如图 1-49 所示，室外机四通阀线圈电压为交流 220V，产生电磁力，使电磁导向阀内部的衔铁克服弹簧的阻力向右侧移动，使得 D 口和 A 侧的导向毛细管相通、S 口和 B 侧的导向毛细管相通，因此换向阀 A 侧压力高，B 侧压力低。

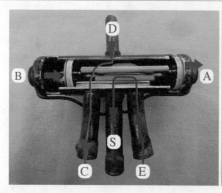
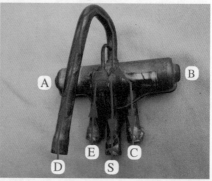

图 1-47   阀块移动工作在制冷模式

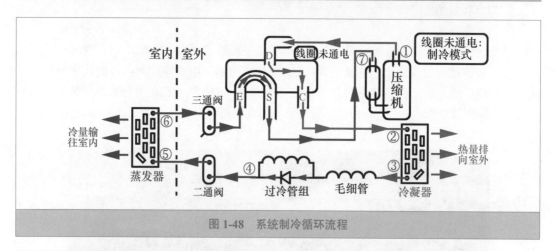

图 1-48   系统制冷循环流程

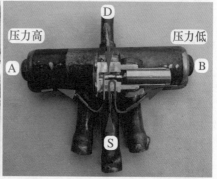

图 1-49   电磁导向阀使阀体压力左高右低

如图 1-50 和图 1-51 所示，因换向阀 A 侧压力高于 B 侧压力，推动活塞向 B 侧移动，从而带动阀块使 S-C 管口相通、同时 D-E 管口相通，即压缩机排气管（D）和连接室内机蒸发器的三通阀（E）相通、压缩机吸气管（S）和冷凝器（C）相通，制冷剂流动方向为 ①→D→E→⑥→⑤→④→③→②→C→S→⑦→①，系统工作在制热模式。制热模式下系统主要位置压力和温度见表 1-6。

表 1-6 制热模式下制冷系统主要位置压力和温度

代号和位置		状态	压力 /MPa	温度 /℃
①：压缩机排气管		高温高压气体	2.2	约 80
⑥：蒸发器出口		高温高压气体	2.2	约 70
⑤：蒸发器进口	④：辅助毛细管出口	低温高压液体	2.2	约 50
③：冷凝器出口（毛细管进口）		低温低压液体	0.2	约 7
②：冷凝器进口	⑦：压缩机吸气管	低温低压气体	0.2	约 5

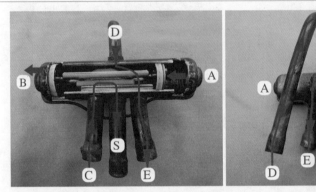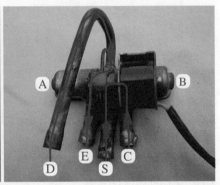

图 1-50 阀块移动工作在制热模式

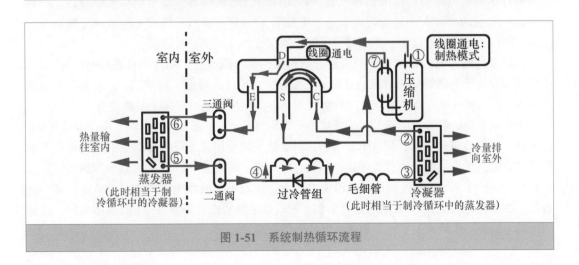

图 1-51 系统制热循环流程

25

4. 单向阀与辅助毛细管（过冷管组）

过冷管组实物外形如图 1-52 所示，作用是在制热模式下延长毛细管的长度，降低蒸发压力，蒸发温度也相应降低，能够从室外吸收更多的热量，从而提高制热效果。

辨认方法：辅助毛细管和单向阀并联，单向阀具有方向之分，带有箭头的一端接二通阀铜管。

单向阀具有单向导通特性，制冷模式下直接导通，辅助毛细管不起作用；制热模式下单向阀截止，制冷剂从辅助毛细管通过，延长毛细管的总长度，从而提高制热效果。

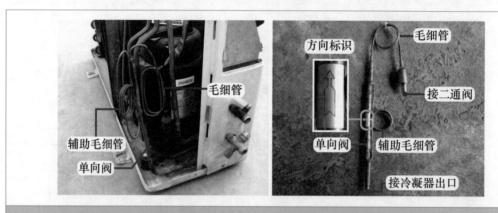

图 1-52　单向阀与辅助毛细管

（1）制冷模式（见图 1-53 左图）

制冷剂流动方向为：压缩机排气管→四通阀→冷凝器（①）→单向阀（②）→毛细管（④）→过滤器（⑤）→二通阀（⑥）→连接管道→蒸发器→三通阀→四通阀→压缩机吸气管，完成循环过程。

此时单向阀方向标识和制冷剂流通方向一致，单向阀导通，短路辅助毛细管，辅助毛细管不起作用，由毛细管独自节流。

（2）制热模式（见图 1-53 右图）

制冷剂流动方向为：压缩机排气管→四通阀→三通阀→蒸发器（相当于冷凝器）→连接管道→二通阀（⑥）→过滤器（⑤）→毛细管（④）→辅助毛细管（③）→冷凝器出口（①）（相当于蒸发器进口）→四通阀→压缩机吸气管，完成循环过程。

此时单向阀方向标识和制冷剂流通方向相反，单向阀截止，制冷剂从辅助毛细管流过，由毛细管和辅助毛细管共同节流，延长了毛细管的总长度，降低了蒸发压力，蒸发温度也相应下降，此时室外机冷凝器可以从室外吸收到更多的热量，从而提高了制热效果。

举个例子说，假如毛细管节流后对应的蒸发温度为 0℃，那么这台空调器室外温度在 0℃以上时，制热效果还可以，但在 0℃以下，制热效果则会明显下降；如果毛细管和辅助毛细管共同节流，延长毛细管的总长度后，假如对应的蒸发温度为 -5℃，那么这台空调器室外温度在 0℃以上时，由于蒸发温度低，温度差较大，因而可以吸收更多的热量，从而提高制热效果，如果室外温度在 -5℃，制热效果和不带辅助毛细管的空调器在 0℃时基本相同，这说明辅助毛细管工作后减少了对空调器温度的限制范围。

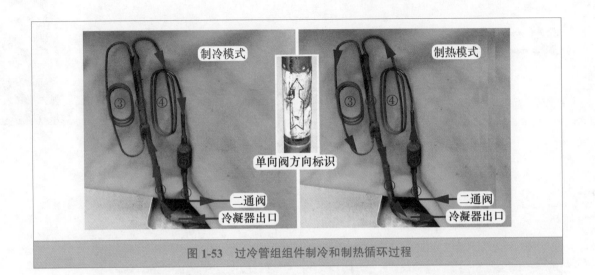

图 1-53　过冷管组组件制冷和制热循环过程

第二章

空调器制冷系统维修基础知识

第一节　收氟和排空

一、　收氟

收氟即回收制冷剂，是将室内机蒸发器和连接管道的制冷剂回收至室外机冷凝器的过程，是移机或维修蒸发器、连接管道前的一个重要步骤。收氟时必须将空调器运行在制冷模式下，且压缩机正常运行。

1. 开启空调器方法

如果房间温度较高（夏季），则可以用遥控器直接选择制冷模式，将温度设定到最低16℃即可。

如果房间温度较低（冬季），应参照图 2-1，选择以下两种方法中的一种。

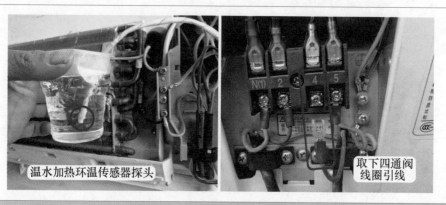

温水加热环温传感器探头　　　取下四通阀线圈引线

图 2-1　强制制冷开机的两种方法

①　用温水加热（或用手捏住）室内环温传感器探头，使之检测温度上升，再用遥控器设定制冷模式开机收氟。

②　制热模式下在室外机接线端子处取下四通阀线圈引线，强制断开四通阀线圈供电，空调器即运行在制冷模式下。注意：使用此种方法一定要注意用电安全，可先断开引线再开

机收氟。

➡ 说明：某些品牌的空调器，如按压"应急按钮（开关）"按键超过 5s，也可使空调器运行在应急制冷模式下。

2. 收氟操作步骤

收氟操作步骤如图 2-2 ~ 图 2-4 所示。

① 取下室外机二通阀和三通阀的堵帽。

② 用内六方扳手关闭二通阀阀芯，蒸发器和连接管道的制冷剂通过压缩机排气管存储在室外机的冷凝器之中。

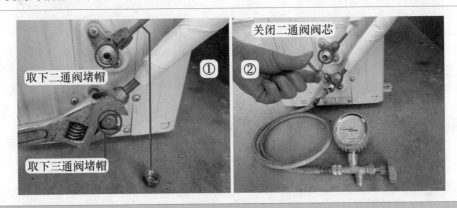

图 2-2　收氟操作步骤（一）

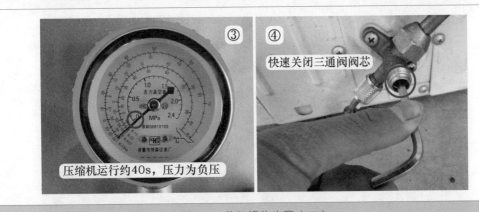

图 2-3　收氟操作步骤（二）

③ 在室外机（主要指压缩机）运行约 40s 后（本处指 1P 空调器运行时间），关闭三通阀阀芯。如果对时间掌握不好，可以在三通阀检修口接上压力表，观察压力回到负压范围内时再快速关闭三通阀阀芯。

④ 压缩机运行时间符合要求或压力表指针回到负压范围内时，快速关闭三通阀阀芯。

⑤ 用遥控器关机，拔下电源插头，并使用扳手取下细管螺母和粗管螺母。

⑥ 在室外机接口处取下连接管道中气管（粗管）和液管（细管）螺母，并用胶布封闭接口，防止管道内进入水分或脏物，并拧紧二通阀和三通阀堵帽。

⑦ 如果需要拆除室外机，在室外机接线端子处取下室内外机连接线，再取下室外机的 4

个底脚螺钉后即可。

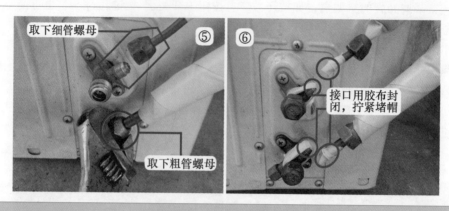

图 2-4　收氟操作步骤（三）

二、　冷凝器中有制冷剂时的排空方法

　　排空是指空调器新装机或移机时安装完毕后，通过使用冷凝器中制冷剂将室内机蒸发器和连接管道内空气排出的过程，操作步骤如图 2-5~ 图 2-7 所示。排空完成后要用洗洁精泡沫检查接口，防止出现漏氟故障。

➡ 说明：本处示例的空调器机型使用 R22 制冷剂。如果使用 R410A 或 R32 等环保制冷剂，则需要使用真空泵抽真空，不能使用制冷剂排空的方法。

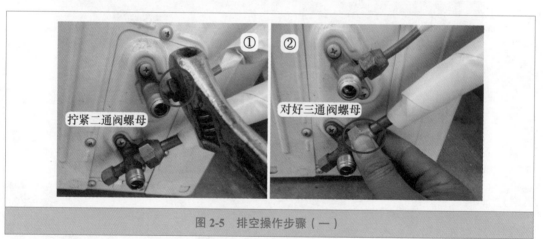

图 2-5　排空操作步骤（一）

　　① 将液管（细管）螺母接在二通阀上并拧紧。

　　② 将气管（粗管）螺母接在三通阀上但不拧紧。

　　③ 用内六方扳手将二通阀阀芯逆时针旋转打开 90°，存在冷凝器内的制冷剂气体将室内机蒸发器、连接管道内的空气从三通阀螺母处排出。

　　④ 约 30s 后拧紧三通阀螺母。

　　⑤ 用内六方扳手完全打开二通阀和三通阀阀芯。

　　⑥ 安装二通阀和三通阀堵帽并拧紧。

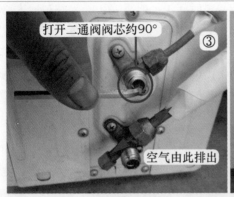
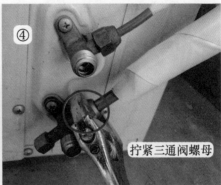

图 2-6　排空操作步骤（二）

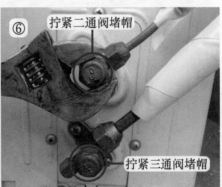

图 2-7　排空操作步骤（三）

三、　冷凝器中无制冷剂时的排空方法

空气为不可压缩的气体，系统中如含有空气会使高压、低压上升，增加压缩机的负荷，同时制冷效果也会变差；空气中含有的水分则会使压缩机线圈绝缘性能下降，缩短其寿命；制冷过程中水分容易在毛细管部位堵塞，形成冰堵故障；因而在更换系统部件（如压缩机、四通阀）或维修由系统铜管产生裂纹导致的无氟故障时，焊接完毕后在加氟之前要将系统内的空气排除。常用方法有真空泵抽真空和用 R22 制冷剂顶空。

1. 真空泵抽真空

真空泵是排除系统空气的专用工具，实物外形如图 2-8 左图所示，可使空调器制冷系统内的真空度达到 −0.1MPa（即 −760mmHg）。

真空泵吸气口通过加氟管连接至压力表接口，接口根据品牌不同也不相同，有些为英制接口，有些为公制接口；真空泵排气口则用于将吸气口吸入的制冷系统内的空气排向室外。

图 2-8 右图为抽真空时真空泵的连接方法。使用 1 根加氟管连接室外机三通阀检修口和压力表，1 根加氟管连接压力表和真空泵吸气口，开启真空泵电源，再打开压力表开关，制

冷系统内的空气便从真空泵排气口排出，运行一段时间（一般需要 20min 左右）达到真空度要求后，首先关闭压力表开关，再关闭真空泵电源，将加氟管连接至氟瓶并排除加氟管中的空气后，即可为空调器加氟。

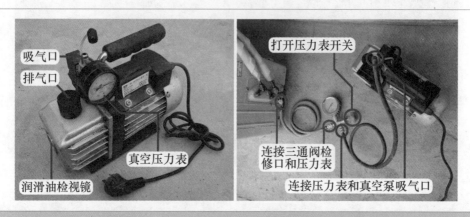

图 2-8　抽真空示意图

（1）压力表真空度对比

抽真空前：如图 2-9 左图所示，制冷系统内含有的空气和大气压力相等，约为 0MPa。

抽真空后：如图 2-9 右图所示，真空泵将制冷系统内的空气抽出后，压力约为 -0.1MPa。

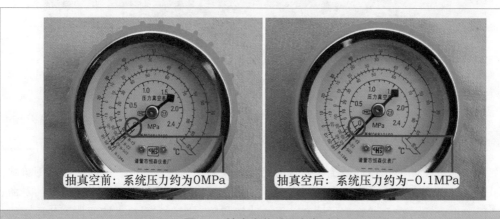

图 2-9　抽真空前后压力表对比

（2）真空表真空度对比

如果真空泵上安装有真空表，更可以直观看到系统真空度。

抽真空前：如图 2-10 左图所示，制冷系统内含有的空气和大气压力相等，约为 820mbar（82kPa）。

抽真空中：如图 2-10 中图所示，开启真空泵电源后，系统内的空气排向室外，真空度也在逐渐下降。

抽真空后：如图 2-10 右图所示，系统内真空度达到要求后，真空表指针指示为深度负压。

图 2-10　抽真空时真空表对比

2. 使用 R22 制冷剂顶空

系统充入 R22 制冷剂将空气顶出，同样能达到排除空气的目的，用 R22 制冷剂顶空操作步骤如图 2-11 ~ 图 2-13 所示。

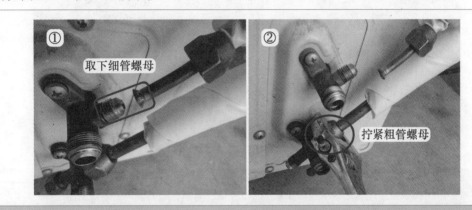

图 2-11　用制冷剂顶空（一）

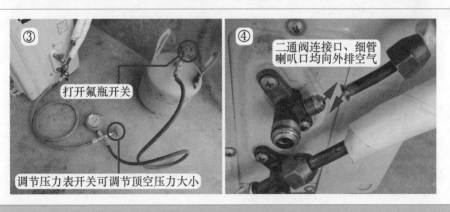

图 2-12　用制冷剂顶空（二）

① 在二通阀处取下细管螺母，并完全打开二通阀阀芯。

② 在三通阀处拧紧粗管螺母，并完全打开三通阀阀芯。

③ 从三通阀检修口充入 R22 制冷剂，通过调整压力表开关的开启角度可以调节顶空的

压力，避免顶空过程中压力过大。

④ 室外机的空气从二通阀处向外排出，室内机和连接管道的空气从细管喇叭口处向外排出。

⑤ 室内机和连接管道的空气排除较快，而室外机有毛细管和压缩机的双重阻碍作用，所以室外机的顶空时间应长于室内机，用手堵住连接管道中细管的喇叭口，此时只有室外机二通阀处向外排空气，这样可以减少 R22 制冷剂的浪费。

⑥ 一段时间后将细管螺母连接在二通阀并拧紧，此时系统内的空气已排除干净，开机即可为空调器加氟。注意在拧紧细管螺母过程中，应将压力表开关打开一些，使二通阀处和细管喇叭口处均向外排空气时再拧紧。

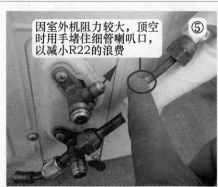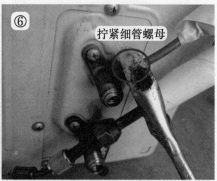

因室外机阻力较大，顶空时用手堵住细管喇叭口，以减小 R22 的浪费

⑤　⑥

拧紧细管螺母

图 2-13　用制冷剂顶空（三）

第二节　缺氟分析和检漏

一、缺氟分析

空调器常见的漏氟部位如图 2-14 所示。

1. 连接管道漏氟

① 加长连接管道焊点有砂眼，系统漏氟。

② 连接管道本身质量不好有砂眼，系统漏氟。

③ 安装空调器时管道弯曲过大，管道握瘪有裂纹，系统漏氟。

④ 加长管道使用快速接头，喇叭口处理不好而导致漏氟。

2. 室内机和室外机接口漏氟

① 安装或移机时接口未拧紧，系统漏氟。

② 安装或移机时液管（细管）螺母拧得过紧将喇叭口拧脱落，系统漏氟。

③ 多次移机时拧紧、松开螺母，导致喇叭口变薄或脱落，系统漏氟。

④ 安装空调器时快速接头螺母与螺钉（俗称螺丝）未对好，拧紧后密封不严，系统漏氟。

⑤ 加长管道时喇叭口扩口偏小，安装后密封不严，系统漏氟。

⑥ 紧固螺母有裂纹，系统漏氟。

3. 室内机漏氟

① 室内机快速接头焊点有砂眼，系统漏氟。

② 蒸发器管道有砂眼，系统漏氟。

4. 室外机漏氟

① 二通阀和三通阀阀芯损坏，系统漏氟。

② 二通阀和三通阀堵帽未拧紧，系统漏氟。

③ 三通阀检修口顶针损坏，系统漏氟。

④ 室外机机内管道有裂纹（重点检查:压缩机排气管和吸气管，四通阀连接的4根管道，冷凝器进口部位，二通阀和三通阀连接铜管）。

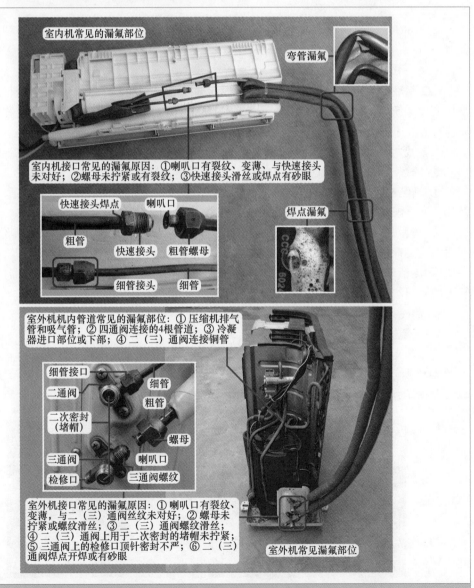

图 2-14　制冷系统常见的漏氟部位

二、 系统检漏

空调器不制冷或效果不好，检查故障为系统缺氟引起时，在加氟之前要查找漏点并处理。如果只是盲目加氟，由于漏点还存在，空调器还会出现同样的故障。在检修漏氟故障时，应先询问用户，空调器是突然出现故障还是缓慢出现故障，检查是新装机还是使用一段时间的空调器，根据不同情况选择重点检查部位。

1. 检查系统压力

关机并拔下空调器电源（防止在检查过程中发生危险），在三通阀检修口接上压力表，观察此时的静态压力。

① 0～0.5MPa：无氟故障，此时应向系统内加注气态制冷剂，使静态压力达到0.6MPa或更高压力，以便于检查漏点。

② 0.6MPa或更高压力：缺氟故障，此时不用向系统内加注制冷剂，可直接用泡沫检查漏点。

2. 检漏技巧

R22制冷剂与压缩机润滑油能互溶，因而R22制冷剂泄漏时通常会将润滑油带出，也就是说制冷系统有油迹的部位就极有可能是漏氟部位，应重点检查。如果油迹有很长的一段，则应检查处于最高位置的焊点或系统管道。

3. 重点检查部位

漏氟故障重点检查部位如图2-15～图2-17所示，具体如下。

① 新装机（或移机）：室内机和室外机连接管道的4个接头，二通阀和三通阀堵帽，以及加长管道焊接部位。

② 正常使用的空调器突然不制冷：压缩机吸气管和排气管、系统管路焊点、毛细管、四通阀连接管道和根部。

③ 逐渐缺氟故障：室内机和室外机连接管道的4个接头。更换过系统元器件或补焊过管道的空调器还应检查焊点。

④ 制冷系统中有油迹的位置。

4. 检漏方法

用水将毛巾（或海绵）淋湿，以不向下滴水为宜，倒上洗洁精，轻揉至有丰富的泡沫，如图2-18所示，涂在需要检查的部位，观察是否向外冒泡，冒泡则说明检查部位有漏氟故障，没有冒泡说明检查部位正常。

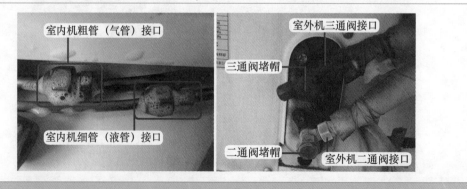

图2-15　漏氟故障重点检查部位（一）

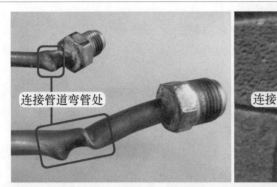

图 2-16 漏氟故障重点检查部位（二）

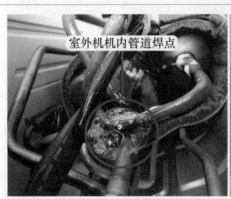

图 2-17 漏氟故障重点检查部位（三）

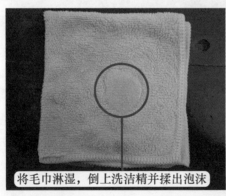
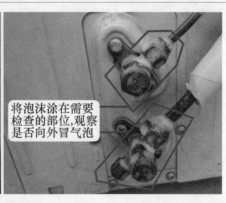

图 2-18 泡沫检漏

5. 漏点处理方法

① 系统焊点漏：补焊漏点。

② 四通阀根部漏：更换四通阀。

③ 喇叭口管壁变薄或脱落：重新扩口。

④ 接头螺母未拧紧：拧紧接头螺母。

⑤ 二、三通阀或室内机快速接头螺纹损坏：更换二、三通阀或快速接头。

⑥ 接头螺母有裂纹或螺纹损坏：更换连接螺母。

6.慢漏故障检修方法

制冷系统慢漏故障，如果因漏点太小或比较隐蔽，使用上述方法未检查出漏点时，可以使用以下步骤来检查。

（1）区分故障部位

当系统为平衡压力时，接上压力表并记录此时的系统压力值后取下，关闭二通阀和三通阀的阀芯，将室内机和室外机的系统分开保压。

等待一段时间后（根据漏点大小决定），再接上压力表，慢慢打开三通阀阀芯，查看压力表表针是上升还是下降：如果是上升，说明室外机的压力高于室内机，故障在室内机，应重点检查蒸发器和连接管道；如果是下降，说明室内机的压力高于室外机，故障在室外机，应重点检查冷凝器和室外机内管道。

（2）增加检漏压力

由于氟的静态压力最高约为1MPa，对于漏点较小的故障部位，应增加系统压力来检查。如果条件具备，可使用氮气，氮气瓶通过连接管经压力表，将氮气直接充入空调器制冷系统，静态压力能达到2MPa。

危险提示： 压力过高的氧气遇到压缩机的冷冻油将会自燃，导致压缩机爆炸，因此严禁将氧气充入制冷系统用于检漏，切记！切记！

（3）将制冷系统放入水中

如果区分故障部位和增加检漏压力之后，仍检查不到漏点，可将怀疑的系统部分（如蒸发器或冷凝器）放入清水之中，通过观察冒出的气泡来查找漏点。

第三节 加 氟

一、 加氟工具和步骤

分体式空调器室内机和室外机使用管道连接，并且可以根据实际情况加长管道，方便了安装，但由于增加了接口部位，导致空调器漏氟的可能性加大。而缺氟是最常见的故障之一，为空调器加氟是需要掌握的最基本的维修技能。

1.加氟基本工具

（1）制冷剂钢瓶

制冷剂钢瓶实物外形如图2-19所示，俗称氟瓶，用来存放制冷剂。因目前空调器使用的制冷剂有两种，早期和目前通常为R22，而目前新出厂的变频空调器通常使用R410A。为了便于区分，两种钢瓶的外观颜色设计也不相同，R22钢瓶为绿色，R410A钢瓶为粉红色。

上门维修通常使用充注量为6kg的R22钢瓶及充注量为13.6kg的R410A钢瓶，6kg钢瓶通常为米制接口，13.6kg或22.7kg钢瓶通常为英制接口，在选择加氟管时应注意。

图 2-19　制冷剂钢瓶

（2）压力表组件

压力表组件实物外形如图 2-20 所示，由三通阀（A 口、B 口、压力表接口）和压力表组成，本书简称为压力表，作用是测量系统压力。

三通阀 A 口为米制接口，通过加氟管连接空调器三通阀检修口；三通阀 B 口为米制接口，通过加氟管可连接氟瓶、真空泵等；压力表接口为专用接口，只能连接压力表。

压力表开关控制三通阀接口的状态。压力表开关处于关闭状态时，A 口与压力表接口相通，A 口与 B 口断开；压力表开关处于打开状态时，A 口、B 口、压力表接口相通。

压力表无论有几种刻度，只有印有 MPa 或 kgf/cm^2 的刻度才是压力数值，其他刻度（例如℃）在维修空调器时一般不用查看。

➡ 说明：1MPa≈10kgf/cm^2。

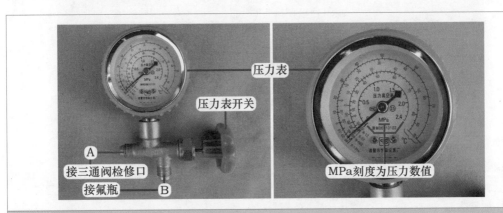

图 2-20　压力表组件

（3）加氟管

加氟管实物外形如图 2-21 左图所示，作用是连接压力表接口、真空泵、空调器三通阀检修口、氟瓶和氮气瓶等。一般有两根即可，一根接头为公制 - 公制，连接压力表和氟瓶；一根接头为公制 - 英制，连接压力表和空调器三通阀检修口。

公制和英制接头的区别方法如图 2-21 右图所示，中间设有分隔环为公制接头，中间未设分隔环为英制接头。

➡ 说明：空调器三通阀检修口一般为英制接口，另外加氟管的选取应根据压力表接口（公制或英制）、氟瓶接口（公制或英制）来决定。

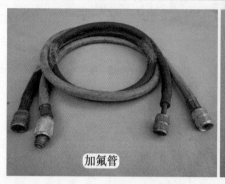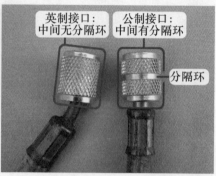

英制接口：中间无分隔环　　公制接口：中间有分隔环

分隔环

加氟管

图 2-21　加氟管

（4）转换接头

转换接头实物外形如图 2-22 左图所示，作用是作为搭桥连接，常见有公制转换接头和英制转换接头。

如图 2-22 中图和右图所示，例如加氟管一端为英制接口，而氟瓶为公制接头，不能直接连接。使用公制转换接头可解决这一问题，转换接头一端连接加氟管的英制接口，一端连接氟瓶的公制接头，使英制接口的加氟管通过转换接头连接到公制接头的氟瓶。

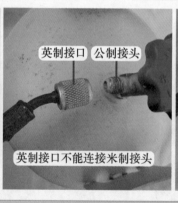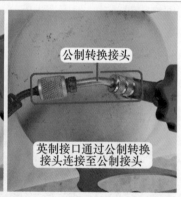

英制接口　公制接头

公制转换接头

公制转换接头

英制接口不能连接米制接头

英制接口通过公制转换接头连接至公制接头

图 2-22　转换接头和作用

2. 加氟方法

图 2-23 所示为加氟管和三通阀的顶针。

加氟操作步骤如图 2-24 所示。

① 首先关闭压力表开关，将带顶针的加氟管一端连接三通阀检修口，此时压力表显示系统压力：空调器未开机时为静态压力，开机后为系统运行压力。

② 另外一根加氟管连接压力表和氟瓶，空调器以制冷模式开机，压缩机运行后，观察系统运行压力，如果缺氟，打开氟瓶开关和压力表开关，由于氟瓶的氟压力高于系统运行压力，位于氟瓶的氟进入空调器制冷系统，即为加氟。

图 2-23　加氟管和三通阀顶针

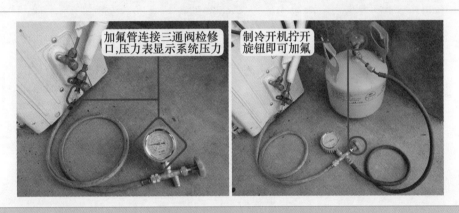

图 2-24　加氟示意图

二、　制冷模式下的加氟方法

注：本节电流值以 1P 空调器室外机电流（即压缩机和室外风机电流）为例，正常电流约为 4A，制冷剂使用 R22。

1. 缺氟标志

制冷模式下系统缺氟标志如图 2-25 和图 2-26 所示，具体数据如下。

① 二通阀结霜、三通阀温度接近常温。

② 蒸发器局部结霜或结露。

③ 系统运行压力低，低于 0.45MPa。

④ 运行电流小。

⑤ 蒸发器温度分布不均匀，前半部分是凉的，后半部分是温的。

⑥ 室内机出风口温度不均匀，一部分是凉的，一部分是温的。

⑦ 冷凝器温度上部是温的，中部和下部接近常温。

⑧ 二通阀结露，三通阀接近常温。

⑨ 室外侧水管无冷凝水排出。

图 2-25　制冷缺氟标志（一）

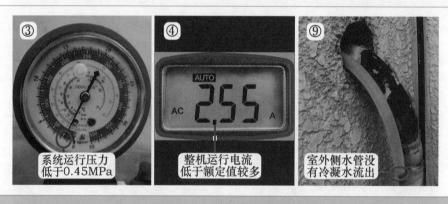

图 2-26　制冷缺氟标志（二）

2. 快速判断空调器缺氟的经验

① 二通阀结露，三通阀是温的，手摸蒸发器一半是凉的、一半是温的，室外机出风口吹出风不热。

② 二通阀结霜，三通阀是温的，室外机出风口吹出的风不热。

➡ 说明：以上 2 种情况均能大致说明空调器缺氟，具体原因还是接上压力表、电流表根据测得的数据综合判断。

3. 加氟技巧

① 接上压力表和电流表，同时监测系统压力和电流进行加氟，当氟加至 0.45MPa 左右时，再用手摸三通阀感觉温度，如低于二通阀温度则说明系统内氟的充注量已正常。

② 制冷系统管路有裂纹导致系统无氟引起不制冷故障，或更换压缩机后系统需要加氟时，如果开机后为液态加注，则压力加到 0.35MPa 时应停止加注，将空调器关闭，等 3 ～ 5min 系统压力平衡后再开机运行，根据运行压力再决定是否需要补氟。

4. 正常标志（制冷开机运行 20min 后）

制冷模式下系统的正常标志如图 2-27 ～ 图 2-29 所示，具体数据如下。

① 系统运行压力接近 0.45MPa。

② 运行电流等于或接近额定值。

③ 二、三通阀均结露。

④ 三通阀冰凉，并且其温度低于二通阀温度。

⑤ 蒸发器全部结露，手摸整体温度较低并且均匀。

⑥ 冷凝器上部热、中部温、下部为常温，室外机出风口同样为上部热、中部温、下部接近自然风。

⑦ 室内机出风口吹出温度较低，并且均匀。正常标准为室内房间温度（即进风口温度）减去出风口温度应大于9℃。

⑧ 室外侧水管有冷凝水流出。

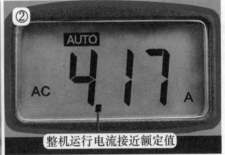

系统运行压力接近0.45MPa

整机运行电流接近额定值

图 2-27 制冷正常标志（一）

三通阀结露

二通阀结露

蒸发器全部结露、温度较低且均匀

图 2-28 制冷正常标志（二）

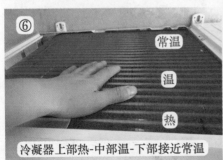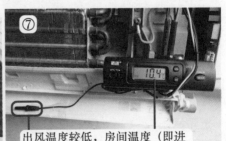

常温

温

热

冷凝器上部热-中部温-下部接近常温

出风温度较低，房间温度（即进风温度）减去出风温度应大于9℃

图 2-29 制冷正常标志（三）

5. 快速判断空调器正常的技巧

三通阀温度较低，并且低于二通阀温度；蒸发器全面结露并且温度较低；冷凝器上部热、中部温、下部接近常温。

6. 加氟过量的故障现象

① 二通阀温度为常温，三通阀凉。

② 室外机出风口吹出风的温度较高，明显高于正常温度，此现象接近于冷凝器脏堵。

③ 室内机出风口温度较高，且随着运行压力上升也逐渐上升。

④ 制冷系统压力较高。

第四节　故障判断技巧

一、根据二通阀和三通阀温度判断故障

1. 二通阀结露、三通阀结露

1～3P 及部分 5P 空调器，毛细管通常设在室外机，如图 2-30 左图所示，制冷系统正常时二通阀和三通阀冰凉，并且均结露。

部分 5P 空调器，由于毛细管设在室内机，如图 2-30 右图所示，制冷系统正常时二通阀较热、三通阀冰凉且结露。

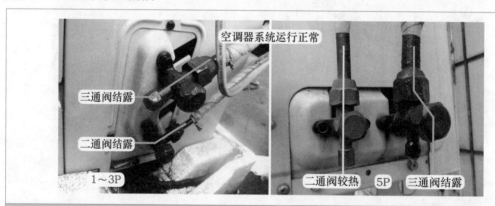

图 2-30　二、三通阀结露

2. 二通阀干燥、三通阀干燥

（1）故障现象

手摸二通阀和三通阀均接近常温，如图 2-31 所示，常见故障为系统无氟、压缩机未运行、压缩机阀片击穿。

（2）常见原因

将空调器开机，在三通阀检修口接上压力表，观察系统运行压力，如压力为负压或接近0MPa，可判断为系统无氟，应直接加氟处理。如为静态压力（夏季为 0.7～1.1MPa），说明制冷系统未工作，此时应检查压缩机供电电压，如果为交流 0V，说明室内机主板未输出供电，

应检查室内机主板或室内外机连接线。如电压为交流220V，说明室内机主板已输出供电，此时再测量压缩机电流，如电流一直为0A，故障可能为压缩机线圈开路、连接线与压缩机接线端子接触不良、压缩机外置热保护器开路等；如电流为额定电流的30%～50%，故障可能为压缩机窜气（即阀片击穿）；如电流接近或超过20A，则为压缩机起动不起来，应首先检查或代换压缩机电容，如果电容正常，故障可能为压缩机卡缸。

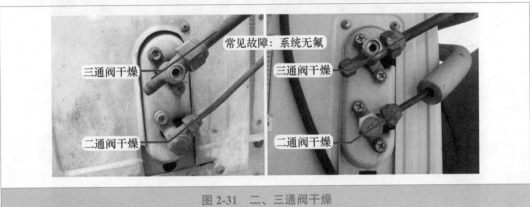

图 2-31　二、三通阀干燥

3. 二通阀结霜（或结露）、三通阀干燥

（1）故障现象

手摸二通阀是凉的，三通阀接近常温，如图2-32所示，常见故障为缺氟。由于系统缺氟，毛细管节流后的压力更低，因而二通阀结霜。

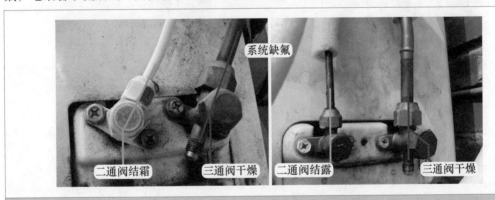

图 2-32　二通阀结霜和三通阀干燥

（2）常见原因

将空调器开机，如图2-33所示，测量系统运行压力，低于0.45MPa均可理解为缺氟，通常运行压力为0.05～0.15MPa时二通阀结霜，0.2～0.35MPa时二通阀结露。结霜时可认为是严重缺氟，结露时可认为是轻微缺氟。

4. 二通阀干燥、三通阀结露

（1）故障现象

手摸二通阀接近常温或微凉、三通阀冰凉，如图2-34所示，常见故障为冷凝器散热不好。由于某种原因使得冷凝器散热不好，造成冷凝压力升高，毛细管节流后的压力也相应升高，因压力与温度成正比，二通阀为凉或温，二通阀表面干燥，但进入蒸发器的制冷剂迅速蒸发，因此三通阀结露。

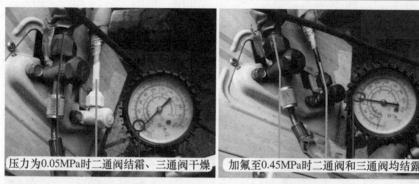

图2-33　测量系统压力和加氟

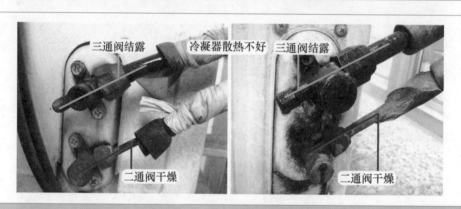

图2-34　二通阀干燥和三通阀结露

（2）常见原因

如图2-35所示，首先观察冷凝器背部，如果其被尘土或毛絮堵死，应清除毛絮或表面尘土后，再用清水清洗冷凝器；如果冷凝器干净，则为室外风机转速慢，常见原因为室外风机电容容量变小。

图2-35　冷凝器脏堵和室外风机转速慢

5.二通阀结露、三通阀结霜（结冰）

（1）故障现象

手摸二通阀和三通阀均冰凉，如图 2-36 所示，常见故障为蒸发器散热不好，即制冷时蒸发器的冷量不能及时吹出，导致蒸发器冰凉，首先引起三通阀结霜；运行时间再长一些，蒸发器表面慢慢结霜或结冰，三通阀表面的霜也变成冰，如果时间更长，则可能会出现二通阀结霜、三通阀结冰。

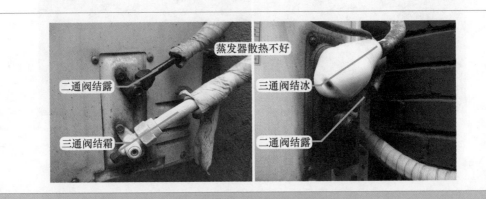

图 2-36　二通阀结露和三通阀结霜

（2）常见原因

首先检查过滤网是否脏堵，如图 2-37 左图所示，如果为过滤网脏堵，直接清洗过滤网即可。

如果柜式空调器清洗过滤网后室内机出风量仍不大而室内风机转速正常，则为过滤网表面的尘土被室内离心风扇吸收，带到蒸发器背面，如图 2-37 右图所示，引起蒸发器背面脏堵，应清洗蒸发器背面，脏堵严重时甚至需要清洗离心风扇；如果过滤网和蒸发器均干净，检查为室内风机转速慢，通常为风机电容容量减少引起。

图 2-37　过滤网和蒸发器脏堵

二、　根据系统压力和运行电流判断故障

本节所示的运行压力为制冷模式时，制冷系统使用 R22 制冷剂，运行电流以测量 1P 挂式空调器室外机压缩机为例，正常电流约为 4A。

1. 压力为 0.45MPa、电流接近额定值

如图 2-38 所示，这是空调器制冷系统正常运行的表现，此时二通阀和三通阀均结露。

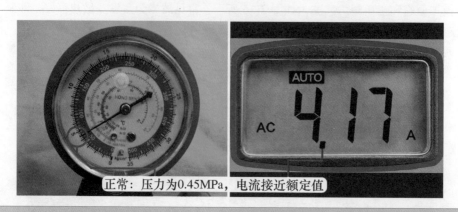

正常：压力为0.45MPa，电流接近额定值

图 2-38　压力为 0.45MPa，电流接近额定值

2. 压力约为 0.55MPa，电流大于额定值的 1.5 倍

如图 2-39 所示，运行压力和运行电流均大于额定值，通常为冷凝器散热效果变差，此时二通阀干燥、三通阀结露，常见原因为冷凝器脏堵或室外风机转速慢。

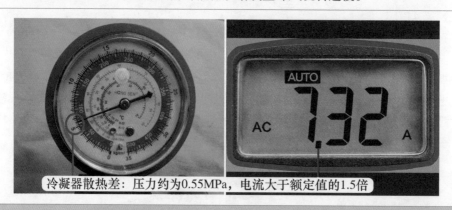

冷凝器散热差：压力约为0.55MPa，电流大于额定值的1.5倍

图 2-39　压力约为 0.55 MPa，电流大于额定值的 1.5 倍

3. 压力为静态压力，电流约为额定值的 0.5 倍

如图 2-40 所示，压缩机运行后压力基本不变，为静态压力，运行电流约为额定值的 0.5 倍，通常为压缩机或四通阀窜气，此时由于压缩机未做功，因此二通阀和三通阀为常温（即没有变化）。

压缩机和四通阀窜气最简单的区别方法是，细听压缩机储液瓶声音和手摸表面感觉温度，如果没有声音并且为常温，通常为压缩机窜气；如果声音较大且有较高的温度，通常为四通阀窜气。

4. 压力为负压，电流约为额定值的 0.5 倍

如图 2-41 所示，压缩机运行后压力为负压，运行电流约为额定值的 0.5 倍，此时二通阀和三通阀均为常温。最常见的原因为系统无氟；其次为系统冰堵故障，现象和系统无氟相似，

但很少发生。通常只需要检漏、加氟即可排除故障。

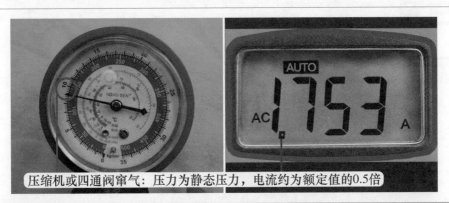

图 2-40　压力为静态压力，电流约为额定值的 0.5 倍

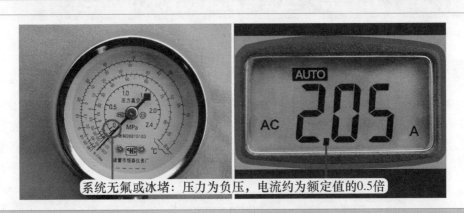

图 2-41　压力为负压，电流约为额定值的 0.5 倍

5. 压力为 0 ~ 0.4MPa，电流为额定值的 0.5 倍至接近额定值

如图 2-42 所示，压缩机运行后压力为 0 ~ 0.4 MPa，电流为额定值的 0.5 倍至接近额定值，此时二通阀可能为常温、结霜、结露，三通阀可能为常温或结露，最常见的原因为系统缺氟，通常只需要检漏、加氟即可排除故障。

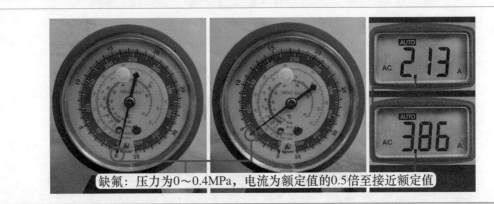

图 2-42　压力为 0 ~ 0.4MPa，电流为额定值的 0.5 倍至接近额定值

定频空调器电控系统主要元器件

第一节 主板和显示板电子元器件

一、 室内机电控系统组成

图 3-1 为格力 KFR-23GW/（23570）Aa-3 空调器电控系统主要部件，图 3-2 为美的 KFR-26GW/DY-B（E5）空调器电控系统主要部件。由图 3-1 和图 3-2 可知，一个完整的电控系统由主板和外围负载组成，包括室内机主板、变压器、室内环温和管温传感器、室内风机、显示板组件、步进电机、遥控器等。

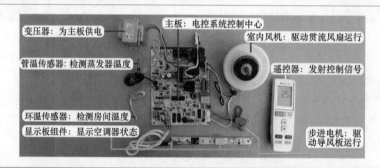

图 3-1 格力 KFR-23GW/（23570）Aa-3 空调器电控系统主要部件

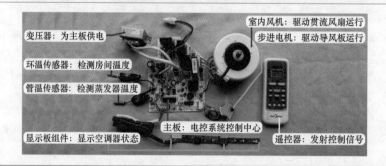

图 3-2 美的 KFR-26GW/DY-B（E5）空调器电控系统主要部件

二、 主板电子元器件

图 3-3 为格力 KFR-23GW/（23570）Aa-3 空调器的室内机主板主要电子元器件，图 3-4 为美的 KFR-26GW/DY-B（E5）空调器的室内机主板主要电子元器件。由图 3-3 和图 3-4 可知，室内机主板主要由 CPU、晶振、2003 反相驱动器、继电器（压缩机继电器、室外风机和四通阀线圈继电器、辅助电加热继电器）、二极管（整流二极管、续流二极管、稳压二极管）、电容（电解电容、瓷片电容、独石电容）、电阻（普通四环电阻、精密五环电阻）、晶体管（PNP 型、NPN 型）、压敏电阻、熔丝管（俗称保险管）、室内风机电容、阻容元件、按键开关、蜂鸣器、电感等组成。

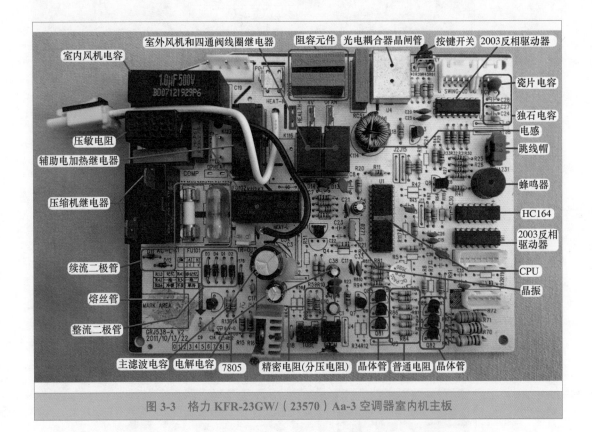

图 3-3　格力 KFR-23GW/（23570）Aa-3 空调器室内机主板

➡ 说明：

① 空调器品牌或型号不同，使用的室内机主板也不相同，相对应电子元器件也不相同，比如跳线帽通常用在格力空调器主板，其他品牌的主板则通常不用。因此电子元器件应根据主板实物判断，本节只以常见空调器的典型主板为例，对主要电子元器件进行说明。

② 主滤波电容为电解电容。

③ 阻容元件将电阻和电容封装为一体。

④ 图中红线连接的电子元器件工作在交流 220V 强电区域，蓝线连接的电子元器件工作在直流 12V 和 5V 弱电区域。

图 3-4 美的 KFR-26GW/DY-B（E5）空调器室内机主板

三、 显示板电子元器件

图 3-5 为格力 KFR-23GW/（23570）Aa-3 空调器的显示板组件的主要电子元器件，图 3-6 为美的 KFR-26GW/DY-B（E5）空调器的显示板组件的主要电子元器件。由图 3-5 和图 3-6 可知，显示板组件主要由 2 位 LED 显示屏、发光二极管（指示灯）、接收器、HC164（用于驱动 LED 显示屏和指示灯）等组成。

图 3-5 格力 KFR-23GW/（23570）Aa-3 空调器显示板组件主要电子元器件

➡ 说明

① 格力空调器的 LED 显示屏驱动电路 HC164 设在室内机主板。

② 示例空调器采用 LED 显示屏和指示灯组合显示的方式。早期空调器的显示板组件只使用指示灯指示，则显示板组件只设有接收器和指示灯。

③ 示例空调器按键开关设在室内机主板，部分空调器的按键开关设在显示板组件。

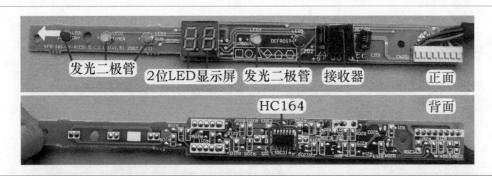

图 3-6 美的 KFR-26GW/DY-B（E5）空调器显示板组件主要电子元器件

第二节 电气元器件

一、遥控器

1. 结构

遥控器是一种远控机械的装置，遥控距离 ≥ 7m，如图 3-7 所示，由主板、显示屏、导电胶、按键、后盖、前盖、电池盖等组成，控制电路单设有一个 CPU，位于主板背面。

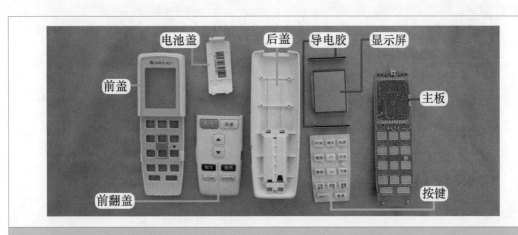

图 3-7 遥控器结构

2. 遥控器检查方法

遥控器发射的红外线信号，肉眼看不到，但手机的摄像头却可以分辨出来，方法是使用手机的摄像功能，如图 3-8 所示，将遥控器发射二极管（也称为红外发光二极管）对准手机摄像头，在按压按键的同时观察手机屏幕。

① 在手机屏幕上观察到发射二极管发光，说明遥控器正常。

② 在手机屏幕上发现发射二极管不发光，说明遥控器损坏。

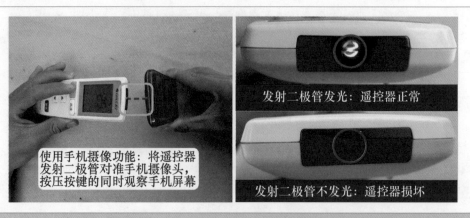

图 3-8　使用手机摄像功能检查遥控器

二、　接收器

1. 安装位置

显示板组件通常安装在前面板或室内机的右下角，格力 KFR-23GW/（23570）Aa-3 即 Q 力空调器显示板组件使用指示灯 + 数码管的方式，如图 3-9 所示，安装在前面板，前面板留有透明窗口，称为接收窗，接收器对应安装在接收窗后面。

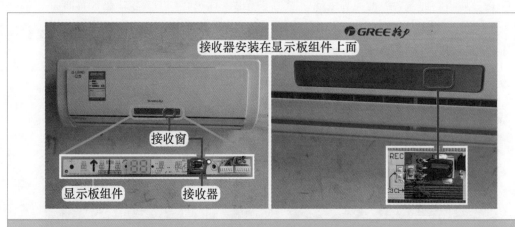

图 3-9　安装位置

2. 实物外形和引脚功能

目前接收器通常采用一体化封装形式，实物外形和引脚功能如图 3-10 所示。接收器工作电压为直流 5V，共有 3 个引脚，功能分别为地、电源（供电 +5V）和信号（输出），外观为黑色，部分型号表面有铁皮包裹，通常和发光二极管（或 LED 显示屏）一起设计在显示板组件上。常见接收器型号为 38B、38S、1838 和 0038。

在维修时如果不知道接收器引脚对应的功能，如图 3-11 所示，可查看显示板组件上滤波电容的正极和负极引脚、连接至接收器的引脚加以判断：滤波电容正极连接接收器电源（供电）引脚、负极连接地引脚，接收器的最后 1 个引脚为信号（输出）。

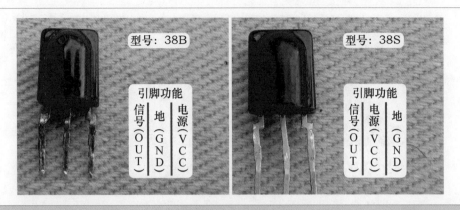

图 3-10　38B 和 38S 接收器

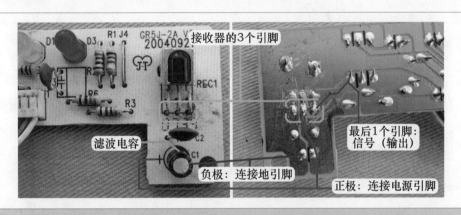

图 3-11　接收器引脚功能判断方法

3. 接收器检测方法

接收器在接收到遥控器信号（动态）时，输出端由静态电压会瞬间下降至约直流 3V，然后再迅速上升至静态电压。遥控器发射信号时间约 1s，接收器接收到遥控器信号时输出端电压也有约 1s 的时间瞬间下降。

使用万用表直流电压档，如图 3-12 所示，动态测量接收器信号引脚电压，黑表笔接接收器地引脚（GND），红表笔接接收器信号引脚（OUT），检测的前提是电源引脚（5V）电压正常。

① 接收器信号引脚静态电压：在无信号输入时电压应稳定，约为 5V。如果电压一直在 2~4V 跳动，为接收器漏电损坏，故障表现为有时接收信号有时不能接收信号。

② 按压按键遥控器发射信号，接收器接收并处理，信号引脚电压瞬间（约 1s）下降至约 3V。如果接收器接收信号时，信号引脚电压不下降（即保持不变），为接收器不接收遥控器信号故障，应更换接收器。

③ 松开遥控器按键，遥控器不再发射信号，接收器信号引脚电压上升至静态电压，约 5V。

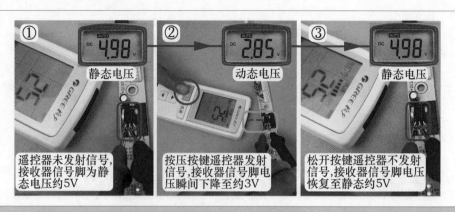

图 3-12　动态测量接收器信号引脚电压

三、　变压器

1. 安装位置和作用

如图 3-13 所示，挂式空调器的变压器安装在室内机电控盒上方的下部位置，柜式空调器的变压器安装在电控盒的左侧或右侧位置。

变压器插座在主板上的英文符号为 T 或 TRANSE。变压器通常为 2 个插头，大插头为一次绕组，小插头为二次绕组。变压器工作时将交流 220V 电压降低到主板需要的电压，内部含有一次绕组和二次绕组，一次绕组通过变化的电流，在二次绕组产生感应电动势，因为一次绕组匝数远大于二次绕组，所以二次绕组感应的电压为较低的电压。

➡ 说明：如果主板电源电路使用开关电源，则不再使用变压器。

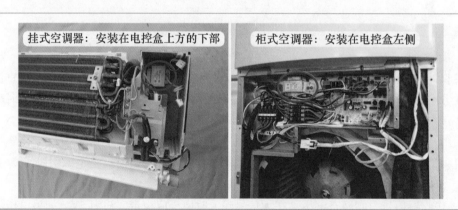

图 3-13　安装位置

2. 分类

图 3-14 左图为 1 路输出型变压器，通常用于挂式空调器电控系统，二次绕组输出电压为交流 11V（额定电流为 550mA）；图 3-14 右图为 2 路输出型变压器，通常用于柜式空调器电控系统，二次绕组输出电压分别为交流 12.5V（额定电流为 400mA）和 8.5V（额定电流为 200mA）。

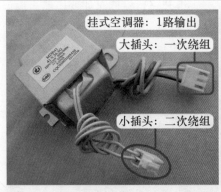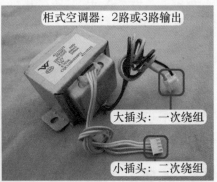

图 3-14　实物外形

3. 测量变压器绕组阻值

以格力 KFR-120LW/E（1253L）V-SN5 柜式空调器使用的 2 路输出型变压器为例，使用万用表电阻档，测量一次绕组和二次绕组的阻值。

（1）测量一次绕组阻值（见图 3-15）

变压器一次绕组使用的铜线线径较细且匝数较多，所以阻值较大，正常为 200~600Ω，实测阻值为 203Ω。一次绕组阻值根据变压器功率的不同，实测阻值也各不相同，柜式空调器使用的变压器功率大，实测时阻值小（本例为 200Ω）；挂式空调器使用的变压器功率小，实测时阻值大［实测格力 KFR-23G（23570）/Aa-3 变压器一次绕组阻值约为 500Ω］。

如果实测时阻值为无穷大，说明一次绕组开路故障，常见原因有绕组开路或内部串接的温度熔断器开路。

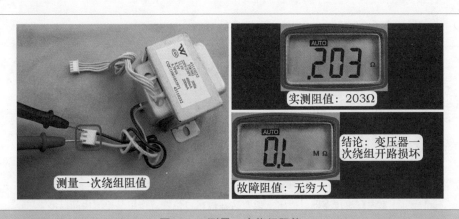

图 3-15　测量一次绕组阻值

（2）测量二次绕组阻值（见图 3-16）

变压器二次绕组使用的铜线线径较粗且匝数较少，所以阻值较小，正常为 0.5 ~ 2.5Ω。实测直流 12V 供电支路（由交流 12.5V 提供，黄 - 黄引线）的线圈阻值为 1.1Ω，直流 5V 供电支路（由交流 8.5V 提供，白 - 白引线）的线圈阻值为 1.6Ω。

二次绕组短路时阻值和正常结果相接近，使用万用表电阻档不容易判断是否损坏。如二次绕组短路故障，常见表现为屡烧熔丝管和一次绕组开路，检修时如变压器表面温度过高，检查室内机主板和供电电压无故障后，可直接更换变压器。

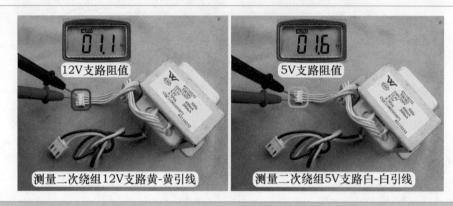

图 3-16　测量二次绕组阻值

四、　传感器

1. 挂式定频空调器传感器安装位置

常见的挂式定频空调器通常只设有室内环温和室内管温传感器，只有部分品牌或柜式空调器设有室外管温传感器。

（1）室内环温传感器

室内环温传感器固定支架安装在室内机的进风口位置，如图 3-17 所示，作用是检测室内房间的温度。

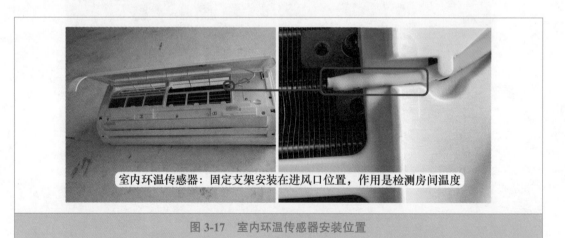

图 3-17　室内环温传感器安装位置

（2）室内管温传感器

室内管温传感器检测孔焊接在蒸发器的管壁上，如图 3-18 所示，作用是检测蒸发器温度。

管温传感器：检测孔焊接在蒸发器管壁，作用是检测蒸发器温度

图 3-18 室内管温传感器安装位置

2. 柜式空调器传感器安装位置

2P 或 3P 的柜式空调器通常设有室内环温、室内管温、室外管温 3 个传感器，5P 柜式空调器通常在此基础上增加了室外环温和压缩机排气传感器，共有 5 个传感器，但有些品牌的 5P 柜式空调器也可能只设有室内环温、室内管温、室外管温 3 个传感器。

（1）室内环温传感器

室内环温传感器设计在室内风扇（离心风扇）罩圈即室内机进风口，如图 3-19 左图所示，作用是检测室内房间温度，以控制室外机的运行与停止。

（2）室内管温传感器

室内管温传感器设计在蒸发器管壁上，如图 3-19 右图所示，作用是检测蒸发器温度，在制冷系统进入非正常状态（如蒸发器温度过低或过高）时停机进入保护。如果空调器未设计室外管温传感器，则室内管温传感器是制热模式时判断进入除霜程序的重要依据。

室内管温传感器

室内环温传感器

图 3-19 室内环温和室内管温传感器安装位置

（3）室外管温传感器

室外管温传感器设计在冷凝器管壁上，如图 3-20 所示，作用是检测冷凝器温度，在制冷系统进入非正常状态（如冷凝器温度过高）时停机进行保护，同时也是制热模式下进入除霜程序的重要依据。

图 3-20　室外管温传感器安装位置

（4）室外环温传感器

室外环温传感器设计在冷凝器的进风面，如图 3-21 左图所示，作用是检测室外环境温度，通常与室外管温传感器一起组合成为制热模式下进入除霜程序的依据。

（5）压缩机排气传感器

压缩机排气传感器设计在压缩机排气管管壁上，如图 3-21 右图所示，作用是检测压缩机排气管温度（或相当于检测压缩机温度），当压缩机工作在高温状态时停机进行保护。

图 3-21　室外环温和压缩机排气传感器安装位置

3. 变频空调器的传感器数量

变频空调器使用的温度传感器较多，通常设有 5 个。室内机设有室内环温和室内管温传感器，室外机设有室外环温、室外管温、压缩机排气传感器。

4. 传感器特性

空调器使用的传感器为负温度系数的热敏电阻，负温度系数是指温度上升时其阻值下降，温度下降时其阻值上升。

以型号 25℃/20kΩ 的管温传感器为例，测量在降温（15℃）、常温（25℃）、加热（35℃）的 3 个温度下，传感器的阻值变化情况。

① 图 3-22 左图为降温（15℃）时测量传感器阻值，实测为 31.4kΩ。

② 图 3-22 中图为常温（25℃）时测量传感器阻值，实测为 20.2kΩ。

③ 图 3-22 右图为加热（35℃）时测量传感器阻值，实测为 13.1kΩ。

凉水15℃：阻值31.4kΩ　　常温25℃：阻值20.2kΩ　　温水35℃：阻值13.1kΩ

图 3-22　测量传感器阻值

五、　电容

1. 安装位置

压缩机和室外风机安装在室外机，因此压缩机电容和室外风机电容也安装在室外机，如图 3-23 所示，并且安装在室外机专门设计的电控盒内。

 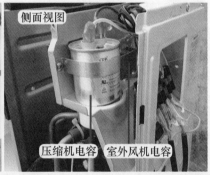

图 3-23　安装位置

2. 综述

压缩机电容和室外风机电容实物外形如图 3-24 所示，其中电容最主要的参数是容量和交流耐压值。

① 容量：单位为微法（μF），由压缩机或室外风机的功率决定，即不同的功率选用不同容量的电容。常见使用的规格见表 3-1。

② 耐压：电容工作在交流（AC）电压为 220V 情况下，因此耐压值通常为交流 450V（450VAC）。

表 3-1　常见电容的使用规格

挂式室内风机电容容量：1～2.5μF	柜式室内风机电容容量：2.5～8μF
室外风机电容容量：2～8μF	压缩机电容容量：20～70μF

③ CBB61（65）：为无极性的聚丙烯薄膜交流电容器，具有稳定性好、耐冲击电流、过载能力强、损耗小、绝缘阻值高等优点。

④ 英文符号：风机电容为 FAN CAP、压缩机电容为 COMP CAP。

⑤ 作用：压缩机与室外风机在起动时使用。单相电机接通电源时，首先对电容充电，使电机起动绕组中的电流超前运行绕组 90°，产生旋转磁场，电机便运行起来。

⑥ 特点：由于为无极性的电容，2 组接线端子的作用相同，使用时没有正负之分。

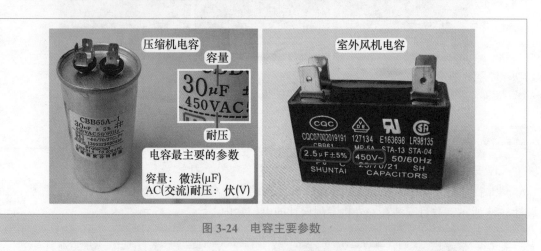

图 3-24　电容主要参数

六、　交流接触器

交流接触器（简称交接）用于控制大功率压缩机的运行和停机，通常使用在 3P 及以上的空调器上，常见有单极（双极）式或三触点式。

1. 使用范围

（1）单极式（双极式）交流接触器

实物外形如图 3-25 所示，单相供电的压缩机只需要断开 1 路 L 端相线或 N 端零线供电便可停止运行，因此 3P 单相供电的空调器通常使用单极式（1 路触点）或双极式（2 路触点）交流接触器。

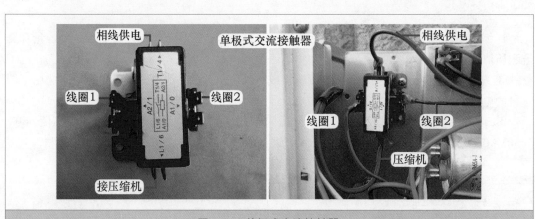

图 3-25　单极式交流接触器

（2）三触点式交流接触器

实物外形如图 3-26 所示，三相供电的压缩机只有同时断开 2 路或 3 路供电才能停止运行，因此 3P 或 5P 三相供电的空调器使用三触点式交流接触器。

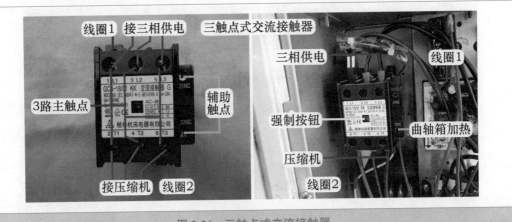

图 3-26　三触点式交流接触器

2. 内部结构和工作原理

内部结构如图 3-27 左图所示，工作原理如图 3-27 右图所示，交流接触器线圈通电后，在静铁心中产生磁通和电磁吸力，此电磁吸力克服弹簧的阻力，使得动铁心向下移动，与静铁心吸合，动铁心向下移动的同时带动动触点向下移动，使动触点和静触点闭合，静触点的 2 个接线端子导通，供电的接线端子向负载（压缩机）提供电源，压缩机开始运行。

当线圈断电或两端电压显著降低时，静铁心中的电磁吸力消失，弹簧产生的反作用力使动铁心向上移动，动触点和静触点断开，压缩机因无电源而停止运行。

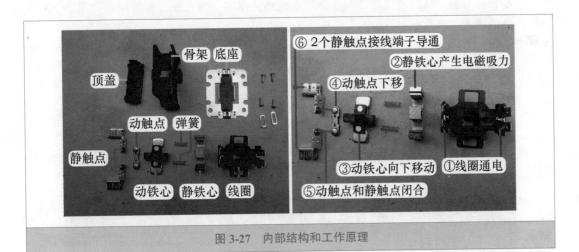

图 3-27　内部结构和工作原理

3. 测量交流接触器线圈

使用万用表电阻档测量线圈阻值。交流接触器触点电流（即所带负载的功率）不同，线圈阻值也不相同，符合功率大其线圈阻值小、功率小其线圈阻值大的特点。

如图 3-28 所示，实测示例交流接触器线圈阻值约为 1.1kΩ。测量 5P 空调器使用的三触点式交流接触器线圈（型号 GC3-18/01）阻值约为 400Ω。

如果实测线圈阻值为无穷大，则说明线圈开路损坏。

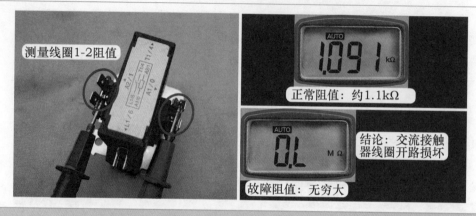

图 3-28　测量线圈阻值

七、　四通阀线圈

1. 安装位置

如图 3-29 所示，四通阀设在室外机，因此四通阀线圈也设计在室外机，线圈在四通阀阀体上面套着。取下固定螺钉，可发现四通阀线圈共有两根紫线（或蓝线），英文符号为 4V、4YV、VALVE。

工作时线圈得到供电，产生的电磁力移动四通阀内部活塞衔铁，在两端压力差的作用下，带动阀块移动，从而改变制冷剂在制冷系统中的流向，使系统根据使用者的需要工作在制冷或制热模式。制冷模式下线圈工作电压为交流 0V。

➡ 说明：四通阀线圈不在四通阀上面套着时，不能给线圈通电；如果通电会发出很强的"嗡嗡"声，容易损坏线圈。

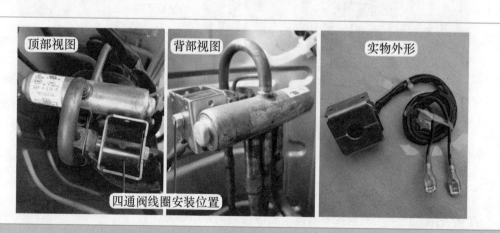

图 3-29　安装位置和实物外形

2. 测量四通阀线圈阻值

（1）在室外机接线端子处测量

格力 KFR-23GW/Aa-3 定频空调器室外机接线端子上共有 5 根引线，1 根为 N 零线公共端（1 号 - 蓝线）、1 根接压缩机（2 号 - 黑线）、1 根接四通阀线圈（4 号 - 紫线）、1 根接室外风机（5 号 - 橙线）、1 根接地线（3 号 - 黄绿线）。

使用万用表电阻档，如图 3-30 左图所示，1 表笔接 1 号 N 零线公共端，1 表笔接 4 号紫线测量阻值，实测约为 2.1kΩ。

（2）取下线圈直接测量接线端子

如图 3-30 右图所示，表笔直接测量 2 个接线端子，实测阻值和在室外机接线端子上测量相等，约为 2.1kΩ。

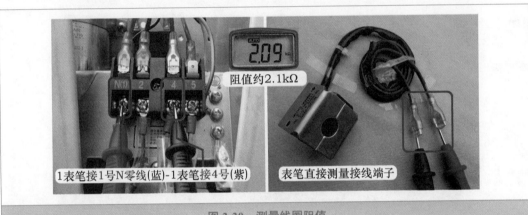

图 3-30　测量线圈阻值

第三节　电　机

一、步进电机

1. 安装位置和实物外形

步进电机是一种将电脉冲转化为角位移动的执行机构，通常使用在挂式空调器上面。如图 3-31 左图所示，步进电机设计在室内机右侧下方的位置，固定在接水盘上，作用是驱动导风板（风门叶片）上下转动，使室内风机吹出的风到达用户需要的地方。

步进电机实物外形和线圈接线图如图 3-31 右图所示，示例步进电机型号为 MP24AA，供电电压为直流 12V，共有 5 根引线，驱动方式为 4 相 8 拍。

2. 内部结构

如图 3-32 所示，步进电机由外壳、上盖、定子、线圈、转子、变速齿轮、轴头（输出接头）、连接线和插头等组成。

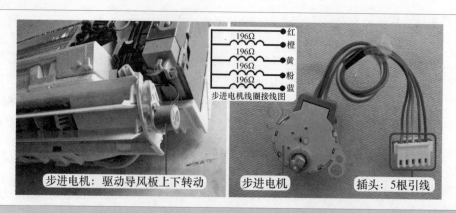

图 3-31　安装位置和实物外形

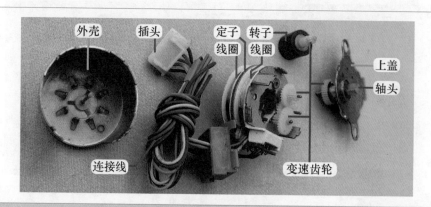

图 3-32　内部结构

二、 室内风机（PG 电机）

1. 安装位置

如图 3-33 所示，室内风机安装在室内机右侧，作用是驱动室内风扇（贯流风扇）。制冷模式下，室内风机驱动贯流风扇运行，强制吸入房间内的空气至室内机，经蒸发器降低温度后以一定的风速和流量吹出，来降低房间温度。

2. 常见形式

室内风机常见有 3 种形式。

① 抽头电机：实物外形和引线插头作用如图 3-34 所示，通常使用在早期的空调器上，目前已经很少使用，由交流 220V 供电。

② 直流电机：知识点见第四章第三节第一部分内容，实物外形和引线插头作用如图 3-35 所示，使用在全直流变频空调器或高档定频空调器上，由直流 300V 供电。

③ PG 电机：实物外形如图 3-36 左图所示，引线插头作用如图 3-42 所示，使用在目前的全部定频空调器、交流变频空调器、直流变频空调器上，是使用最广泛的形式，由交流 220V 供电。PG 电机是本节重点介绍的内容。

图 3-33　安装位置和作用

图 3-34　抽头电机和引线插头

图 3-35　直流电机和引线插头

3. PG 电机和抽头电机的不同点

① 供电电压：PG 电机实际工作电压通常为交流 90 ~ 220V，抽头电机为交流 220V。

② 转速控制：PG 电机通过改变供电电压的高低来改变转速；抽头电机一般有 3 个抽头，可以形成 3 个转速，通过改变电机抽头端的供电电压来改变转速。

③ 控制电路：PG 电机控制转速准确，但电机需要增加霍尔元件，控制部分还需要增加霍尔反馈电路和过零检测电路，控制复杂；抽头电机控制方法简单，但电机需要增加绕组抽

头，工序复杂，另外控制部分需要 3 个继电器控制 3 个转速，使用的零部件多，成本高。

④ 转速反馈：PG 电机内含霍尔元件，向主板 CPU 反馈代表实际转速的霍尔信号，CPU 通过调节光电耦合器晶闸管（俗称光耦可控硅）的导通角使 PG 电机转速与目标转速相同；抽头电机无转速反馈功能。

4. 实物外形

图 3-36 左图为实物外形，PG 电机使用交流 220V 供电，最主要的特征是内部设有霍尔元件，在运行时输出代表转速的霍尔信号，因此共有两个插头，大插头为线圈供电，使用交流电源，作用是使 PG 电机运行；小插头为霍尔反馈，使用直流电源，作用是输出代表转速的霍尔信号。

图 3-36 右图为 PG 电机铭牌主要参数，示例电机型号为 RPG10A（FN10A-PG），使用在 1P 挂式空调器。主要参数：工作电压为交流 220V、频率为 50Hz、功率为 10W、4 极、额定电流为 0.13A、防护等级为 IP20、E 级绝缘。

➡ 说明：绝缘等级按电机所用的绝缘材料允许的极限温度划分，E 级绝缘指电机采用材料的绝缘耐热温度为 120℃。

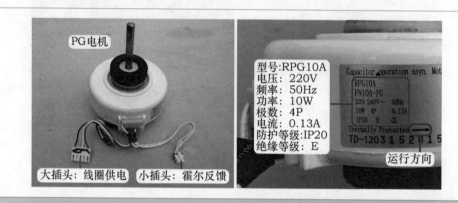

图 3-36　实物外形和铭牌主要参数

5. 内部结构

如图 3-37 所示，PG 电机由定子（含引线和线圈供电插头）、转子（含磁环和上下轴承）、霍尔电路板（含引线和霍尔反馈插头）、上盖和下盖、上部和下部的减振胶圈组成。

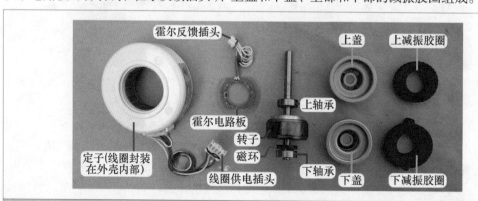

图 3-37　内部结构

6. PG 电机引线辨认方法

常见的 PG 电机引线辨认方法有 3 种，即根据室内机主板 PG 电机插座引针所接元件、使用万用表电阻档测量线圈引线阻值，查看 PG 电机铭牌。

（1）根据主板插座引针判断线圈引线功能

如图 3-38 所示，将 PG 电机线圈供电插头插在室内机主板上，查看插座引针所接的元件：引针接光电耦合器晶闸管，对应的白线为公共端（C）；引针接电容和电源 N 端，对应的棕线为运行绕组（R）；引针只接电容，对应的红线为起动绕组（S）。

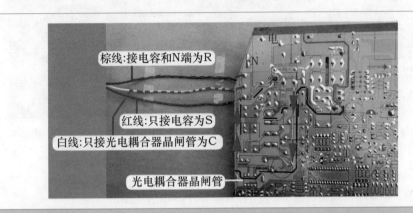

棕线:接电容和N端为R
红线:只接电容为S
白线:只接光电耦合器晶闸管为C
光电耦合器晶闸管

图 3-38　根据主板插座引针连接部位判断线圈引线功能

（2）使用万用表电阻档测量线圈引线阻值

使用单相交流 220V 供电的电机，绕组设有运行绕组和起动绕组，在实际绕制铜线时，如图 3-39 所示，由于运行绕组起主要旋转作用，使用的线径较粗，且匝数少，因此阻值小一些；而起动绕组只起起动的作用，使用的线径较细，且匝数多，因此阻值大一些。

每个绕组共有两个接头，两个绕组共有 4 个接头，但在电机内部，将运行绕组和起动绕组的一端连接一起作为公共端，只引出 1 根引线，因此电机共引出 3 根引线或 3 个接线端子。

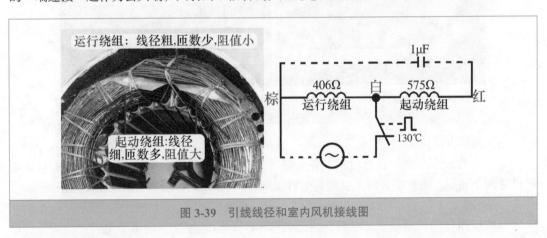

运行绕组：线径粗,匝数少,阻值小
起动绕组:线径细,匝数多,阻值大
1μF
棕　406Ω　白　575Ω　红
运行绕组　起动绕组
130℃

图 3-39　引线线径和室内风机接线图

① 找出公共端。

如图 3-40 左图所示，逐个测量室内风机线圈供电插头的 3 根引线阻值，会得出 3 次不同的结果，RPG10A 电机实测阻值依次为 981Ω、406Ω、575Ω，阻值关系为 981Ω=406Ω+575Ω，即最大阻值981Ω为起动绕组＋运行绕组的总数。

在最大的阻值981Ω中，如图3-40右图所示，表笔接的引线为起动绕组（S）和运行绕组（R），空闲的1根引线为公共端（C），本机为白线。

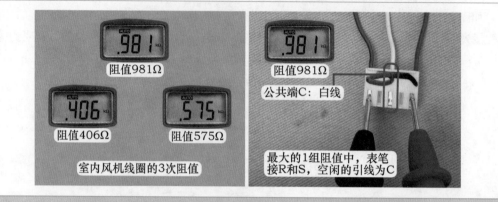

图3-40　3次线圈阻值和找出公共端

② 找出运行绕组和起动绕组。

一只表笔接公共端白线C，另一只表笔测量另外两根引线阻值。

阻值小（406Ω）的引线为运行绕组（R），如图3-41左图所示，本机为棕线。

阻值大（575Ω）的引线为起动绕组（S），如图3-41右图所示，本机为红线。

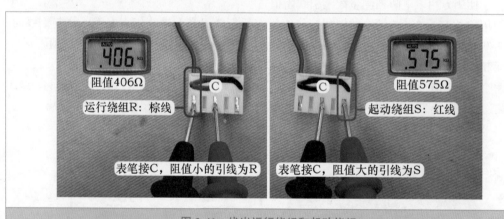

图3-41　找出运行绕组和起动绕组

（3）查看电机铭牌

如图3-42所示，铭牌标有电机的各个信息，包括主要参数以及引线颜色的作用。PG电机设有两个插头，因此设有两组引线，电机线圈使用M表示，霍尔电路板使用电路图表示，各有3根引线。

电机线圈：白线只接交流电源，为公共端（C）；棕线接交流电源和电容，为运行绕组（R）；红线只接电容，为起动绕组（S）。

霍尔反馈电路板：棕线Vcc，为直流供电正极，本机供电电压为直流5V；黑线GND，为直流供电公共端地；白线Vout，为霍尔信号输出。

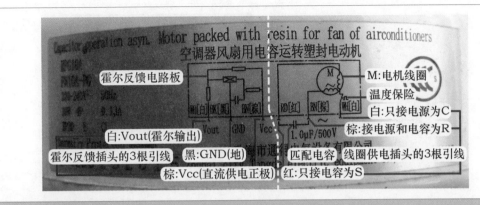

图 3-42　根据铭牌标识判断引线功能

三、　室内风机（离心电机）

1. 安装位置

如图 3-43 所示，室内风机（离心电机）安装在柜式空调器的室内机下部，作用是驱动室内风扇（离心风扇）。制冷模式下，离心电机驱动离心风扇运行，强制吸入房间内空气至室内机，经蒸发器降低温度后以一定的风速和流量吹出，来降低房间温度。

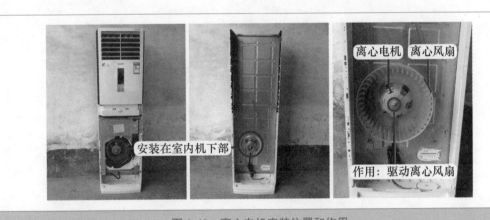

图 3-43　离心电机安装位置和作用

2. 分类

（1）多速抽头交流电机

多速抽头交流电机实物外形如图 3-44 左图所示，使用交流 220V 供电，运行速度根据机型设计通常分有 2 速、3 速、4 速等，通过改变电机抽头端的供电电压来改变转速，是目前柜式空调器应用最多也是最常见的离心电机形式。

图 3-44 右图为离心电机铭牌主要参数，示例电机型号 YDK60-8E，使用在 2P 柜式空调器中。主要参数：工作电压为交流 220V，频率为 50Hz，功率为 60W，8 极，运行电流为 0.4A，B 级绝缘，堵转电流为 0.47A。

图 3-44　多速抽头交流电机

（2）直流电机

直流电机内容见第四章第三节第一部分内容，其使用直流 300V 供电，转速可连续宽范围调节，室内机主板 CPU 通过较为复杂的电路来控制，并可根据反馈的信号测定实时转速，通常使用在全直流柜式变频空调器或高档的定频空调器中。

3. 内部结构

如图 3-45 所示，离心电机由上盖、下盖、转子、上轴承、下轴承、定子、线圈、连接线和插头等组成。

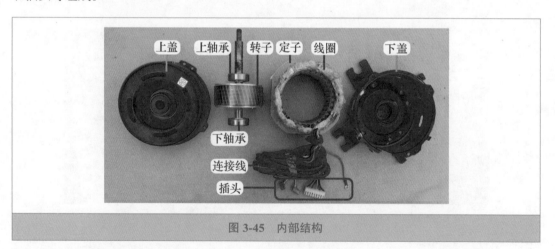

图 3-45　内部结构

四、　室外风机

1. 安装位置和作用

室外风机安装在室外机左侧的固定支架上，作用是驱动室外风扇。制冷模式下，室外风机驱动室外风扇运行，强制吸收室外自然风为冷凝器散热，因此室外风机也称为"轴流电机"。

2. 分类

（1）单速交流电机

单速交流电机使用交流 220V 供电，运行速度固定不可调节，是目前应用最广泛的形式，也是本节重点介绍的机型，常见于目前的全部定频空调器、部分交流变频空调器和直流变频空调器的室外风机。

（2）多速抽头交流电机

多速抽头交流电机实物外形和引线插头作用如图3-46所示，使用交流220V供电，运行速度根据机型设计通常分有2速或3速，通过改变电机抽头端的供电电压来改变转速，常见于早期的部分定频空调器和变频空调器以及目前的部分直流变频空调器。

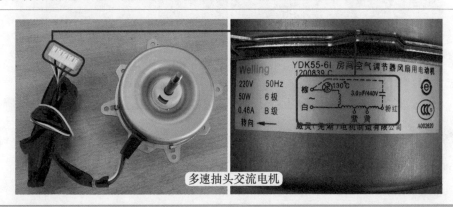

图 3-46　多速抽头交流电机

（3）直流电机

直流电机实物外形和引线插头作用如图3-47所示，使用直流300V供电，转速可连续宽范围调节，使用此电机的室外机设有电路板，CPU通过较为复杂的电路来控制，内容见第四章第三节第一部分内容，常用于全直流挂式或柜式变频空调器。

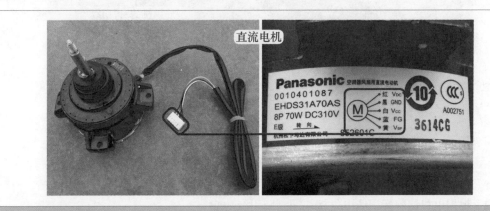

图 3-47　直流供电电机

3. 单速交流电机实物外形

示例电机使用在格力空调器型号为KFR-23W/R03-3的室外机，实物外形如图3-48左图所示，单一风速，共有4根引线；其中1根为地线，接电机外壳，另外3根为线圈引线。

图3-48右图为铭牌参数含义，型号为YDK35-6K（FW35X）。主要参数：工作电压交流为220V，频率为50Hz，功率为35W，额定电流为0.3A，转速为850r/min，6极，B级绝缘。

➡ 说明：B级绝缘指电机采用材料的绝缘耐热温度为130℃。

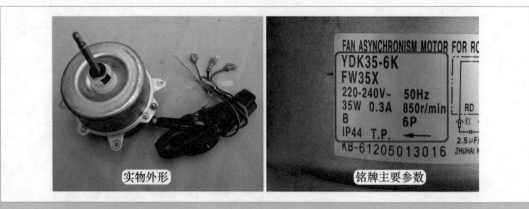

图3-48　实物外形和铭牌主要参数

4. 线圈引线作用辨认方法

（1）根据实际接线判断引线功能

如图3-49所示，室外风机线圈共有3根引线：黑线只接接线端子上的电源N端（1号），为公共端（C）；棕线接电容和电源L端（5号），为运行绕组（R）；红线只接电容，为起动绕组（S）。

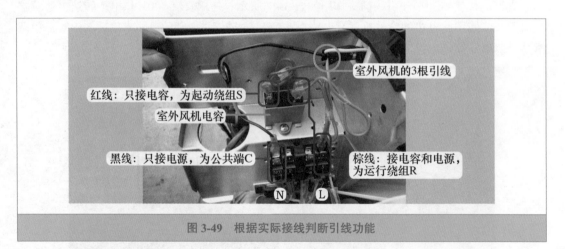

图3-49　根据实际接线判断引线功能

（2）根据电机铭牌标识或电气接线图判断引线功能

电机铭牌贴于室外风机表面，通常位于上部，检修时能直接查看。铭牌主要标识室外风机的主要信息，其中包括电机线圈引线的功能，如图3-50左图所示，黑线（BK）只接电源，为公共端（C）；棕线（BN）接电容和电源，为运行绕组（R）；红线（RD）只接电容，为起动绕组（S）。

电气接线图通常贴于室外机接线盖内侧或顶盖右侧，如图3-50右图所示，通过查看电气接线图，也能区别电机线圈的引线功能：黑线只接电源N端，为公共端（C）；棕线接电容和电源L端（5号），为运行绕组（R）；红线只接电容，为起动绕组S。

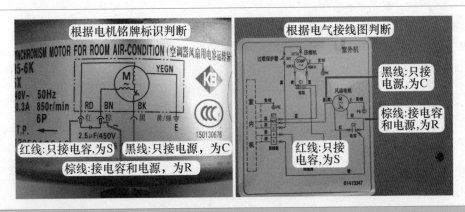

图 3-50　根据铭牌标识和室外机电气接线图判断引线功能

五、　压缩机

1. 安装位置和作用

压缩机是制冷系统的心脏，将低温低压的气体压缩成为高温高压的气体。压缩机由电机部分和压缩部分组成。电机通电后运行，带动压缩部分工作，使吸气管吸入的低温低压制冷剂气体变为高温高压气体。

如图 3-51 左图所示，压缩机安装在室外风机右侧，固定在室外机底座。其中压缩机接线端子连接电控系统，吸气管和排气管连接制冷系统。

图 3-51 右图为旋转式压缩机实物外形，设有吸气管、排气管、接线端子和储液瓶（又称气液分离器、储液罐）等接口。

图 3-51　安装位置和实物外形

2. 分类

（1）按机械结构分类

压缩机常见形式有 3 种：活塞式、旋转式、涡旋式，实物外形如图 1-36 所示。本节重点介绍旋转式压缩机。

（2）按汽缸个数分类

旋转式压缩机按汽缸个数不同（见图3-52）可分为单转子和双转子压缩机。单转子压缩机只有1个汽缸，多使用在早期和目前的大多数空调器中，其底部只有1根进气管；双转子压缩机设有两个汽缸，多使用在目前的高档或功率较大的空调器，其底部设有两根进气管，双转子压缩机相对于单转子压缩机，在增加制冷量的同时又降低了运行噪声。

（3）按供电电压分类

压缩机根据供电的不同（见图3-53）可分为交流供电和直流供电两种，而交流供电又分为交流220V和交流380V共两种。交流220V供电压缩机常见于1～3P定频空调器中，交流380V供电压缩机常见于3～5P定频空调器中，直流供电压缩机通常见于直流或全直流变频空调器中，早期变频空调器使用交流供电压缩机。

单转子压缩机　　　　　　　　　双转子压缩机

图3-52　单转子和双转子压缩机

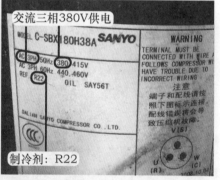

制冷剂：R410A　　　　　　　　　制冷剂：R22

图3-53　直流和交流供电压缩机铭牌

（4）按电机转速分类

压缩机按电机转速不同（见图3-54）可分为定频和变频两种。定频压缩机的电机一直以1种转速运行，变频压缩机转速则根据制冷系统的要求按不同转速运行。

（5）按制冷剂分类

压缩机根据采用的制冷剂不同，常见分为R22和R410A，R22型压缩机常见于定频空调器中，R410A型压缩机常见于变频空调器中。

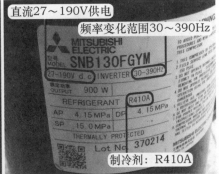

图 3-54　定频和变频压缩机铭牌

3. 剖解压缩机

下面以剖解上海日立 SHW33TC4-U 旋转式压缩机为基础，介绍旋转式压缩机内部结构和工作原理。

（1）内部结构

如图 3-55 所示，压缩机由储液瓶（含吸气管）、上盖（含接线端子和排气管）、定子（含线圈）、转子（上方为转子、下方为压缩部分组件）及下盖等组成。

图 3-55　内部结构

（2）电机部分

电机部分包括定子和转子。如图 3-56 左图所示，压缩机线圈镶嵌在定子槽内，外圈为运行绕组，内圈为起动绕组，使用 2 极电机，转速约 2900r/min。

如图 3-56 右图所示，转子和压缩部分组件安装在一起，转子位于上方，安装时和电机定子相对应。

（3）压缩部分组件

转子下方为压缩部分组件，压缩机电机线圈通电时，通过磁场感应使转子以约 2900r/min 的转速转动，带动压缩部分组件工作，将吸气管吸入的低温低压制冷剂气体变为高温高压的制冷剂气体并由排气管排出。

如图 3-57 和图 3-58 所示，压缩部分主要由汽缸、上汽缸盖、下汽缸盖、刮片、滚动活塞（滚套）、偏心轴等部件组成。

图 3-56　定子和转子

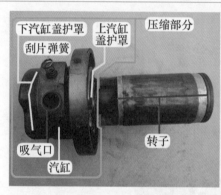
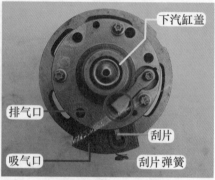

图 3-57　压缩部分组件

　　排气口位于下汽缸盖，设有排气阀片和排气阀片升程限制器，排出的气体经压缩机电机缸体后，和位于顶部的排气管相通，也就是说压缩机大部分区域均为高温高压状态。

　　吸气口设在汽缸上面，直接连接储液瓶的底部铜管，和顶部的吸气管相通，相当于压缩机吸入来自蒸发器的制冷剂通过吸气管进入储液瓶分离后，使汽缸的吸气口吸入的均为制冷剂气体，防止压缩机出现液击。

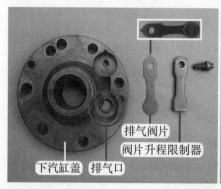
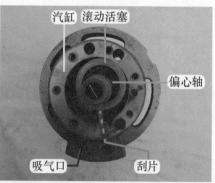

图 3-58　下汽缸盖和压缩部分主要部件

4. 引线判断方法

引线判断方法常见有 3 种，即根据压缩机引线实际所接元件，使用万用表电阻档测量线圈引线或接线端子阻值，根据压缩机接线盖或垫片标识。

（1）根据实际接线判断引线功能

压缩机定子上的线圈共有 3 根引线，上盖的接线端子也只有 3 个，因此连接电控系统的引线也只有 3 根。

如图 3-59 所示，黑线只接接线端子上电源 L 端（2 号），为公共端（C）；蓝线接电容和电源 N 端（1 号），为运行绕组（R）；黄线只接电容，为起动绕组（S）。

图 3-59　根据实际接线判断引线功能

（2）根据压缩机接线盖或垫片标识判断引线功能

如图 3-60 左图所示，压缩机接线盖或垫片（使用耐高温材料）上标有"C、R、S"字样，表示为接线端子的功能：C 为公共端，R 为运行绕组，S 为起动绕组。

将接线盖对应接线端子，或将垫片安装在压缩机上盖的固定位置，如图 3-60 右图所示，观察接线端子：对应标有"C"的端子为公共端，对应标有"R"的端子为运行绕组，对应标有"S"的端子为起动绕组。

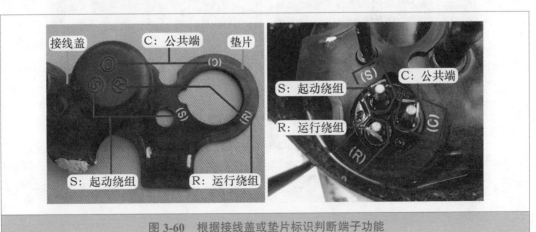

图 3-60　根据接线盖或垫片标识判断端子功能

（3）使用万用表电阻档测量线圈端子阻值

逐个测量压缩机的 3 个接线端子阻值，如图 3-61 左图所示，会得出 3 次不同的结果，上海日立 SD145UV-H6AU 压缩机在室外温度约 15℃时，实测阻值依次为 7.3Ω、4.1Ω、3.2Ω，阻值关系为 7.3Ω=4.1Ω+3.2Ω，即最大阻值 7.3Ω 为运行绕组 + 起动绕组的总数。

① 找出公共端。

如图 3-61 右图所示，在最大的阻值 7.3Ω 中，表笔接的端子为起动绕组和运行绕组，空闲的 1 个端子为公共端（C）。

➡ 说明：判断接线端子的功能时，实测时应测量引线，而不用再打开接线盖、拔下引线插头去测量接线端子，只有更换压缩机或压缩机连接线时，才需要测量接线端子的阻值以确定功能。

图 3-61　3 次线圈阻值和找出公共端

② 找出运行绕组和起动绕组。

一只表笔接公共端（C），另一只表笔测量另外两个端子阻值，通常阻值小的端子为运行绕组（R），阻值大的端子为起动绕组（S）。但本机实测阻值大（4.1Ω）的端子为运行绕组（R），如图 3-62 左图所示；阻值小（3.2Ω）的端子为起动绕组（S），如图 3-62 右图所示。

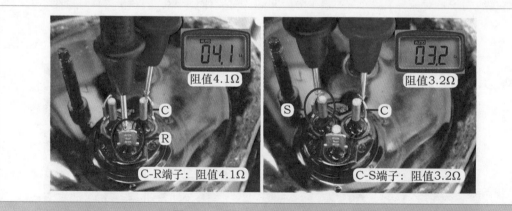

图 3-62　找出运行绕组和起动绕组

第四章

变频空调器基础知识和主要元器件

Chapter **4**

第一节　变频和定频空调器硬件区别

本节选用格力定频和变频空调器的两款机型，比较两类空调器硬件之间的相同点和不同点，使读者对变频空调器有初步的了解。

定频空调器选用机型 KFR-23GW/（23570）Aa-3，变频空调器选用机型 KFR-32GW/（32556）FNDe-3，是一款普通的直流变频空调器。

一、室内机

1. 外观

外观如图 4-1 所示，两类空调器的进风格栅、进风口、出风口、导风板及显示板组件设计形状或作用基本相同，部分部件甚至可以通用。

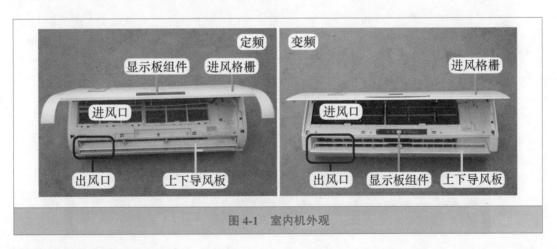

图 4-1　室内机外观

2. 主要部件设计位置

主要部件设计位置如图 4-2 所示，两类空调器的主要部件设计位置基本相同，包括蒸发器、电控盒、接水盘、步进电机、导风板、室内风扇（贯流风扇）及室内风机等。

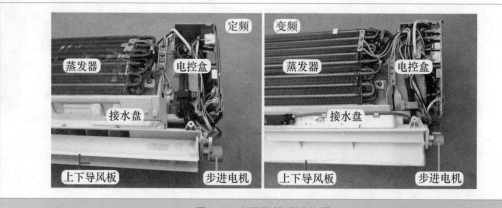

图 4-2　主要部件设计位置

3. 制冷系统部件

制冷系统部件如图 4-3 所示，两类空调器设计相同，只有蒸发器。

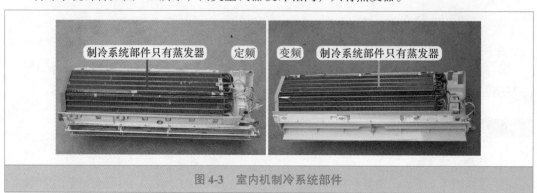

图 4-3　室内机制冷系统部件

4. 通风系统

通风系统如图 4-4 所示，两类空调器通风系统使用相同形式的室内风扇（贯流风扇），均由带有霍尔反馈功能的室内风机（PG 电机）驱动，贯流风扇和室内风机在两类空调器中可以相互通用。

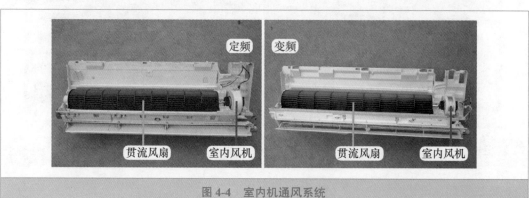

图 4-4　室内机通风系统

5. 辅助系统

接水盘和导风板在两类空调器中的设计位置和作用相同。

6. 电控系统

两类空调器的室内机主板在控制原理方面最大的区别在于，定频空调器的室内机主板是整个电控系统的控制中心，对空调器整机进行控制，室外机不再设置电路板；变频空调器的室内机主板只是电控系统的一部分，工作时处理输入的信号，处理后传送至室外机主板，才能对空调器整机进行控制，也就是说室内机主板和室外机主板一起才能构成一套完整的电控系统。

（1）室内机主板

由于两类空调器的室内机主板单元电路相似，在硬件方面有许多相同的地方。如图 4-5 所示，其中不同之处在于定频空调器室内机主板使用 3 个继电器为室外机压缩机、室外风机、四通阀线圈供电；变频空调器的室内机主板只使用 1 个主控继电器为室外机供电，并增加通信电路与室外机主板传递信息。

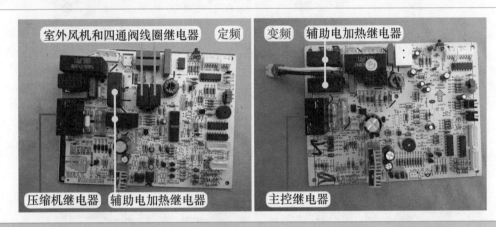

图 4-5　室内机主板

（2）接线端子

从两类空调器接线端子上也能看出控制原理的区别，如图 4-6 所示，定频空调器的室内外机连接线端子上共有 5 根引线，分别是零线、压缩机引线、四通阀线圈引线、室外风机引线和地线；而变频空调器则只有 4 根引线，分别是零线、通信线、相线、地线。

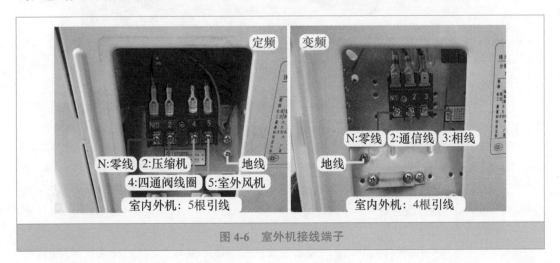

图 4-6　室外机接线端子

1. 外观

室外机外观如图 4-7 所示，从外观上看，两类空调器进风口、出风口、管道接口及接线端子等部件的位置和形状基本相同，没有明显的区别。

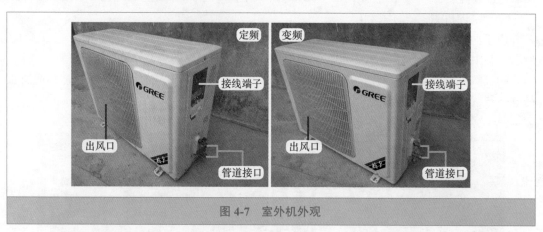

图 4-7　室外机外观

2. 主要部件设计位置

主要部件设计位置如图 4-8 所示，室外机的主要部件如冷凝器、室外风扇（轴流风扇）、室外风机（轴流电机）、压缩机、毛细管、四通阀、电控盒的设计位置也基本相同。

图 4-8　室外机主要部件设计位置

3. 制冷系统

在制冷系统方面，两类空调器中的冷凝器、毛细管、四通阀、单向阀和辅助毛细管等部件，设计的位置和工作原理基本相同，有些部件可以通用，如图 4-9 所示。

两类空调器最大的区别在于压缩机，其设计位置和作用相同，但工作原理（或称为方式）不同，定频空调器供电为输入的市电交流 220V，由室内机主板提供，转速、制冷量、耗电量均为额定值，而变频空调器压缩机的供电由室外机主板上的模块提供，运行时转速、制冷量、耗电量均可连续变化。

4. 节流方式

节流方式如图 4-10 所示，定频空调器通常使用毛细管作为节流方式，交流变频空调器和直流变频空调器也通常使用毛细管作为节流方式，只有部分全直流变频空调器或高档空调器使用电子膨胀阀作为节流方式。

图 4-9 室外机制冷系统主要部件安装位置

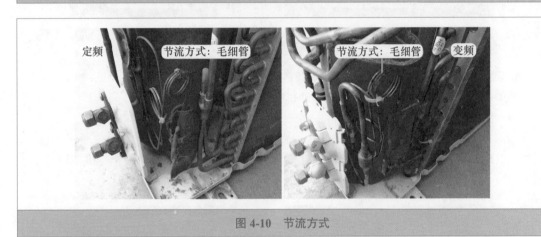

图 4-10 节流方式

5. 通风系统

通风系统如图 4-11 所示，两类空调器的室外机通风系统部件为室外风机和室外风扇，工作原理和外观基本相同，室外风机均使用交流 220V 供电，不同的地方是，定频空调器由室内机主板供电，变频空调器由室外机主板供电。

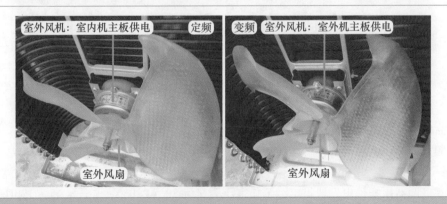

图 4-11 室外机通风系统

6. 制冷／制热模式的转换

两类空调器的制冷／制热模式的转换部件均为四通阀，如图 4-12 所示，工作原理和设计位置相同，四通阀在两类空调器中也可以通用，四通阀线圈供电均为交流 220V，不同的地方是，定频空调器由室内机主板供电，变频空调器由室外机主板供电。

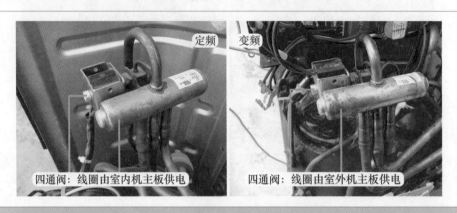

图 4-12　四通阀

7. 电控系统

两类空调器硬件方面最大的区别是室外机电控系统，区别如下。

（1）室外机主板和模块

如图 4-13 所示，定频空调器室外机未设置电控系统，只有压缩机电容和室外风机电容，而变频空调器则设计有复杂的电控系统，主要部件是室外机主板和模块等（本机室外机主板和模块为一体化设计）。

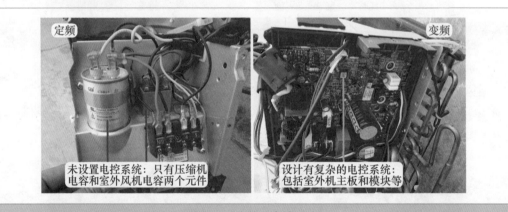

图 4-13　室外机电控系统

（2）压缩机工作方式

压缩机工作方式如图 4-14 所示。

定频空调器压缩机由电容直接起动运行，工作电压为交流 220V、频率为 50Hz、转速为 2950r/min。

变频空调器压缩机由模块供电，工作电压为交流 30～220V、频率为 15～120Hz、转速为 1500～9000r/min。

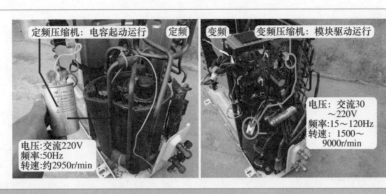

图 4-14 压缩机工作方式

（3）电磁干扰保护

电磁干扰保护如图 4-15 所示。

变频空调器由于模块等部件工作在开关状态，使得电路中电流谐波成分增加，降低了功率因数，因此增加了滤波电感等部件，定频空调器则不需要设计此类部件。

定频

无

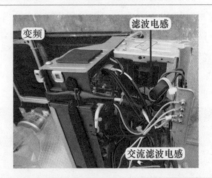

图 4-15 电磁干扰保护

（4）温度检测

温度检测如图 4-16 所示。

变频空调器为了对压缩机运行进行良好的控制，设计了室外环温传感器、室外管温传感器、压缩机排气传感器，定频空调器一般没有设计此类器件（只有部分机型设置有室外管温传感器）。

定频

无

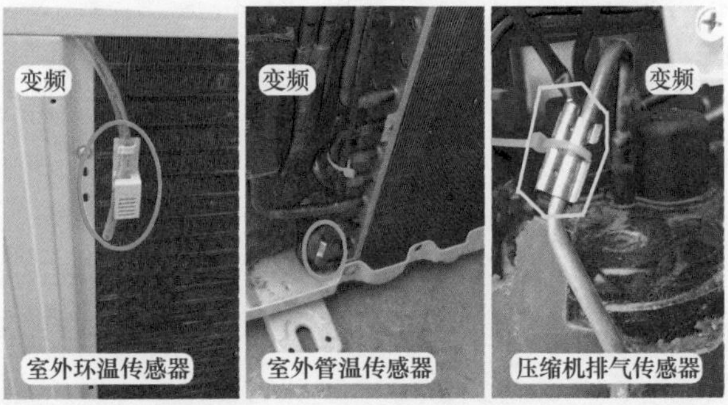

图 4-16 温度检测

三、 结论

1. 通风系统

室内机均使用贯流式通风系统，室外机均使用轴流式通风系统，两类空调器相同。

2. 制冷系统

制冷系统均由压缩机、冷凝器、毛细管、蒸发器四大部件组成，区别是压缩机工作原理不同。

3. 主要部件设计位置

两类空调器基本相同。

4. 电控系统

两类空调器的电控系统工作原理不同，硬件方面室内机有相同之处，最主要的区别是室外机电控系统。

5. 压缩机

压缩机是定频空调器和变频空调器最根本的区别，变频空调器的室外机电控系统就是为控制变频压缩机而设计。

也可以简单地理解为，将定频空调器的压缩机换成变频压缩机，并配备与之配套的电控系统（方法是增加室外机电控系统，更换室内机主板部分元器件），那么这台定频空调器就可以改称为变频空调器。

第二节 变频空调器工作原理和分类

一、 变频空调器节电和工作原理

1. 节电原理

最普通的交流变频空调器和典型的定频空调器相比，只是压缩机的运行方式不同，定频空调器压缩机供电由市电直接提供，电压为交流 220V，频率为 50Hz，理论转速为 3000r/min，运行时由于阻力等原因，实际转速约为 2950r/min，因此制冷量也是固定不变的。

变频空调器压缩机的供电由模块提供，模块输出的模拟三相交流电，频率可以在 15 ~ 120Hz 变化，电压可以在 30 ~ 220V 之间变化，因而压缩机转速可以在 1500 ~ 9000r/min 的范围内变化。

压缩机转速升高时，制冷量随之加大，制冷效果加快，制冷模式下房间温度迅速下降，此时空调器耗电量也随之上升；当房间内温度下降到设定温度附近时，电控系统控制压缩机转速降低，制冷量下降，维持房间温度，此时耗电量也随之下降，从而达到节电的目的。

2. 工作原理

图 4-17 为变频空调器工作原理框图，图 4-18 为实物图。

室内机主板 CPU 接收遥控器发送的设定模式和设定温度信号，与室内环温传感器温度相比较，如达到开机条件，控制室内机主板主控继电器触点闭合，向室外机供电；室内机主板 CPU 同时根据室内管温传感器温度信号，结合内置的运行程序计算出压缩机的目标运行频率，通过通信电路传送至室外机主板 CPU，室外机主板 CPU 再根据室外环温传感器、室外管温传感器、压缩机排气传感器和市电电压等信号，综合室内机主板 CPU 传送的信息，得出压缩机的实际运行频率，输出控制信号至 IPM 模块。

IPM 模块是将直流 300V 转换为频率和电压均可调的三相变频装置，内含 6 个大功率 IGBT 开关管，构成三相上下桥式驱动电路，室外机主板 CPU 输出的控制信号使每只 IGBT 导通 180°，且同一桥臂的两只 IGBT 一只导通时，另一只必须关断，否则会造成直流 300V 直接短路。相邻两相的 IGBT 导通相位差在 120°，在任意 360° 内都有 3 只 IGBT 开关管导通以接通三相负载。在 IGBT 导通与截止的过程中，输出的三相模拟交流电中带有可以变化的频率，且在一个周期内，如 IGBT 导通时间长而截止时间短，则输出的三相交流电的电压相对应就会升高，从而达到频率和电压均可调的目的。

IPM 模块输出的三相模拟交流电加在压缩机的三相感应电机，压缩机运行，系统工作在制冷或制热模式。如果室内温度与设定温度的差值较大，室内机主板 CPU 处理后送至室外机主板 CPU，输出控制信号使 IPM 模块内部的 IGBT 导通时间长而截止时间短，从而输出频率和电压均相对较高的三相模拟交流电加至压缩机，压缩机转速加快，单位制冷量也随之加大，达到快速制冷的目的；反之，当房间温度与设定温度的差值变小时，室外机主板 CPU 输出的控制信号，使得 IPM 模块输出较低的频率和电压，压缩机转速变慢，降低制冷量。

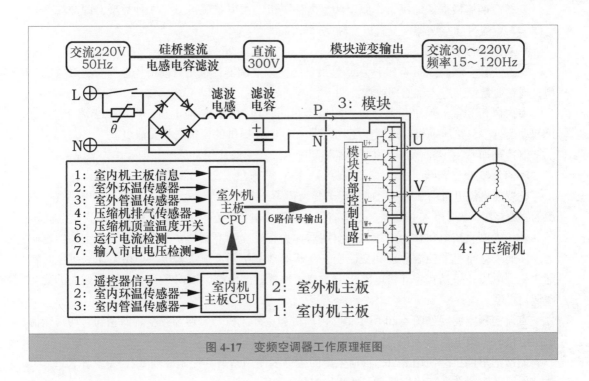

图 4-17　变频空调器工作原理框图

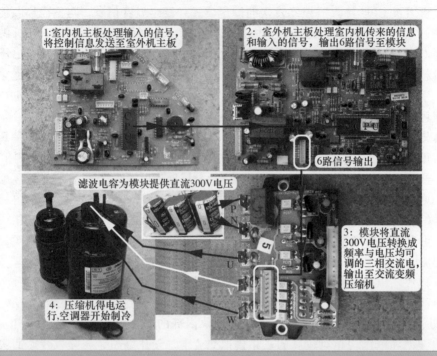

1:室内机主板处理输入的信号,将控制信息发送至室外机主板

2:室外机主板处理室内机传来的信息和输入的信号,输出6路信号至模块

6路信号输出

滤波电容为模块提供直流300V电压

3:模块将直流300V电压转换成频率与电压均可调的三相交流电,输出至交流变频压缩机

4:压缩机得电运行,空调器开始制冷

图 4-18 变频空调器工作原理实物图

二、 变频空调器分类

变频空调器根据压缩机工作原理和室内外风机的供电状况可分为 3 种类型,即交流变频空调器、直流变频空调器、全直流变频空调器。

1. 交流变频空调器

交流变频空调器如图 4-19 所示,是最早的变频空调器,也是目前市场上拥有量最大的类型,现在通常已经进入维修期或淘汰期。

室内风机和室外风机与普通定频空调器相同,均为交流感应电机,由市电交流 220V 直接起动运行。只是压缩机转速可以变化,供电为 IPM 提供的模拟三相交流电。

制冷剂通常使用和普通定频空调器相同的 R22,一般使用常见的毛细管作为节流部件。

2. 直流变频空调器

把普通直流电机由永磁铁组成的定子变为转子,将普通直流电机需要换向器和电刷提供电源的线圈绕组(转子)变成定子,这样省掉普通直流电机所必需的电刷,称为无刷直流电机。

使用无刷直流电机作为压缩机的空调器称为直流变频空调器,其在交流变频空调器基础上发展而来,整机的控制原理和交流变频空调器基本相同,模块输出供电由万用表测量时实际为交流电压,只是在室外机电路板上增加了位置检测电路,同时是目前销量最大的变频空调器机型。

直流变频空调器如图 4-20 所示,室内风机和室外风机与普通定频空调器相同,均为交流感应电机,由市电交流 220V 直接起动运行。

制冷剂早期机型使用 R22,目前生产的机型多使用新型环保制冷剂 R410A 或者 R32,节流部件同样使用常见且价格低廉但性能稳定的毛细管。

图 4-19　交流变频空调器

图 4-20　直流变频空调器

3. 全直流变频空调器

全直流变频空调器如图 4-21 所示，目前属于高档空调器，其在直流变频空调器基础上发展而来，与之相比最主要的区别是，室内风机和室外风机均使用直流无刷电机，供电为直流 300V 电压，而不是交流 220V，同时压缩机也使用无刷直流电机。

制冷剂通常使用新型环保的 R410A 或 R32，节流部件也大多使用毛细管，只有少数高档机型使用电子膨胀阀，或电子膨胀阀和毛细管相结合的方式。

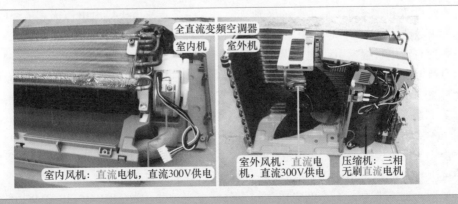

图 4-21　全直流变频空调器

第三节 电气元器件

电气元器件是变频空调器电控系统比较重要的元器件，并且在定频空调器电控系统中没有使用，由于工作时通过的电流比较大，比较容易损坏。将电气元器件集中讲述，对其作用、实物外形和测量方法等做简单说明。

一、 直流电机

1. 作用

直流电机应用在全直流变频空调器的室内风机和室外风机上，如图 4-22 所示，作用与安装位置和普通定频空调器室内机的室内风机（PG 电机）、室外机的室外风机（轴流电机）相同。

室内直流电机带动室内风扇（贯流风扇）运行，制冷时将蒸发器产生的冷量输送到室内，以降低房间温度。

室外直流电机带动室外风扇（轴流风扇）运行，制冷时将冷凝器产生的热量排放到室外，吸入自然空气为冷凝器降温。

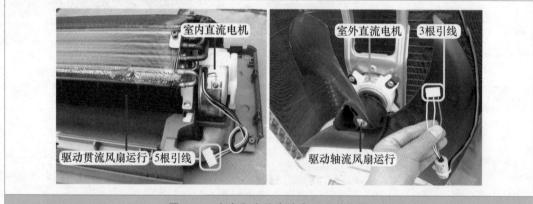

图 4-22　室内和室外直流电机安装位置

2. 分类

直流电机和交流电机最主要的区别有两点，一是直流电机供电电压为直流 300V，二是转子为永磁铁，直流电机也称为无刷直流电机。

目前直流电机根据引线常分为两种类型，一种为 5 根引线，另一种为 3 根引线。5 根引线的直流电机应用在早期和目前的全直流变频空调器中，3 根引线的直流电机仅应用在目前的全直流变频空调器中。

3. 剖解 5 根引线直流电机

（1）实物外形和内部结构

由于 5 根引线室内直流电机和室外直流电机的内部结构基本相同，本部分以室内风机使用的直流电机为例，介绍其内部结构等知识。

如图 4-23 左图所示，示例电机为松下公司生产，型号为 ARW40N8P30MS，8 极（实际转速约为 750r/min），功率为 30W，供电为直流 280～340V。

如图 4-23 右图所示，直流电机由上盖、转子（含上轴承、下轴承）、定子（内含线圈和下盖）及控制电路板（主板）组成。

图 4-23　实物外形和内部结构

（2）5 根引线功能

无论是室内直流电机还是室外直流电机，插头均只有 5 根引线，插头一端连接电机内部的主板，插头另一端和室内机或室外机主板相连，为电控系统构成通路。

插头引线作用如图 4-24 所示。

①号红线 V_{DC}：直流 300V 电压正极引线，与黑线直流地组合成为直流 300V 电压，为主板内的模块供电，其输出电压驱动电机线圈。

②号黑线 GND：直流电压 300V 和 15V 的公共端地线。

③号白线 V_{CC}：直流 15V 电压正极引线，与黑线直流地组合成为直流 15V 电压，为主板的弱信号控制电路供电。

④号黄线 V_{SP}：驱动控制引线，室内机或室外机主板 CPU 输出的转速控制信号，由驱动控制引线送至电机内部的控制电路，控制电路处理后驱动模块可改变电机转速。

⑤号蓝线 FG：转速反馈引线，直流电机运行后，内部主板输出实时的转速信号，由转速反馈引线送到室内机或室外机主板，供 CPU 分析判断，并与目标转速相比较，使实际转速和目标转速相对应。

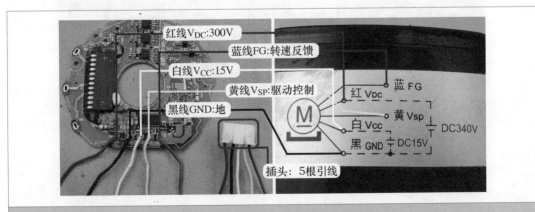

图 4-24　引线作用

4.3 根引线直流电机

（1）实物外形和铭牌

目前全直流变频空调器还有一种型式，就是使用 3 根引线的直流电机，用来驱动室内或室外风扇。如图 4-25 所示，示例电机由通达电机有限公司生产，型号为 WZDK34-38G-W，（驱动线圈的模块）供电为直流 280V，功率为 34W，8 极，理论转速为 1000r/min，其引线只有 3 根，分别为蓝线 U、黄线 V、白线 W，引线功能标识为 U-V-W，和压缩机连接线功能相同，说明电机内部只有线圈（绕组）。

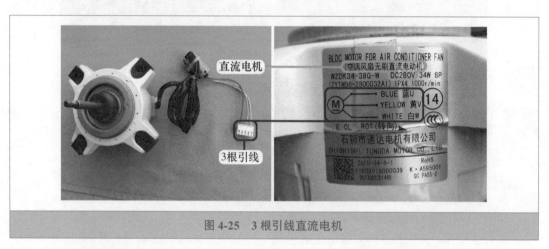

图 4-25　3 根引线直流电机

（2）风机模块设计位置

由于电机内部只有线圈（绕组），如图 4-26 所示，将驱动线圈的模块设计在室外机主板上，风机模块可分为单列或双列封装（根据型号可分为无散热片自然散热和散热片散热），相对应驱动电路也设计在主板上。

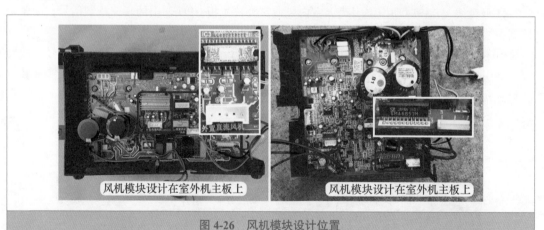

图 4-26　风机模块设计位置

（3）测量线圈阻值

测量 3 根引线直流电机线圈阻值时，使用万用表电阻档，如图 4-27 所示，表笔接蓝线 U 和黄线 V 测量阻值约为 66Ω，蓝线 U 和白线 W 阻值约为 66Ω，黄线 V 和白线 W 阻值约为 66Ω。根据 3 次测量阻值结果均相等，可发现和测量变频压缩机线圈方法相同。

图 4-27　测量直流电机线圈阻值

二、　电子膨胀阀

1. 安装位置

电子膨胀阀通常是垂直安装在室外机上，如图 4-28 所示，其在制冷系统中的作用和毛细管相同，即降压节流和调节制冷剂流量。

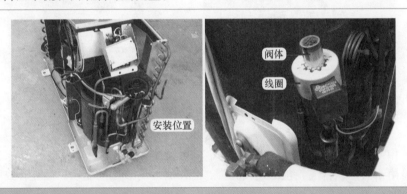

图 4-28　安装位置

2. 电子膨胀阀组件

如图 4-29 所示，电子膨胀阀组件由线圈和阀体组成，线圈连接室外机电控系统，阀体连接制冷系统，其中线圈通过卡箍卡在阀体上面。

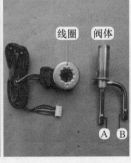

图 4-29　电子膨胀阀组件

3. 制冷剂流动方向

图 4-29 所示电子膨胀阀连接管道为 h 形，共有两根铜管与制冷系统连接。假定正下方的竖管称为 A 管，其连接二通阀；横管称为 B 管，其连接冷凝器出口。

制冷模式：制冷剂流动方向为 B → A，如图 4-30 左图所示，冷凝器流出低温高压液体，经毛细管和电子膨胀阀双重节流后变为低温低压液体，再经二通阀由连接管道送至室内机的蒸发器。

制热模式：制冷剂流动方向为 A → B，如图 4-30 右图所示，蒸发器（此时相当于冷凝器出口）流出低温高压液体，经二通阀送至电子膨胀阀和毛细管双重节流，变为低温低压液体，送至冷凝器出口（此时相当于蒸发器进口）。

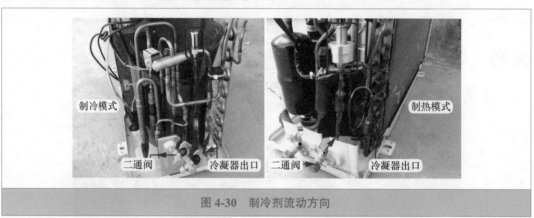

图 4-30　制冷剂流动方向

4. 内部结构

如图 4-31 所示，阀体主要由转子、阀杆、底座组成，和线圈一起称为电子膨胀阀的四大部件。

线圈：相当于定子，将电控系统输出的电信号转换为磁场，从而驱动转子转动。

转子：由永久磁铁构成，顶部连接阀杆，工作时接受线圈的驱动，做正转或反转的螺旋回转运动。

阀杆：通过中部的螺钉固定在底座上面。由转子驱动，工作时转子带动阀杆做上行或下行的直线运动。

底座：主要由黄铜制成，上方连接阀杆，下方引出两根管子连接制冷系统。

辅助部件设有限位器和圆筒铁皮。

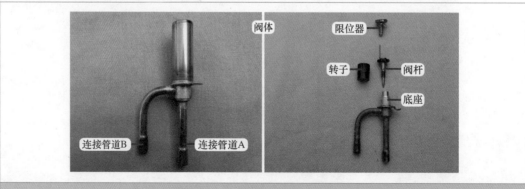

图 4-31　阀体和内部结构

1. 作用

硅桥内部为 4 个整流二极管组成的桥式整流电路，将交流 220V 电压整流成为脉动的直流 300V 电压。

由于硅桥工作时需要通过较大的电流，功率较大且有一定的热量，如图 4-32 左图所示，因此通常与模块一起固定在大面积的散热片上。

2. 分类

根据外观分类有 3 种：方形硅桥、扁形硅桥、PFC 模块（内含硅桥）。

（1）方形硅桥

方形硅桥常用型号为 S25VB60，安装位置如图 4-32 所示，通常固定在散热片上面，通过引线连接电控系统，25 含义为最大正向整流电流 25A，60 含义为最高反向工作电压 600V。

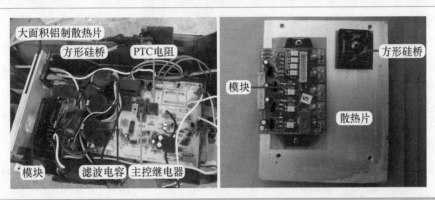

图 4-32 方形硅桥

（2）扁形硅桥

扁形硅桥常用型号为 D15XB60，安装位置如图 4-33 所示，通常焊接在室外机主板上面，15 含义为最大正向整流电流 15A，60 含义为最高反向工作电压 600V。

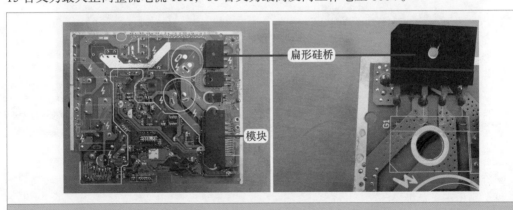

图 4-33 扁形硅桥

（3）PFC 模块（内含硅桥）

目前变频空调器电控系统中还有一种设计方式，如图 4-34 所示，就是将硅桥和 PFC 电路集成在一起,组成 PFC 模块,和驱动压缩机的变频模块设计在一块电路板上,因此在此类空调器中,找不到普通意义上的硅桥。

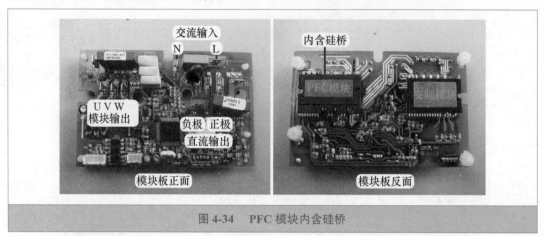

图 4-34　PFC 模块内含硅桥

3. 引脚作用和辨认方法

硅桥共有 4 个引脚,分别为 2 个交流输入端和 2 个直流输出端。2 个交流输入端接交流220V,使用时没有极性之分。2 个直流输出端中的正极经滤波电感接滤波电容正极,负极直接与滤波电容负极相连。

方形硅桥:如图 4-35 左图所示,其中的 1 角有豁口,对应引脚为直流正极,对角线引脚为直流负极,其他 2 个引脚为交流输入端(使用时不分极性)。

扁形硅桥:如图 4-35 右图所示,其中一侧有一个豁口,对应引脚为直流正极,中间两个引脚为交流输入端,最后一个引脚为直流负极。

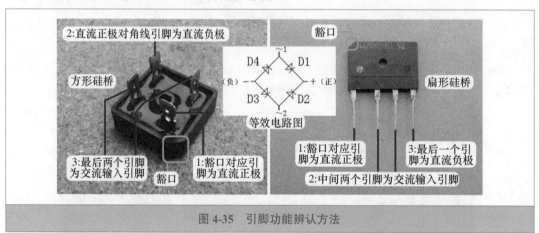

图 4-35　引脚功能辨认方法

4. 测量硅桥

硅桥内部为 4 个大功率的整流二极管,测量时应使用万用表二极管档。

(1)测量正、负极端子

相当于测量串联的 D1 和 D4(或串联的 D2 和 D3)。

红表笔接正极,黑表笔接负极,为反向测量,如图 4-36 左图所示,结果为无穷大。

红表笔接负极,黑表笔接正极,为正向测量,如图 4-36 右图所示,结果为 823mV。

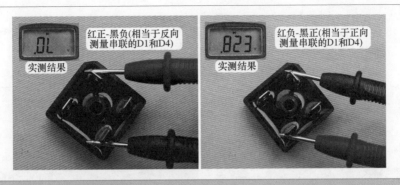

图 4-36 测量正、负极端

（2）测量正极、两个交流输入端

测量过程如图 4-37 所示，相当于测量 D1、D2。

红表笔接正极，黑表笔接交流输入端，为反向测量，两次结果相同，应均为无穷大。

红表笔接交流输入端，黑表笔接正极，为正向测量，两次结果相同，均为 452mV。

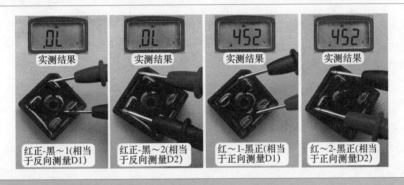

图 4-37 测量正极、两个交流输入端

（3）测量负极、两个交流输入端

测量过程如图 4-38 所示，相当于测量 D3、D4。

红表笔接负极，黑表笔接交流输入端，为正向测量，两次结果相同，均为 452mV。

红表笔接交流输入端，黑表笔接负极，为反向测量，两次结果相同，均为无穷大。

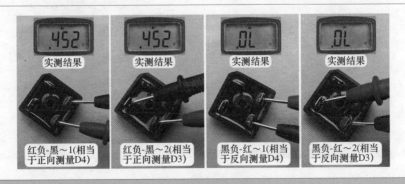

图 4-38 测量负极、两个交流输入端

（4）测量交流输入端～1、～2

相当于测量反方向串联 D1 和 D2（或 D3 和 D4），如图 4-39 所示，由于为反方向串联，因此两次测量结果应均为无穷大。

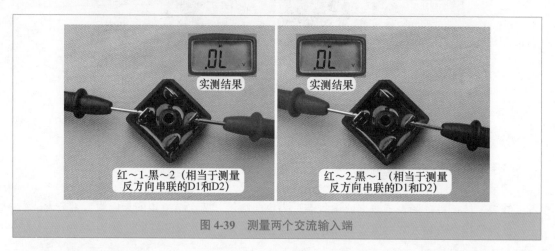

实测结果

实测结果

红～1-黑～2（相当于测量反方向串联的D1和D2）

红～2-黑～1（相当于测量反方向串联的D1和D2）

图 4-39　测量两个交流输入端

四、　滤波电感

1. 作用和实物外形

根据电感线圈"通直流、隔交流"的特性，阻止由硅桥整流后直流电压中含有的交流成分通过，使输送滤波电容的直流电压更加平滑、纯净。

滤波电感实物外形如图 4-40 所示，将较粗的电感线圈按规律绕制在铁心上，即组成滤波电感，电感只有两个接线端子，没有正反之分。

2. 安装位置

滤波电感通电时会产生电磁频率，且自身较重容易产生噪声，为防止对主板控制电路产生干扰，如图 4-41 左图所示，早期的空调器通常将滤波电感设计在室外机底座上面。

由于滤波电感安装在底座上容易因融化的霜水浸泡出现漏电故障，目前的空调器通常将滤波电感设计在挡风隔板的中部或电控盒的顶部，如图 4-41 中图和右图所示。

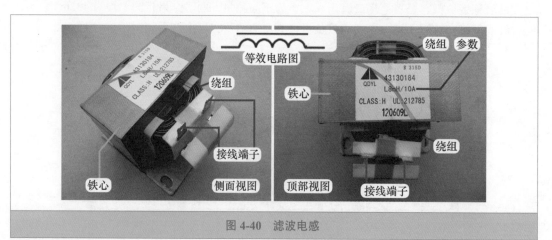

等效电路图

绕组

绕组　参数

铁心

绕组

接线端子

铁心

侧面视图

顶部视图

接线端子

图 4-40　滤波电感

安装在底座
连接引线 压缩机

安装在中部

安装在顶部

图 4-41 安装位置

3. 测量方法

测量滤波电感阻值时，使用万用表电阻档，如图 4-42 左图所示，实测阻值约为 1Ω（0.3Ω）。

早期的空调器因滤波电感位于室外机底部，且外部有铁壳包裹，直接测量其接线端子不是很方便，如图 4-42 右图所示，检修时可以测量两个连接引线的插头阻值，实测约为 1Ω（0.2Ω）。如果实测阻值为无穷大，应检查滤波电感上的引线插头是否正常。

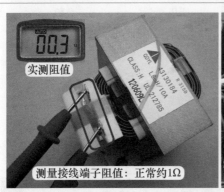
实测阻值
测量接线端子阻值：正常约1Ω

实测阻值
测量引线插头阻值：正常约1Ω

图 4-42 测量阻值

4. 常见故障

① 早期滤波电感安装在室外机底部，在制热模式下化霜过程中产生的水将其浸泡，一段时间之后（安装 5 年左右），引起绝缘阻值下降，通常低于 2MΩ 时，会出现空调器通上电源之后，断路器（俗称空气开关）跳闸的故障。

② 由于绕制滤波电感绕组的线径较粗，很少有开路损坏的故障。而其工作时通过的电流较大，接线端子处容易产生热量，将连接引线烧断，出现室外机无供电的故障。

五、 滤波电容

1. 作用

滤波电容实际为容量较大（约 2000μF）、耐压较高（约直流 400V）的电解电容。根据电容"通交流、隔直流"的特性，对滤波电感输送的直流电压再次滤波，将其中含有的交流成分直接入地，使供给模块 P、N 端的直流电压平滑、纯净，不含交流成分。

2. 引脚作用

滤波电容共有两个引脚，分别是正极和负极。正极接模块 P 端子，负极接模块 N 端子，负极引脚对应有"|"状标志。

3. 分类

按电容个数分类，有两种，即单个电容或几个电容并联组成。

（1）单个电容

如图 4-43 所示为 1 个耐压 400V、容量为 2500μF 左右的电解电容，对直流电压滤波后为模块供电，常见于早期生产的挂式变频空调器或目前的柜式变频空调器，电控盒内设有专用安装位置。

（2）多个电容并联

由 2 ~ 4 个耐压 450V、容量为 680μF 左右的电解电容并联组成，对直流电压滤波后为模块供电，总容量为单个电容标注容量相加，如图 4-44 所示。常见于目前生产的变频空调器，直接焊在室外机主板上。

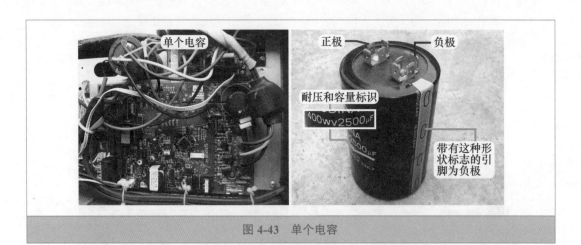

图 4-43　单个电容

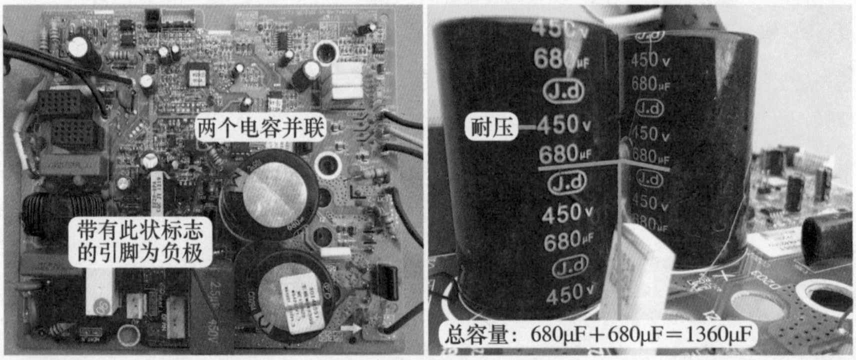

图 4-44　电容并联

第四节 模块和压缩机

IPM（智能功率模块，简称模块）及变频压缩机，是变频空调器电控系统中重要的元件，同时故障率较高，但由于知识点较多，因此单设一节进行详细说明。

一、 模块

1. 基础知识

（1）IGBT 开关管

模块内部开关管方框简图如图 4-45 所示，实物图如图 4-46 所示。模块最核心的部件是 IGBT 开关管，压缩机有 3 个接线端子，模块需要 3 组独立的桥式电路，每组桥式电路由上桥和下桥组成，因此模块内部共设有 6 个 IGBT 开关管，分别称为 U 相上桥（U+）和下桥（U−）、V 相上桥（V+）和下桥（V−）、W 相上桥（W+）和下桥（W−），由于工作时需要通过较大的电流，6 个 IGBT 开关管固定在面积较大的散热片上面。

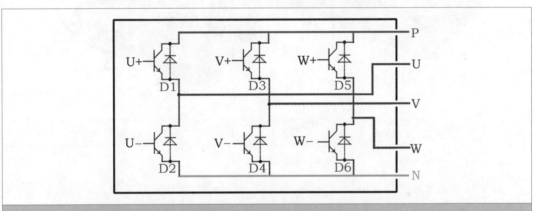

图 4-45 内部开关管方框简图

图 4-46 IGBT 开关管

图 4-46 中 IGBT 开关管型号为东芝 GT20J321，为绝缘栅双极型晶体管，共有 3 个引脚，

从左到右依次为 G（控制极）、C（集电极或称为漏极 D）、E（发射极或称为源极 S），内部 C 极和 E 极并联有续流二极管。

室外机 CPU（或控制电路）输出的 6 路信号（弱电），经驱动电路放大后接 6 个 IGBT 开关管的控制极，3 个上桥的集电极接直流 300V 的正极 P 端子，3 个下桥的发射极接直流 300V 的负极 N 端子，3 个上桥的发射极和 3 个下桥的集电极相通为中点输出，分别为 U、V、W 接压缩机线圈。

（2）IPM

严格意义的 IPM 如图 4-47 所示，其将图 4-46 中的 6 个 IGBT 开关管、驱动电路、控制电路和多种保护电路封装在同一模块内，从而简化了设计，提高了稳定性。IPM 只有固定在外围电路的控制基板上，才能组成模块板组件。在本书中如未特别注明，"模块"通常是指示为模块板组件。

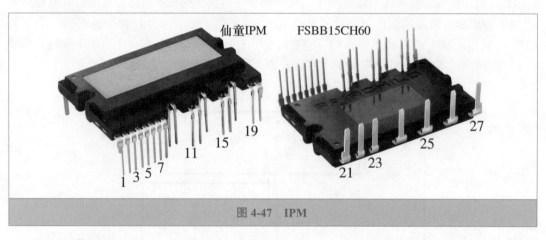

图 4-47 IPM

（3）工作原理

模块可以简单地看作是电压转换器。室外机主板 CPU 输出 6 路信号，经模块内部驱动电路放大后控制 IGBT 开关管的导通与截止，将直流 300V 电压转换成与频率成正比的模拟三相交流电（交流 30 ~ 220V、频率 15 ~ 120Hz），驱动压缩机运行。

三相交流电压越高，压缩机转速及输出功率也越高（即制冷效果越好）；反之，三相交流电压越低，压缩机转速及输出功率也就越低（即制冷效果越差）。三相交流电压的高低由室外机 CPU 输出的 6 路信号决定。

（4）安装位置

由于模块工作时会产生很高的热量，因此设有面积较大的铝制散热片，并将模块固定在上面，放置在室外机电控盒里侧，室外风扇运行时带走铝制散热片表面的热量，间接为模块散热。

2. 模块测量方法

无论任何类型的模块使用万用表测量时，均不能判断内部控制电路工作是否正常，只能对内部 6 个开关管做简单的检测。

从图 4-45 所示的模块内部 IGBT 开关管方框简图可知，万用表显示值实际为 IGBT 开关管并联 6 个续流二极管的测量结果，因此应选择二极管档，且 P、N、U、V、W 端子之间应符合二极管的特性。

　　各个空调器的模块测量方法基本相同，本部分以测量海信 KFR-26GW/11BP 交流变频空调器使用的模块为例，实物外形如图 4-48 所示，介绍模块测量方法。

　　（1）测量 P、N 端子

　　相当于 D1 和 D2（或 D3 和 D4、D5 和 D6）串联。

　　红表笔接 P 端子，黑表笔接 N 端子，为反向测量，如图 4-49 左图所示，结果为无穷大。

　　红表笔接 N 端子，黑表笔接 P 端子，为正向测量，如图 4-49 右图所示，结果为 817mV。

　　如果正反向测量结果均为无穷大，为模块 P、N 端子开路；如果正反向测量结果均接近 0mV，为模块 P、N 端子短路。

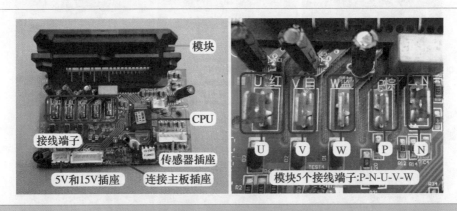

图 4-48　模块接线端子

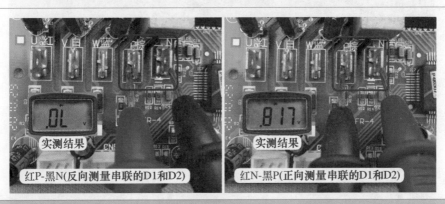

图 4-49　测量 P、N 端子

　　（2）测量 P 端子与 U、V、W 端子

　　相当于测量二极管 D1、D3、D5。

　　红表笔接 P 端子，黑表笔分别接 U、V、W 端子，为反向测量，测量过程如图 4-50 所示，3 次结果相同，应均为无穷大。

　　红表笔分别接 U、V、W 端子，黑表笔接 P 端子，为正向测量，测量过程如图 4-51 所示，3 次结果相同，应均为 450mV。

　　如果反向测量或正向测量时 P 端子与 U、V、W 端子结果接近 0mV，则说明模块 PU、PV、PW 结击穿。实际损坏时有可能是 PU、PV 结正常，只有 PW 结击穿。

（3）测量N端子与U、V、W端子

相当于测量二极管D2、D4、D6。

红表笔接N端子，黑表笔分别接U、V、W端子，为正向测量，测量过程如图4-52所示，3次结果相同，应均为451mV。

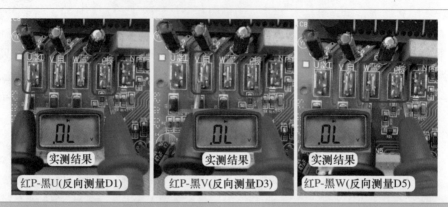

图4-50　反向测量P端子与U、V、W端子

图4-51　正向测量P端子与U、V、W端子

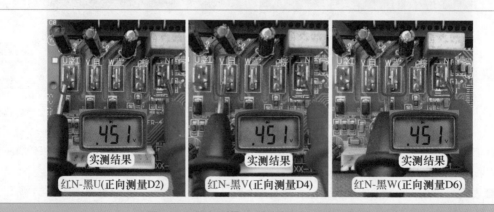

图4-52　正向测量N端子与U、V、W端子

红表笔分别接U、V、W端子，黑表笔接N端子，为反向测量，测量过程如图4-53所示，

3 次结果相同，应均为无穷大。

　　如果反向测量或正向测量时，N 端子与 U、V、W 端子结果接近 0mV，则说明模块 NU、NV、NW 结击穿。实际损坏时有可能是 NU、NW 结正常，只有 NV 结击穿。

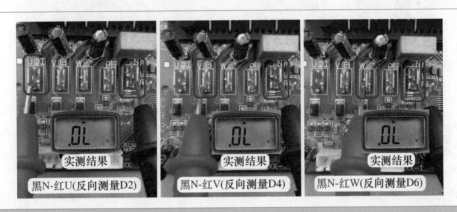

图 4-53　反向测量 N 与 U、V、W 端子

　　（4）测量 U、V、W 端子

　　测量过程如图 4-54 所示，由于模块内部无任何连接，U、V、W 端子之间无论正、反向测量，结果相同，应均为无穷大。

　　如果结果接近 0mV，则说明 UV、UW、VW 结击穿。实际维修时 U、V、W 之间击穿损坏比例较小。

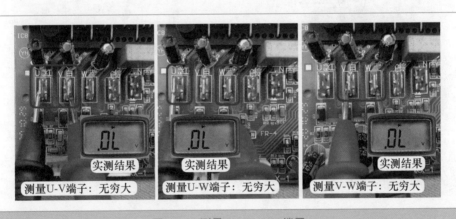

图 4-54　测量 U、V、W 端子

二、　变频压缩机

　　1. 基础知识

　　（1）安装位置

　　如图 4-55 所示，压缩机安装在室外机内部右侧，也是室外机重量最重的器件，其管道（吸气管和排气管）连接制冷系统，接线端子上引线（U-V-W）连接电控系统中的模块。

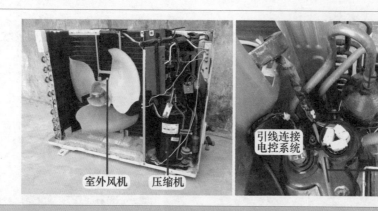

图 4-55　安装位置和系统引线

（2）实物外形

压缩机实物外形如图 4-56 所示，其为制冷系统的心脏，通过运行使制冷剂在制冷系统保持流动和循环。

压缩机由三相感应电机和压缩系统两部分组成，模块输出频率与电压均可调的模拟三相交流电为三相感应电机供电，电机带动压缩系统工作。

模块输出电压变化时电机转速也随之变化，转速变化范围为 1500 ~ 9000r/min，压缩系统的输出功率（即制冷量）也发生变化，从而达到在运行时调节制冷量的目的。

图 4-56　实物外形

（3）分类

根据工作方式主要分为交流变频压缩机和直流变频压缩机。

交流变频压缩机：如图 4-57 左图所示，应用在早期的变频空调器中，其使用三相感应电机。示例为西安庆安公司生产的交流变频压缩机铭牌，其为三相交流供电，工作电压为交流 60 ~ 173V，频率为 30 ~ 120Hz，使用制冷剂 R22。

直流变频压缩机：如图 4-57 右图所示，应用在目前的变频空调器中，其使用无刷直流电机。示例为三菱直流变频压缩机铭牌，其为直流供电，工作电压为 27 ~ 190V，频率为 30 ~ 390Hz，功率为 1245W，制冷量为 4100W，使用制冷剂 R410A。

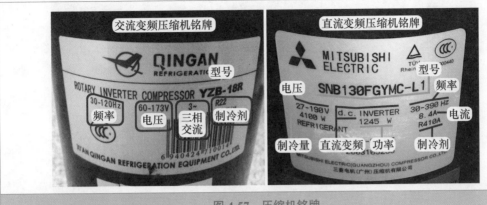

图 4-57　压缩机铭牌

（4）运行原理

压缩机运行原理如图 4-58 所示，当需要控制压缩机运行时，室外机主板 CPU 输出 6 路信号，经模块放大后由 U、V、W 端子输出三相均衡的交流电，经压缩机顶部的接线端子送至电机线圈的 3 个端子，定子产生旋转磁场，转子产生感应电动势，与定子相互作用，转子转动起来，转子转动时带动主轴旋转，主轴带动压缩组件工作，吸气口开始吸气，经压缩成高温高压的气体后由排气口排出，系统的制冷剂循环工作，空调器开始制冷或制热。

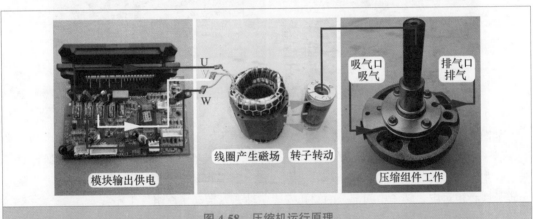

图 4-58　压缩机运行原理

2. 剖解变频压缩机

本部分以上海日立 SGZ20EG2UY 交流变频压缩机为例，介绍内部结构等知识。

（1）内部结构

从外观上看，如图 4-59 左图所示，压缩机由外置储液瓶和本体组成。如图 4-59 右图所示，压缩机本体由壳体（上盖、外壳、下盖）、压缩组件、电机共三大部分组成。

取下外置储液瓶后，如图 4-60 左图所示，吸气管和位于下部的压缩组件直接相连，排气管位于顶部；电机位于上部，其引线和顶部的接线端子直接相连。

压缩机本体内部由压缩组件和电机组成，如图 4-60 右图所示。

图 4-59　内部结构

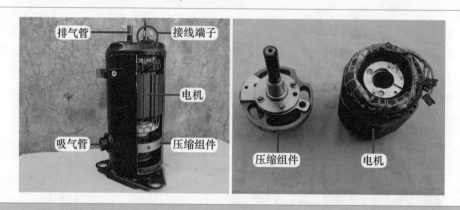

图 4-60　电机和压缩组件

（2）电机部分组成

如图 4-61 所示，电机部分由转子和定子两部分组成。

转子由铁心和平衡块组成。转子的上部和下部均安装有平衡块，以减少压缩机运行时的振动；中间部位为笼型铁心，由硅钢片叠压而成，其长度和定子铁心相同，安装时定子铁心和转子铁心相对应；转子中间部分的圆孔安装主轴，以带动压缩组件工作。

定子由铁心和线圈组成，线圈镶嵌在定子槽里面。在模块输出三相供电时，经连接线至线圈的 3 个接线端子，线圈中通过三相对称的电流，在定子内部产生旋转磁场，此时转子铁心与旋转磁场之间存在相对运动，切割磁力线而产生感应电动势，转子中有电流通过，转子电流和定子磁场相互作用，使转子中形成电磁力，转子便旋转起来，通过主轴带动压缩组件工作。

（3）引线作用

电机的线圈引出 3 个接线端子，安装至上盖内侧的 3 个接线端子上面，因此上盖外侧也只有 3 个接线端子，如图 4-62 所示，标号为 U、V、W，连接至模块的引线也只有 3 根，引线连接压缩机端子标号和模块标号应相同，如图 4-58 所示，示例压缩机 U 端子为红线、V 端子为白线、W 端子为蓝线。

➤ 说明：无论是交流变频压缩机或直流变频压缩机，均有 3 个接线端子，标号分别为 U、V、W，和模块上 U、V、W 的 3 个接线端子对应连接。

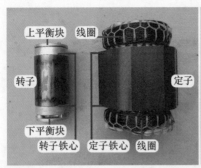
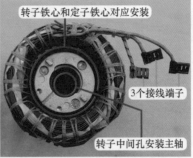

图 4-61　转子和定子

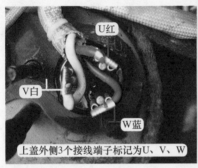

图 4-62　变频压缩机引线

（4）测量线圈阻值

使用万用表电阻档，测量 3 个接线端子之间的线圈阻值，如图 4-63 所示，U-V、U-W、V-W 阻值相等，实测阻值为 1.5Ω 左右。

测量U-V阻值：1.1Ω　　测量U-W阻值：1.2Ω　　测量V-W阻值：1.1Ω

图 4-63　测量线圈阻值

第五章

挂式空调器电控系统工作原理

Chapter **5**

第一节　典型挂式空调器电控系统

一、　主板框图和电路原理图

本章选用典型挂式空调器型号为美的 KFR-26GW/DY-B（E5），介绍电控系统组成、室内机主板框图和单元电路等。

注意：在本章中，如非特别说明，电控系统知识内容全部选自美的 KFR-26GW/DY-B（E5）挂式空调器。

图 3-2 为典型挂式空调器 [美的 KFR-26GW/DY-B（E5）] 室内机电控系统组成实物图，由图可知，一个完整的电控系统由主板和外围负载组成，包括主板、变压器、传感器、室内风机、显示板组件、步进电机、遥控器和接线端子等。

主板是电控系统的控制中心，由许多单元电路组成，各种输入信号经主板 CPU 处理后通过输出电路控制负载。主板通常可分四部分电路，即电源电路、CPU 三要素电路、输入电路和输出电路。

图 5-1 为室内机主板电路框图，图 5-2 为室内机主板电路原理图，图 5-3 为电控系统主要元件，表 5-1 为主要元件编号名称的说明。

➡ 说明：在本节中，将主板电路原理图和实物图上的元件标号统一，并一一对应，使理论和实践相结合，且读图更方便。

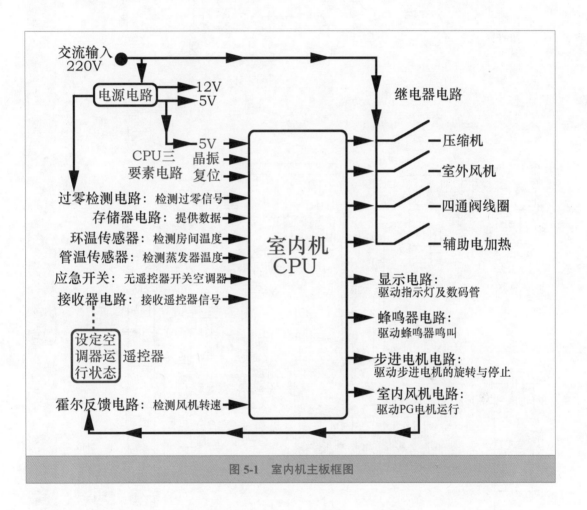

图 5-1　室内机主板框图

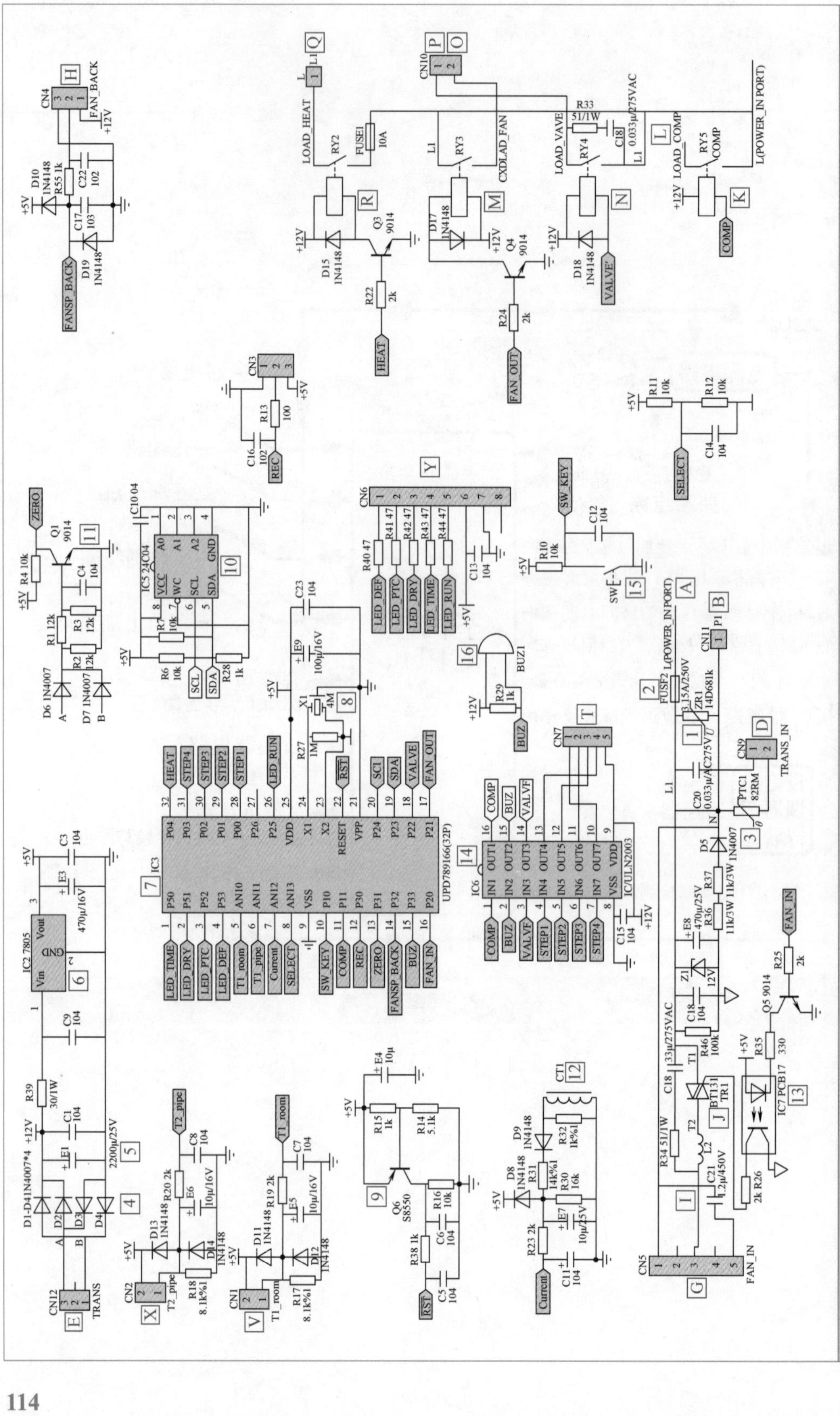

图 5-2 室内机主板电路原理图

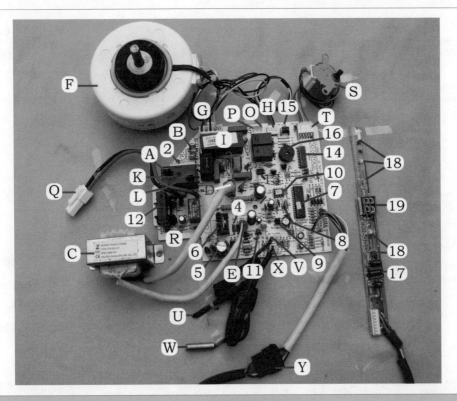

图 5-3　电控系统主要元件

表 5-1　主要元件编号说明

编号	名称	编号	名称
A	电源相线 L 输入	J	晶闸管：驱动室内风机
B	电源零线 N 输入	K	压缩机继电器：控制压缩机的运行与停止
C	变压器：将交流 220V 降低至约 13V	L	压缩机接线端子
D	变压器一次绕组插座	M	室外风机继电器：控制室外风机的运行与停止
E	变压器二次绕组插座	N	四通阀线圈继电器：控制四通阀线圈的运行与停止
F	室内风机：驱动贯流风扇运行	O	室外风机接线端子
G	室内风机线圈供电插座	P	四通阀线圈接线端子
H	霍尔反馈插座：检测室内风机转速	Q	辅助电加热插头
I	风机电容：室内风机起动和运行时使用	R	辅助电加热继电器

（续）

编号	名称	编号	名称
S	步进电机：带动导风板运行	7	CPU：主板的"大脑"
T	步进电机插座	8	晶振：为 CPU 提供时钟信号
U	环温传感器：检测房间温度	9	复位晶体管
V	环温传感器插座	10	存储器：为 CPU 提供数据
W	管温传感器：检测蒸发器温度	11	过零检测晶体管：检测过零信号
X	管温传感器插座	12	电流互感器
Y	显示板组件对插插头	13	光电耦合器
1	压敏电阻：在电压过高时保护主板	14	反相驱动器：反相放大后驱动继电器线圈、步进电机线圈、蜂鸣器
2	熔丝管：在电流过大时保护主板	15	应急开关：无遥控器开关空调器
3	PTC 电阻	16	蜂鸣器：发声代表已接收到遥控器信号
4	整流二极管：将交流电整流成为脉动直流电	17	接收器：接收遥控器的红外线信号
5	滤波电容：滤除直流电中的交流纹波成分	18	指示灯：指示空调器的运行状态
6	5V 稳压块 7805：输出端为稳定直流 5V	19	数码管：显示温度和故障代码

二、 单元电路作用

1. 电源电路

将交流 220V 电压降压、整流、滤波，成为直流 12V 和 5V，为主板单元电路和外围负载供电。

2. CPU 三要素电路

电源、时钟（晶振）、复位称为三要素电路，其正常工作是 CPU 处理输入信号和控制输出电路的前提。

3. 输入部分电路

① 遥控器信号（17）：对应电路为接收器电路，将遥控器发出的红外线信号处理后送至 CPU。

② 环温、管温传感器（U、W）：对应电路为传感器电路，将代表温度变化的电压送至 CPU。

③ 应急开关信号（15）：对应电路为应急开关电路，在没有遥控器时可以使用空调器。

④ 数据信号（10）：对应电路为存储器电路，为 CPU 提供运行时必要的数据信息。

⑤ 过零信号（11）：对应电路为过零检测电路，提供过零信号以便 CPU 控制光电耦合器晶闸管（俗称光耦可控硅）的导通角，使 PG 电机能正常运行。

⑥ 霍尔反馈信号（H）：对应电路为霍尔反馈电路，作用是为 CPU 提供室内风机（PG 电机）的实时转速。

⑦ 运行电流信号（12）：对应电路为电流检测电路，作用是为 CPU 提供压缩机运行电流信号。

4. 输出部分负载

① 蜂鸣器（16）：对应电路为蜂鸣器电路，用来提示 CPU 已处理遥控器发送来的信号。

② 指示灯（18）和数码管（19）：对应电路为指示灯和数码管显示电路，用来显示空调器的当前工作状态或故障代码。

③ 步进电机（S）：对应电路为步进电机控制电路，调整室内风机吹风的角度，使之能够均匀送到房间的各个角落。

④ 室内风机（F）：对应电路为 PG 电机电路，用来控制室内风机的工作与停止。制冷模式下开机后就一直工作（无论室外机是否运行）；制热模式下受蒸发器温度控制，只有蒸发器温度高于一定温度后才开始运行，即使在运行中，如果蒸发器温度下降，室内风机也会停止工作。

⑤ 辅助电加热（R）：对应电路为辅助电加热继电器电路，用来控制辅助电加热的工作与停止，在制热模式下提高出风口温度。

⑥ 压缩机继电器（K）：对应电路为继电器电路，用来控制压缩机的工作与停止。制冷模式下，压缩机受 3min 延时电路保护、蒸发器温度过低保护、过电流检测电路等控制；制热模式下，受 3min 延时电路保护、蒸发器温度过高保护、电流检测电路等控制。

⑦ 室外风机继电器（M）：对应电路为继电器电路，用来控制室外风机的工作与停止，受保护电路同压缩机。

⑧ 四通阀线圈继电器（N）：对应电路为继电器电路，用来控制四通阀线圈的工作与停止。制冷模式下无供电即停止工作；制热模式下有供电开始工作，只有除霜过程中断电，其他过程一直供电。

第二节　电源电路和 CPU 三要素电路

一、电源电路

电源电路原理图如图 5-4 所示，实物图如图 5-5 所示，关键点电压见表 5-2。电路作用是将交流 220V 电压降压、整流、滤波、稳压后转换为直流 12V 和 5V 为主板供电。

1. 工作原理

电容 C20 为高频旁路电容，用以旁路电源引入的高频干扰信号；FUSE2（3.15A 熔丝管）、ZR1（压敏电阻）组成过电压保护电路，输入电压正常时，对电路没有影响；而当电压高于交流约 680V 时，ZR1 迅速击穿，将前端 FUSE2 熔丝管（俗称保险管）熔断，从而保护主板后级电路免受损坏。

交流电源 L 端经熔丝管 FUSE2、N 端经 PTC 电阻 PTC1 分别送至变压器一次绕组插座，这样变压器一次绕组输入电压和供电插座的交流电源相等。PTC1 为正温度系数的热敏电阻，阻值随温度变化而变化，作用是保护变压器绕组。

变压器、D1~D4（整流二极管）、E1（主滤波电容）、C1 组成降压、整流、滤波电路，变压器将输入电压交流 220V 降低至约交流 12V 从二次绕组输出，至由 D1~D4 组成的桥式整流电路，变为脉动直流电（其中含有交流成分），经 E1 滤波，滤除其中的交流成分，成为纯净的约 12V 直流电压，为主板 12V 负载供电。

R39 为保护电阻，当负载短路引起电流过大时，其开路后断开直流 12V 供电，从而保护变压器绕组。

IC2、E3、C3 组成 5V 电压产生电路；IC2（7805）为 5V 稳压块，输入端为直流 12V，经 7805 内部电路稳压，输出端输出稳定的直流 5V 电压，为 5V 负载供电。

➡ 说明：本电路没有使用 7812 稳压块，因此直流 12V 电压实测为直流 11~16V，随输入的交流 220V 电压变化而变化。

表 5-2　电源电路关键点电压

变压器插座		7805		
一次绕组	二次绕组	①脚输入端	②脚地	③脚输出端
约交流 220V	约交流 12V	约直流 14V	直流 0V	直流 5V

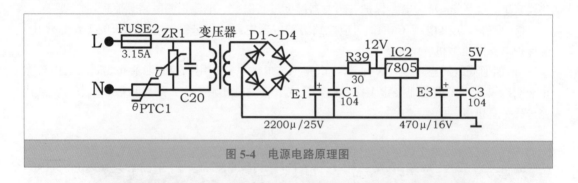

图 5-4　电源电路原理图

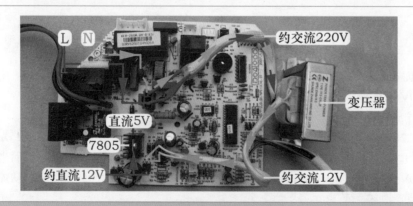

图 5-5　电源电路实物图

2. 直流 12V 和 5V 负载

（1）直流 12V 负载

直流 12V 取自主滤波电容正极，如图 5-6 所示，主要负载有 7805 稳压块、继电器线圈、PG 电机内部的霍尔反馈电路板、步进电机线圈、反相驱动器和蜂鸣器。

➡ 说明：PG 电机内部的霍尔反馈电路板一般为直流 5V 供电；美的空调器例外，其使用直流 12V 供电。

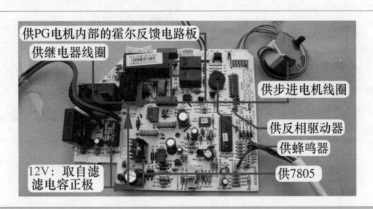

图 5-6　直流 12V 负载

（2）直流 5V 负载

直流 5V 取自 7805 的③脚输出端，如图 5-7 所示，主要负载有 CPU、存储器、光电耦合器、传感器电路以及显示板组件上的接收器、数码管、指示灯等。

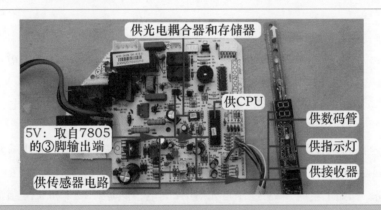

图 5-7　直流 5V 负载

二、　CPU 三要素电路

1. CPU 简介

CPU 是一个大规模的集成电路，是整个电控系统的控制中心，内部写入了运行程序（或工作时调取存储器中的程序）。根据引脚方向分类，常见有两种，如图 5-8 所示，即两侧引脚和四面引脚。

　　CPU 的作用是接收使用者的操作指令，结合室内环温、管温传感器等输入部分电路的信号进行运算和比较，确定空调器的运行模式（如制冷、制热、抽湿、送风），通过输出部分电路控制压缩机、室内外风机、四通阀线圈等部件，使空调器按使用者的意愿工作。

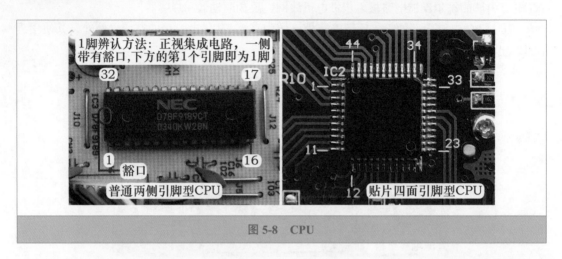

图 5-8　CPU

　　CPU 是主板上体积最大、引脚最多的元器件。现在主板 CPU 的引脚功能都是空调器厂家结合软件来确定的，也就是说同一型号的 CPU 在不同空调器厂家主板上的引脚作用是不一样的。

　　美的 KFR-26GW/DY-B（E5）空调器室内机主板 CPU 使用 NEC 公司产品，型号为 D78F9189CT，共有 32 个引脚，主要引脚功能见表 5-3。

　　2. 工作原理

　　CPU 三要素电路原理图如图 5-9 所示，实物图如图 5-10 所示，关键点电压见表 5-4。

　　电源、复位、时钟称为三要素电路，是 CPU 正常工作的前提，缺一不可，否则会死机引起空调器上电无反应故障。

　　① CPU ㉕脚是电源供电引脚，由 7805 的③脚输出端直接供给。滤波电容 E9、C23 的作用是使 5V 供电更加纯净和平滑。

　　② 复位电路将内部程序处于初始状态。CPU ㉒脚为复位引脚，由外围元件滤波电容 E4、瓷片电容 C6 和 C5、PNP 型晶体管 Q6（9012）、电阻 (R14、R15、R16、R38) 组成低电平复位电路。初始上电时，5V 电压首先对 E4 充电，同时对 R15 和 R14 组成的分压电路分压，当 E4 充电完成后，R15 分得的电压约为 0.8V，使得 Q6 充分导通，5V 经 Q6 发射极、集电极、R38 至 CPU ㉒脚，由于电容 E4 正极电压由 0V 逐渐上升至 5V，因此 CPU ㉒脚电压、相对于电源引脚㉕脚要延时一段时间（一般为几十毫秒），将 CPU 内部程序清零，对各个端口进行初始化。

　　③ 时钟电路提供时钟频率。CPU ㉓、㉔脚为时钟引脚，内部电路与外围元件 X1（晶振）、电阻 R27 组成时钟电路，提供 4MHz 稳定的时钟频率，使 CPU 能够连续执行指令。

表 5-3　D78F9189CT 引脚功能

输入部分电路			输出部分电路		
引脚	英文代号	功能	引脚	英文代号	功能
10	SW-KEY	按键开关	1、2、3、4、26	LED、LCD	驱动指示灯和数码管
12	REC	遥控器信号	28、29、30、31	STEP	步进电机
5	room	环温	15	BUZ	蜂鸣器
6	pipe	管温	16	FAN-IN	室内风机
13	ZERO	过零检测	32	HEAT	辅助电加热
14	FANSP-BACK	霍尔反馈	11	COMP	压缩机
7	Current、CT	电流	17	FAN-OUT	室外风机
8 脚为机型选择，27 脚为空脚，21 脚接地			18	VALVE	四通阀线圈
19	SDA	数据	20	SCL	时钟	存储器电路
25	VDD	供电	23	X2	晶振	
9	VSS	地	24	X1	晶振	CPU 三要素电路
			22	RST	复位	

表 5-4　CPU 三要素电路关键点电压

㉕脚供电	⑨脚地	Q6：E	Q6：B	Q6：C	㉒脚复位	㉓脚晶振	㉔脚晶振
5V	0V	5V	4.3V	5V	5V	2.8V	2.5V

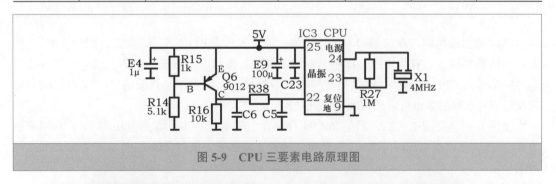

图 5-9　CPU 三要素电路原理图

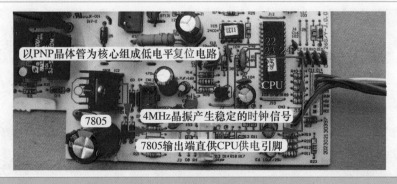

图 5-10　CPU 三要素电路实物图

第三节　输入部分单元电路

一、存储器电路

存储器电路原理图如图 5-11 所示，实物图如图 5-12 所示，关键点电压见表 5-5，电路作用是向 CPU 提供工作时所需要的数据。

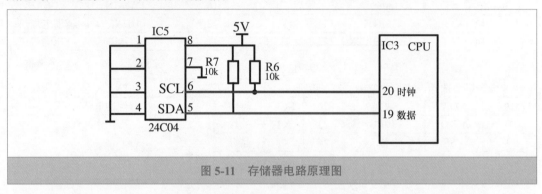

图 5-11　存储器电路原理图

表 5-5　存储器电路关键点电压

24C04 存储器引脚				CPU 引脚	
（1-2-3-4-7）脚	⑧脚	⑤脚	⑥脚	⑲脚	⑳脚
0V	5V	5V	0V	5V	0V

室内机主板使用的存储器型号为 24C04，通信过程采用 I²C 总线方式，即 IC 与 IC 之间为双向传输总线，它有两条线，即串行时钟（SCL）线和串行数据（SDA）线。时钟线传递的时钟信号由 CPU 输出，存储器只能接收；数据线传送的数据是双向的，CPU 可以向存储器发送信号，存储器也可以向 CPU 发送信号。

使用万用表直流电压档，测量 24C04 存储器引脚电压，实测⑤脚电压为 5V，⑥脚电压为 0V，说明在测量电压时 CPU 并没有向存储器读取数据，也就是说 CPU 未向存储器发送时钟信号。

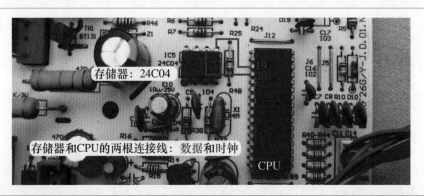

图 5-12　存储器电路实物图

二、 应急开关电路

应急开关电路原理图如图 5-13 所示，实物图如图 5-14 所示，按键状态与 CPU 引脚电压的对应关系见表 5-6，电路作用是无遥控器时可以开启或关闭空调器。

强制制冷功能、强制自动功能共用一个按键，CPU ⑩脚为应急开关按键检测引脚，正常时为高电平直流 5V，应急开关按下时为低电平 0V，CPU 根据低电平的次数进入各种控制程序。

控制程序：按压第 1 次开关，空调器将进入强制自动模式，按之前若为关机状态，按之后将转为开机状态；按压第 2 次开关，将进入强制制冷状态；按压第 3 次开关，空调器关机。按压开关使空调器运行时，在任何状态下都可用遥控器控制，转入按遥控器设定的运行状态。

表 5-6 开关状态与 CPU 引脚电压对应关系

	CPU ⑩脚电压
应急开关未按下时	5V
应急开关按下时	0V

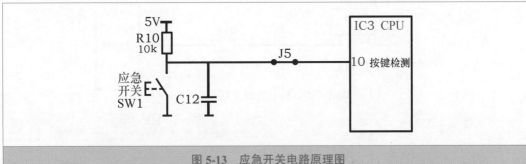

图 5-13 应急开关电路原理图

图 5-14 应急开关电路实物图

三、 遥控器信号接收电路

遥控器信号接收电路原理图如图 5-15 所示，实物图如图 5-16 所示，遥控器状态与 CPU 引脚电压的对应关系见表 5-7，电路作用是接收遥控器发送的红外线信号、处理后送至 CPU 引脚。

遥控器发射含有经过编码的调制信号以 38kHz 为载波频率，发送至位于显示板组件上的接收器 REC201，REC201 将光信号转换为电信号，并进行放大、滤波、整形，经 R13 送至 CPU ⑫脚，CPU 内部电路解码后得出遥控器的按键信息，从而对电路进行控制；CPU 每接收到遥控器发射的信号后均会控制蜂鸣器响一声给予提示。

接收器在接收到遥控器信号时，输出端由静态电压会瞬间下降至约 3V，然后再迅速上升至静态电压。遥控器发射信号时间约 1s，接收器接收到遥控器发射的信号时输出端电压也有约 1s 的时间瞬间下降。

表 5-7　遥控器状态与 CPU 引脚电压对应关系

	接收器输出端电压	CPU ⑫脚电压
遥控器未发射信号	4.96V	4.96V
遥控器发射信号	约 3V	约 3V

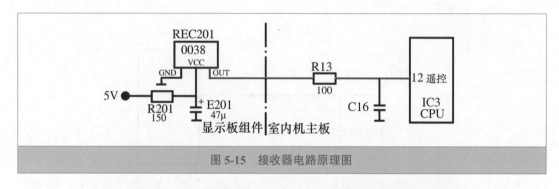

图 5-15　接收器电路原理图

图 5-16　接收电路实物图

四、　传感器电路

1. 工作原理

传感器电路原理图如图 5-17 所示，实物图如图 5-18 所示。室内环温传感器向 CPU 提供房间温度，与遥控器设定的温度相比较，控制空调器的运行与停止；室内管温传感器向 CPU 提供蒸发器温度，在制冷系统进入非正常状态时保护停机。

环温传感器 room、下偏置电阻 R17（8.1kΩ 精密电阻）、二极管 D11 和 D12、电解电容 E5 和瓷片电容 C7、电阻 R19、CPU ⑤脚组成环温传感器电路；管温传感器 pipe、下偏置电阻 R18（8.1kΩ 精密电阻）、二极管 D13 和 D14、电解电容 E6 和瓷片 C8、电阻 R20、CPU ⑥脚组成管温传感器电路。

环温和管温传感器电路工作原理相同，以环温传感器为例。环温传感器（负温度系数热敏电阻）和电阻 R17 组成分压电路，R17 两端电压即 CPU ⑤脚电压的计算公式为：$5 \times R17/$（环温传感器阻值 +R17）；环温传感器阻值随房间温度的变化而变化，CPU ⑤脚电压也相应变化。环温传感器在不同的温度有相应的阻值，CPU ⑤脚有相应的电压值，房间温度与 CPU ⑤脚电压为成比例的对应关系，CPU 根据不同的电压值计算出实际房间温度。

美的空调器的环温和管温传感器型号参数均为 25℃ /10kΩ，传感器在 25℃时阻值为 10kΩ，在 15℃时阻值为 16.1kΩ，传感器温度阻值与 CPU 引脚电压对应关系见表 5-8。

表 5-8　传感器温度阻值与 CPU 引脚电压对应关系

温度 /℃	−10	0	5	15	25	30	50	60	70
阻值 /kW	62.2	35.2	26.8	16.1	10	8	3.4	2.3	1.6
CPU 电压 /V	0.57	0.93	1.16	1.67	2.23	2.51	3.52	3.89	4.17

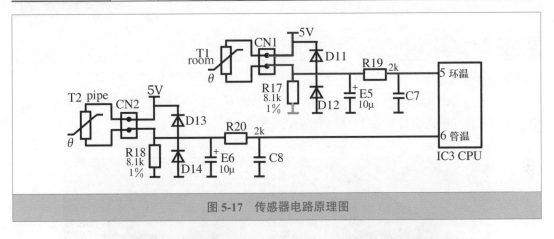

图 5-17　传感器电路原理图

图 5-18　环温传感器电路实物图

2. 测量传感器插座电压

由于环温传感器和管温传感器使用的型号参数相同，分压电阻阻值也相同，因此在同一温度下分压点电压即 CPU 引脚电压应相同或接近。

在房间温度约为 25℃时，如图 5-19 所示，使用万用表直流电压档测量传感器电路插座电压，实测公共端电压约为 5V，环温传感器分压点电压约为 2.2V，管温传感器分压点电压约为 2.1V。

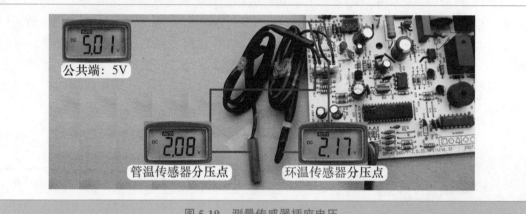

图 5-19　测量传感器插座电压

五、　电流检测电路

1. 电流互感器

电流互感器其实就相当于一个变压器，如图 5-20 所示，一次绕组为在中间孔穿过的电源引线（通常为压缩机引线），二次绕组安装在互感器上。

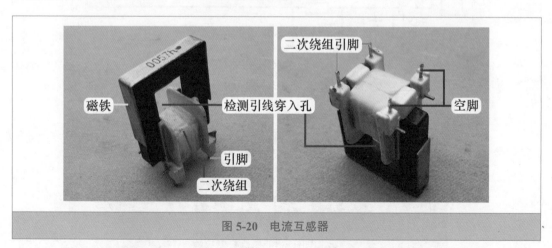

图 5-20　电流互感器

2. 检测压缩机引线

美的 KFR-26GW/DY-B（E5）室内机主板上，电流互感器中间孔穿入压缩机引线，如图 5-21 所示，说明 CPU 检测的是压缩机电流；如果电流互感器中间孔穿入电源相线 L 输入棕线，则 CPU 检测的是整机运行电流。

图 5-21 检测压缩机引线

3. 工作原理

电流检测电路原理图如图 5-22 所示，实物图如图 5-23 所示，压缩机运行电流与 CPU 引脚电压的对应关系见表 5-9。

当压缩机引线（相当于一次绕组）有电流通过时，在二次绕组感应出成比例的电压，经 D9 整流、E7 滤波、R31 和 R30 分压，经 R23 送至 CPU 的⑦脚（电流检测引脚）。CPU ⑦脚根据电压值计算出压缩机实际运行的电流值，再与内置数据相比较，即可计算出压缩机工作是否正常，从而对其进行控制。

表 5-9 压缩机运行电流与 CPU 引脚电压的对应关系

压缩机运行电流 /A	CT1 二次绕组交流电压 /V	CPU ⑦脚电压 /V	压缩机运行电流 /A	CT1 二次绕组交流电压 /V	CPU ⑦脚电压 /V
3.5	1.1	0.63	5.5	1.78	1.14
6.8	2.2	1.5	8.5	2.75	2

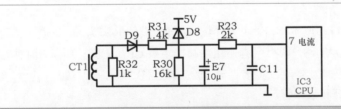

图 5-22 电流检测电路原理图

图 5-23 电流检测电路实物图

第四节 输出部分单元电路

一、 显示电路

1. 显示方式

美的 KFR-26GW/DY-B（E5）空调器使用指示灯 + 数码管的方式进行显示，室内机主板和显示板组件由一束 8 根的引线连接。

如图 5-24 所示，显示板组件共设有 5 个指示灯：智能清洁、定时、运行、强劲、预热化霜；使用 1 个 2 位数码管，可显示设定温度、房间温度和故障代码等，由 HC164 集成块驱动 5 个指示灯和数码管。

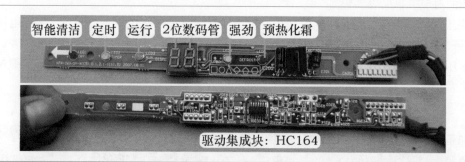

图 5-24 显示板组件主要元件

2. 工作原理

（1）HC164 引脚功能

HC164 为 8 位串行移位寄存器，共有 14 个引脚，其中⑭脚为 5V 供电、⑦脚为地；①脚和②脚为数据输入（DATA），两个引脚连在一起接主板 CPU ①脚；⑧脚为时钟输入（CLK），接主板 CPU ②脚；⑨脚为复位，实接直流 5V；③、④、⑤、⑥、⑩、⑪、⑫、⑬共 8 个引脚为输出，接指示灯和数码管。

（2）室内机主板和显示板组件的 8 根连接引线功能

见表 5-10，其中 COM1-2 和 COM3 为显示板组件上数码管 5V 供电引脚的控制引线。

表 5-10 室内机主板和显示板组件的 8 根连接引线功能

编号	1	2	3	4	5	6	7	8
颜色	黑	白	红	灰	黑	棕	绿	蓝
功能	接收器 REC	地 GND	5V 供电 VCC	供电控制 COM1-2	数据 DATA	时钟 CLK	供电控制 COM3	空
接 CPU 引脚	⑫			㉖	①	②	③	④

（3）控制流程

控制流程如图 5-25 所示，主板 CPU ②脚向显示板组件上的 IC201（HC164）发送时钟信号，CPU ①脚向 HC164 发送显示数据的信息，HC164 处理后驱动指示灯和数码管；CPU ③脚和㉖脚输出信号控制数码管 5V 供电的接通与断开。

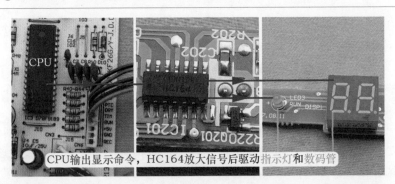

图 5-25 显示屏和指示灯驱动流程

二、 蜂鸣器电路

蜂鸣器电路原理图如图 5-26 所示，实物图如图 5-27 所示，电路作用是 CPU 接收到遥控器发射的信号且已处理，驱动蜂鸣器发出"滴"声予以提示。

CPU ⑮脚是蜂鸣器控制引脚，正常时为低电平；当接收到遥控器发射的信号时引脚变为高电平，反相驱动器 IC6 的输入端②脚也为高电平，输出端⑮脚则为低电平，蜂鸣器发出预先录制的音乐。由于 CPU 输出高电平时间很短，万用表不容易测出电压。

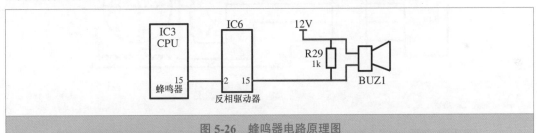

图 5-26 蜂鸣器电路原理图

图 5-27 蜂鸣器电路实物图

三、 步进电机电路

步进电机线圈驱动方式为 4 相 8 拍，共有 4 组线圈，电机每转一圈需要移动 8 次。线圈以脉冲方式工作，每接收到一个脉冲或几个脉冲，电机转子就移动一个位置，移动距离可以很小。

步进电机电路原理图如图 5-28 所示，实物图如图 5-29 所示，CPU 引脚电压与步进电机状态的对应关系见表 5-11。

CPU ㉘～㉛脚输出步进电机驱动信号，至反相驱动器 IC6 的输入端④～⑦脚，IC6 将信号放大后在⑬～⑩脚反相输出，驱动步进电机线圈，步进电机按 CPU 控制的角度开始转动，带动导风板上下摆动，使房间内送风均匀，到达用户需要的地方。

室内机主板 CPU 经反相驱动器放大后将驱动脉冲加至步进电机线圈，如供电顺序为 AAB-B-BC-C-CD-D-DA-A⋯，电机转子按顺时针方向转动，经齿轮减速后传递到输出轴，从而带动导风板摆动；如供电顺序转换为 A-AD-D-DC-C-CB-B-BA-A⋯，电机转子按逆时针方向转动，带动导风板朝另一个方向摆动。

表 5-11　CPU 引脚电压与步进电机状态的对应关系

CPU：㉘～㉛脚	IC6：④～⑦脚	IC6：⑬～⑩脚	步进电机状态
1.8V	1.8V	8.6V	运行
0V	0V	12V	停止

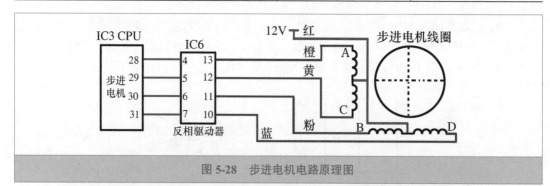

图 5-28　步进电机电路原理图

图 5-29　步进电机电路实物图

四、 辅助电加热电路

空调器使用热泵式制热系统，即吸收室外的热量转移到室内，以提高室内温度，如果室外温度低于 0℃时，空调器的制热效果将明显下降，辅助电加热就是为提高制热效果而设计的。

辅助电加热电路原理图如图 5-30 所示，实物图如图 5-31 所示，CPU 引脚电压与辅助电加热状态的对应关系见表 5-12。

CPU ㉜脚、电阻 R21、晶体管 Q3、二极管 D15、继电器 RY2 组成辅助电加热继电器电路，工作原理和室外风机继电器电路相同。当 CPU ㉜脚为高电平 5V 时，晶体管 Q3 导通，继电器 RY2 触点闭合，辅助电加热开始工作；当 CPU ㉜脚为低电平 0V 时，Q3 截止，RY2 触点断开，辅助电加热停止工作。

表 5-12 CPU 引脚电压与辅助电加热状态的对应关系

CPU ㉜脚	Q3：B	Q3：C	RY2 线圈电压	触点状态	负载
5V	0.8V	0.1V	11.9V	闭合	辅助电加热工作
0V	0V	12V	0V	断开	辅助电加热停止

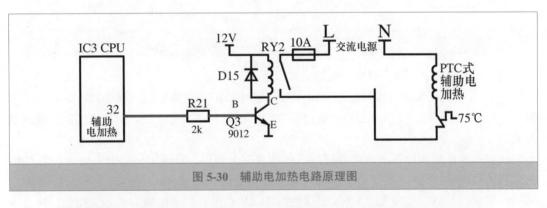

图 5-30 辅助电加热电路原理图

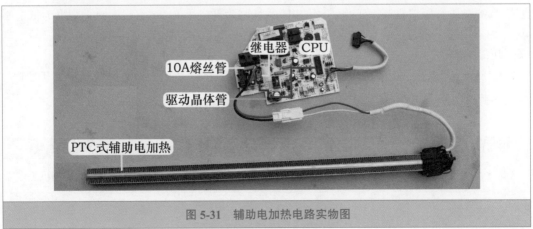

图 5-31 辅助电加热电路实物图

五、 室外机负载电路

图 5-32 为室外机负载电路原理图，图 5-33 为压缩机继电器触点闭合过程，图 5-34 为压缩机继电器触点断开过程，CPU 引脚电压与压缩机状态的对应关系见表 5-13，CPU 引脚电压与四通阀线圈状态的对应关系见表 5-14，CPU 引脚电压与室外风机状态的对应关系见表 5-15。

室外机负载电路的作用是向压缩机、室外风机、四通阀线圈提供或断开交流 220V 电源，使制冷系统按 CPU 控制程序工作。

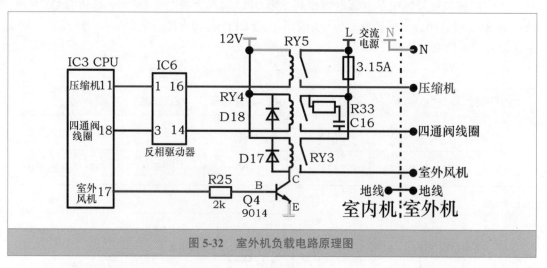

图 5-32 室外机负载电路原理图

1. 压缩机和四通阀线圈继电器电路工作原理

CPU ⑪脚、反相驱动器 IC6 ①脚和⑯脚、继电器 RY5 组成压缩机继电器电路；CPU ⑱脚、IC6 ③脚和⑭脚、二极管 D18、继电器 RY4、电阻 R33、电容 C16 组成四通阀线圈继电器电路。

压缩机和四通阀线圈的继电器驱动工作原理完全相同，以压缩机继电器为例。当 CPU 的⑪脚为高电平 5V 时，IC6 的①脚输入端也为高电平 5V，内部电路翻转，对应⑯脚输出端为低电平约 0.8V，继电器 RY5 线圈得到约 11.2V 供电，产生电磁力使触点闭合，接通压缩机 L 端电压，压缩机开始工作；当 CPU 的⑪脚为低电平 0V 时，IC6 的①脚也为低电平 0V，内部电路不能翻转，其对应⑯脚输出端不能接地，RY5 线圈两端电压为 0V，触点断开，压缩机停止工作。

D18 为继电器线圈续流二极管，电阻 R33 和电容 C16 组成消火花电路，消除继电器 RY4 触点闭合或断开时瞬间产生的火花。

表 5-13　CPU 引脚电压与压缩机状态的对应关系

CPU ⑪脚	IC6 ①脚	IC6 ⑯脚	RY5 线圈电压	触点状态	负载
5V	5V	0.8V	11.2V	闭合	压缩机工作
0V	0V	12V	0V	断开	压缩机停止

表 5-14 CPU 引脚电压与四通阀线圈状态的对应关系

CPU ⑱脚	IC6 ③脚	IC6 ⑭脚	RY4 线圈电压	触点状态	负载
5V	5V	0.8V	11.2V	闭合	四通阀线圈工作
0V	0V	12V	0V	断开	四通阀线圈停止

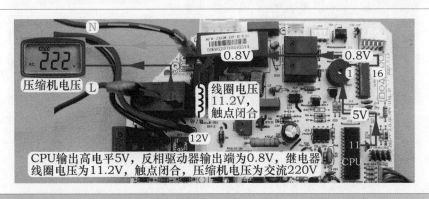

图 5-33 压缩机继电器触点闭合过程

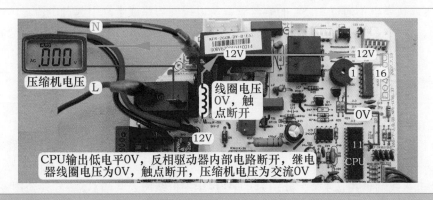

图 5-34 压缩机继电器触点断开过程

2. 室外风机继电器电路工作原理

室外风机继电器电路实物图如图 5-35 所示，以 NPN 型晶体管为核心，其作用为反相驱动器相同；由 CPU ⑰脚、电阻 R25、晶体管 Q4、二极管 D17、继电器 RY3 组成。

当 CPU ⑰脚为高电平 5V 时，经电阻 R25 降压后送至晶体管 Q4 的基极（B），电压约为 0.8V，Q4 集电极（C）和发射极（E）深度导通，C 极电压约为 0.1V，继电器 RY3 线圈下端接地，两端电压约 11.9V，产生电磁吸力使得触点闭合，接通 L 端电源，室外风机开始工作；当 CPU ⑰脚为低电平 0V 时，Q4B 极电压为 0V，C 极和 E 极截止，继电器线圈下端不能接地，即构不成回路，线圈电压为 0V，触点断开，室外风机停止工作。

表 5-15 CPU 引脚电压与室外风机状态的对应关系

CPU ⑰脚	Q4：B	Q4：C	RY3 线圈电压	触点状态	负载
5V	0.8V	0.1V	11.9V	闭合	室外风机工作
0V	0V	12V	0V	断开	室外风机停止

图 5-35　室外风机电路实物图

3. 室外机接线端子上的接线规律

① N 为公共端，由电源插头的 N 端直接供给室外机。

② 室内机主板控制压缩机、室外风机、四通阀线圈的方法是：在电源插头的 L 端分 3 路支线由 3 个继电器单独控制，因此 3 个负载工作时相互独立。

③ 压缩机供电不通过 3.15A 的熔丝管，所以线圈短路或卡缸引起过电流过大时不会烧坏熔丝管，一般表现为断路器跳闸；而室外风机或四通阀线圈发生短路故障时会将熔丝管烧断。

六、　室外机电路

1. 连接引线

室外机电控系统的负载有压缩机、室外风机、四通阀线圈共 3 个，室外机电路将 3 个负载连接在一起。

室外机接线端子共有 4 个，分别为：1 号接压缩机线圈公共端 C、2 号为公用零线 N、3 号接四通阀线圈、4 号接室外风机线圈公共端 C；其中 2 号公用零线 N 通过引线分别接压缩机线圈和室外风机线圈的运行绕组 R、四通阀线圈其中的 1 根引线，地线直接固定在室外机电控盒的铁皮上面。

2. 工作原理

室外机电气接线图如图 5-36 所示，实物图如图 5-37 所示。

（1）制冷模式

室内机主板的压缩机和室外风机继电器触点闭合，从而接通 L 端供电，与电容共同作用使压缩机和室外风机起动运行，系统工作在制冷状态，此时 3 号四通阀线圈的引线无交流 220V 供电。

（2）制热模式

室内机主板的压缩机、室外风机、四通阀线圈继电器触点闭合，从而接通 L 端供电，为 1 号压缩机、3 号四通阀线圈、4 号室外风机提供交流 220V 电源，压缩机、四通阀线圈、室外风机同时工作，系统工作在制热状态。

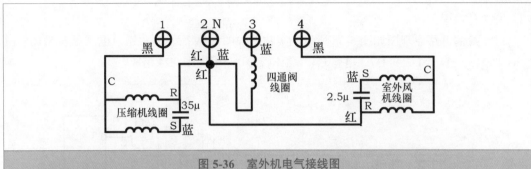

图 5-36　室外机电气接线图

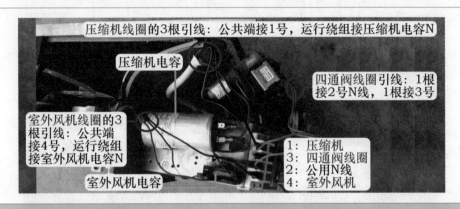

图 5-37　室外机负载实物图

第五节　室内风机单元电路

目前生产的定频、交流变频、直流变频的挂式空调器室内风机，基本上全部使用 PG 电机，由两个输入部分的单元电路和一个输出部分的单元电路组成，本节以美的 KFR-26GW/DY-B（E5）定频空调器为例，简单介绍室内风机电路。

室内机主板上电后，首先通过过零检测电路检查输入交流电源的零点位置，检查正常后，再通过 PG 电机电路驱动电机运行；PG 电机运行后，内部输出代表转速的霍尔信号，送至室内机主板的霍尔反馈电路供 CPU 检测实时转速，并与内部数据相比较，如有误差（即转速高于或低于正常值），通过改变晶闸管（俗称可控硅）的导通角，改变 PG 电机的工作电压，PG 电机转速也随之改变。

一、过零检测电路

1. 作用

过零检测电路的作用可以理解为给 CPU 提供一个标准，起点是零电压，晶闸管导通角的大小就是依据这个标准。也就是说 PG 电机高速、中速、低速、微速均对应一个导通角，而每个导通角的导通时间是从零电压开始计算的，导通时间不一样，导通角角度的大小就不一样，因此电机的转速就不一样。

2. 工作原理

过零检测电路原理图如图 5-38 所示，实物图如图 5-39 所示，关键点电压见表 5-16，由 CPU ⑬脚、二极管 D6 和 D7、电容 C4、晶体管 Q1、电阻 R1~R4 组成。

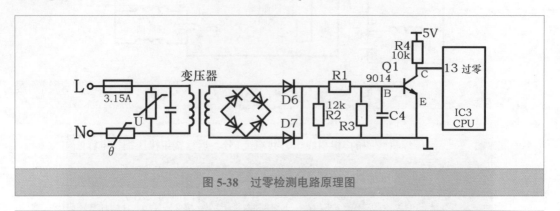

图 5-38　过零检测电路原理图

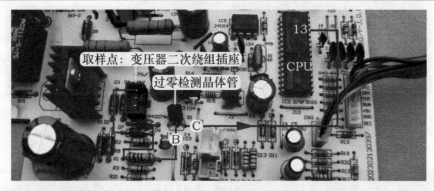

图 5-39　过零检测电路实物图

取样点为变压器二次绕组插座的约交流 12V 电压，经 D6 和 D7 全波整流、电阻 R1~R3 分压、电容 C4 滤除高频成分，送至晶体管 Q1 基极（B）。当交流电源位于正半周时，B 极电压高于 0.7V，Q1 集电极（C）和发射极（E）导通，CPU ⑬脚为低电平约 0.1V；当交流电源位于负半周时，B 极电压低于 0.7V，Q1 C 极和 E 极截止，CPU ⑬脚为高电平约 5V；通过晶体管 Q1 的反复导通、截止，在 CPU ⑬脚形成 100Hz 脉冲波形，CPU 通过计算，检测出输入交流电源电压的零点位置。

表 5-16　过零检测电路关键点电压

变压器二次绕组插座	D6 和 D7 负极	Q1：B	Q1：C	CPU ⑬脚
约交流 12V	直流 10.2V	直流 0.67V	直流 0.49V	直流 0.49V

二、　PG 电机电路

PG 调速塑封电机，简称为 PG 电机，是单相异步电容运转电机，通过晶闸管调压调速的方法来调节转速。如图 5-40 所示，共有两个插头，一个为线圈供电插头，一个为霍尔反馈插头。

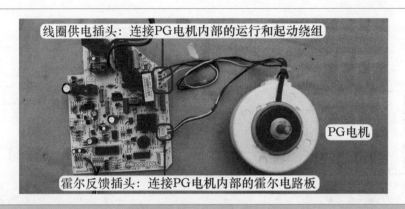

线圈供电插头：连接PG电机内部的运行和起动绕组

PG电机

霍尔反馈插头：连接PG电机内部的霍尔电路板

图 5-40　PG 电机插头和主板插座

1. 晶闸管调速原理

晶闸管调速是用改变晶闸管导通角的方法来改变电机端电压的波形，从而改变电机端电压的有效值，达到调速的目的。

当晶闸管导通角 α_1=180° 时，电机端电压波形为正弦波，即全导通状态；当晶闸管导通角 α_1<180° 时，即非全导通状态，电压有效值减小；α_1 越小，导通状态越少，则电压有效值越小，所产生的磁场越小，则电机的转速越低。由以上的分析可知，采用晶闸管调速其电机转速可连续调节。

2. 工作原理

PG 电机电路原理图如图 5-41 所示，实物图如图 5-42 所示。

整流二极管 D5、降压电阻 R37 和 R36、滤波电容 E8、12V 稳压二极管 Z1 和 R46 组成降压、整流、滤波、稳压电路，在电容 E8 两端产生直流 12V，通过光电耦合器 IC7（PC817）向双向晶闸管 TR1（BT131）提供门极电压。

➡ 说明：此直流 12V 取自交流 220V，为 PG 电机电路专用，和室内机主板的直流 12V 各自相对独立，两路直流 12V 电压的负极也不相通。

CPU ⑯脚为室内风机控制引脚，输出的驱动信号经电阻 R24 送至晶体管 Q5 基极（B），Q5 放大后送至光电耦合器 IC7 初级发光二极管的负极，IC7 次级导通，为双向晶闸管 TR1 的门极（G）提供门极电压，TR1 的 T1 和 T2 导通，交流电源 L 端经 T1 → T2 →扼流线圈 L2 送至 PG 电机线圈公共端，和交流电源 N 端构成回路，PG 电机转动，带动贯流风扇运行，室内机开始吹风。

CPU ⑯输出的驱动信号经 Q5 放大后，通过改变光电耦合器 IC7 初级发光二极管的电压，改变次级光电晶体管的导通程度，改变双向晶闸管 TR1 门极（G）的门极电压大小，从而改变 TR1 的导通角，PG 电机工作的交流电压也随之改变，运行速度也随之改变，室内机吹风量也随之改变。

假如 CPU 需要控制 PG 电机转速加快：CPU ⑯脚驱动信号电压上升、晶体管 Q5 基极（B）电压上升、Q5 集电极（C）和发射极（E）导通程度增加（相当于 CE 结电阻下降）、光电耦合器 1C7 初级电压上升、IC7 次级导通程度增加、TR1 门极电压上升（相当于导通角加大）、PG 电机线圈交流电压上升、PG 电机转速上升。

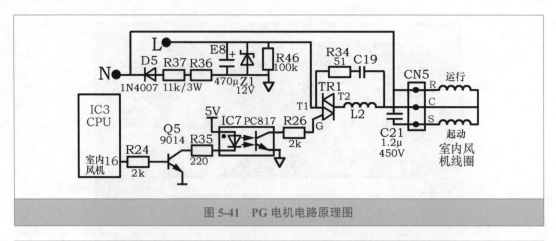

图 5-41　PG 电机电路原理图

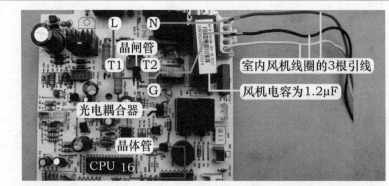

图 5-42　PG 电机电路实物图

三、　霍尔反馈电路

1. 转速检测原理

霍尔是一种基于霍尔效应的磁传感器，如图 5-43 所示，常用型号有 44E、40AF 等，引脚功能和作用相同，特性是可以检测磁场及其变化，应用在各种与磁场有关的场合。使用在 PG 电机中时，霍尔安装在内部独立的电路板（霍尔电路板）上。

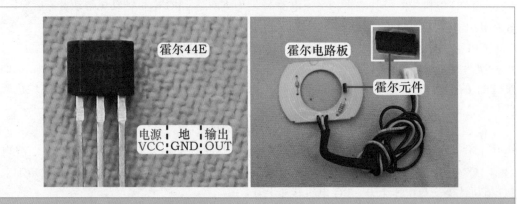

图 5-43　44E 霍尔和安装位置

如图 5-44 所示，PG 电机内部的转子上装有磁环，霍尔电路板上的霍尔与磁环在空间位置上相对应。

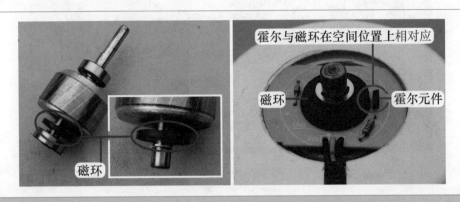

图 5-44　磁环和霍尔元件对应关系

PG 电机转子旋转时带动磁环转动，霍尔将磁环的感应信号转化为高电平或低电平的脉冲电压，由输出脚输出至主板 CPU；转子旋转一圈，霍尔会输出一个脉冲信号电压或几个脉冲信号电压（厂家不同，脉冲信号数量不同），CPU 根据脉冲电压（即霍尔信号）计算出电机的实际转速，并与目标转速相比较，如有误差则改变光电耦合器晶闸管的导通角，从而改变 PG 电机的转速，使实际转速与目标转速相对应。

2. 工作原理

霍尔反馈电路原理图如图 5-45 所示，实物图如图 5-46 所示，霍尔输出引脚电压与 CPU 引脚电压的对应关系见表 5-17，电路作用是向 CPU 提供 PG 电机的实际转速。PG 电机内部的电路板通过 CN4 插座和室内机主板连接，共有 3 根引线，即供电直流 12V、霍尔反馈输出和地。

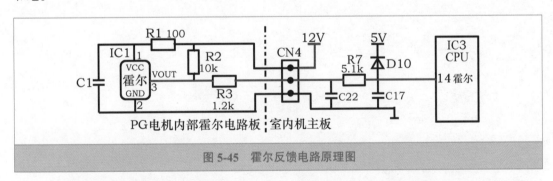

图 5-45　霍尔反馈电路原理图

PG 电机开始转动时，内部电路板霍尔 IC1 的③脚输出代表转速的信号（即霍尔信号），经电阻 R3、R7 送至 CPU 的⑭脚，CPU 通过霍尔数量计算出 PG 电机的实际转速，并与内部数据相比较，如转速高于或低于正常值即有误差，CPU ⑯脚输出信号通过改变晶闸管的导通角，改变 PG 电机线圈插座的供电电压，从而改变 PG 电机的转速，使实际转速与目标转速相同。

待机状态下用手拨动贯流风扇时霍尔输出引脚会输出高电平或低电平，表 5-17 中的数值为直流 12V 电压实测为 12V 时测得，如果直流 12V 上升至直流 15V，则各个引脚的电压也相应升高。

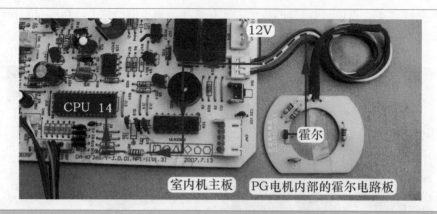

图 5-46 霍尔反馈电路实物图

表 5-17 霍尔输出引脚电压与 CPU 引脚电压的对应关系

	IC1：①脚供电	IC1：③脚输出	CN4 反馈引线	CPU：⑭脚霍尔
IC1 输出低电平	11.4V	0V	0V	0V
IC1 输出高电平	11.4V	8V	7.6V	5.6V
正常运行	11.4V	4V	3.8V(3.5～3.9V)	2.7V(2.5～3V)

第六章

安装和代换挂式空调器主板

第一节　安装挂式空调器原装主板

主板的安装方法有两种：一是根据空调器的电气接线图，上面标注有室内机主板插座代号所连接的外围元件；二是根据外围元件插头和主板插座的特点，将插头安装在主板插座上，这也是本节介绍的重点。本节以美的 KFR-26GW/DY-B（E5）挂式空调器为基础，着重介绍根据插头和元件特点安装主板步骤的方法。

一、主板电路设计特点

① 主板根据工作电压不同，设计为两个区域：交流 220V 为强电区域，直流 5V 和 12V 为弱电区域，图 6-1、图 6-2 为主板强电 - 弱电区域分布的正面视图和背面视图。

② 强电区域插座设计特点：大 2 针插座且与压敏电阻并联接变压器一次绕组，最大的 3 针插座接室内风机，压缩机继电器上方端子（如下方焊点接熔丝管）接 L 端供电，另 1 个端子接压缩机引线，另外 2 个继电器的接线端子接室外风机和四通阀线圈引线。

③ 弱电区域插座设计特点：2 针插座（在整流二极管附近）接变压器二次绕组，小 2 针插座接传感器，3 针插座接室内风机霍尔反馈，5 针插座接步进电机，多针插座接显示板组件。

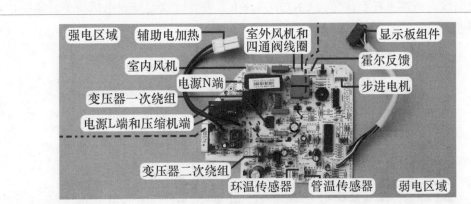

图 6-1　主板强电 - 弱电区域分布正面视图

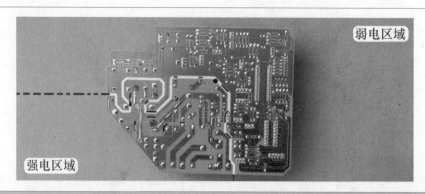

图 6-2　主板强电 - 弱电区域分布背面视图

④ 通过指示灯可以了解空调器的运行状态，通过接收器则可以改变空调器的运行状态，两者都是 CPU 与外界通信的窗口，因此通常将指示灯和接收器、应急开关等单独设计在一块电路板上，称为显示板组件（也可称为显示电路板）。

⑤ 应急开关作用是在没有遥控器的情况下能够使用空调器，通常有两种设计方法：一是直接焊在主板上，二是与指示灯、接收器一起设计在显示板组件上面。

⑥ 空调器工作电源交流 220V 供电 L 端是通过压缩机继电器上方的接线端子输入，而 N 端则是直接输入。

⑦ 室外机负载（压缩机、室外风机、四通阀线圈）均为交流 220V 供电，3 个负载共用 N 端，由电源插头通过室内机接线端子和室内外机连接线直接供给；每个负载的 L 端供电则是主板通过控制继电器触点闭合或断开完成。

二、　根据室内机接线图安装主板方法

室内机电气接线图上标注外围元件的插头或引线插在主板插座的代号，如图 6-3 左图所示，根据这些代号可以完成更换主板的工作；室内机电气接线图一般贴在外壳内部，需要将外壳拆下后才能看到。

例如：如图 6-3 中图和右图所示，根据接线图标识，摇摆电机（本书通称为步进电机）共有 5 根引线，插在主板上代号为 CN7 的插座上，安装时找到步进电机插头，插在 CN7 插座上即可。

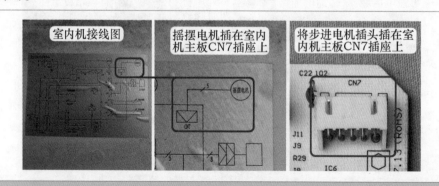

图 6-3　根据室内机电气接线图安装步进电机插头

三、 根据插头特点安装主板步骤

1. 电控盒插头和主板实物外形

图 6-4 左图为电控盒内主板上所有的插头，图 6-4 右图为室内机主板实物外形。电控盒内主要有电源引线、变压器插头和传感器插头等。

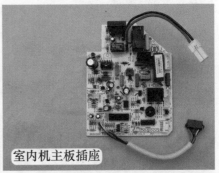

电控盒中的插头 室内机主板插座

图 6-4 电控盒插头和室内机主板

2. 安装电源供电引线

供电引线连接电源插头，如图 6-5 左图所示，共有 3 根引线：棕线为 L 端相线，蓝线为 N 端零线，黄／绿线为地线，其中地线直接固定在蒸发器上面，更换主板时不需要安装。

如图 6-5 右图所示，室内机主板强电区域压缩机继电器上方的端子中：电源 L 端与熔丝管（俗称保险管）相通接棕线，与熔丝管不相通的端子接压缩机引线。标有"N"的端子接电源 N 端蓝线。

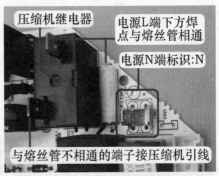

蓝线：N端 棕线：L端

黄／绿线：地线

压缩机继电器 电源L端下方焊点与熔丝管相通

电源N端标识:N

与熔丝管不相通的端子接压缩机引线

图 6-5 电源引线和接线端子标识

如图 6-6 所示，将棕线（L 端）安装在压缩机继电器上与熔丝管相通的端子上，将蓝线（N 端）安装在标有"N"的端子上。

3. 室内外机连接线中压缩机引线和地线位置

室内外机使用 1 束 5 根的连接线，如图 6-7 左图所示：白线为压缩机，黑线为 N 端零线，插头的两根引线为室外风机和四通阀线圈，黄／绿线为地线。

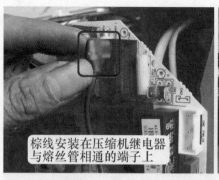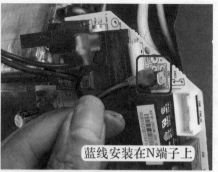

棕线安装在压缩机继电器
与熔丝管相通的端子上

蓝线安装在N端子上

图 6-6　安装电源供电引线

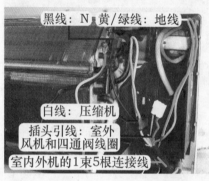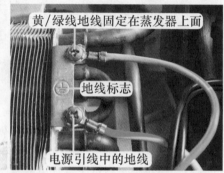

黑线：N　黄/绿线：地线

黄/绿线地线固定在蒸发器上面

白线：压缩机

地线标志

插头引线：室外
风机和四通阀线圈

室内外机的1束5根连接线

电源引线中的地线

图 6-7　室内外机连接线和地线标识

如图 6-7 右图所示，将室内外机连接线中的黄/绿线地线安装在蒸发器的地线固定位置，其与电源引线的"地线"相连，更换主板时不需要安装地线。

如图 6-8 所示，首先将白线（压缩机）穿入电流互感器的中间孔，再将插头安装在压缩机继电器端子上；将黑线（N）安装在标有"N"的端子上，并和电源引线蓝线 N 直接相连。

➡ 说明：由于室外风机和四通阀线圈插头的引线在室内机部分较短，只有在主板安装到电控盒卡槽后，才能安装连接线的插头。

压缩机白线穿入电
流互感器的中间孔

安装压缩机白线

安装N线

图 6-8　安装压缩机引线和 N 线

4. 安装环温和管温传感器插头

室内机共设有环温和管温两个传感器，如图 6-9 左图所示，使用独立的插头。

如图 6-9 右图所示，室内机主板弱电区域环温传感器标识为 room，管温传感器标识为 pipe。

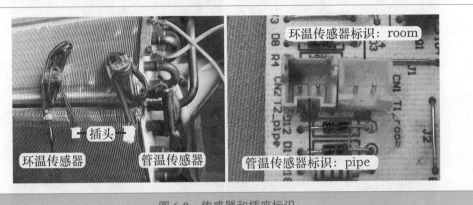

图 6-9　传感器和插座标识

如图 6-10 所示，将环温传感器插头安装在主板标有"room"的插座上，将管温传感器插头安装在主板标有"pipe"的插座上。两个传感器插头不一样，插反时插不进去。

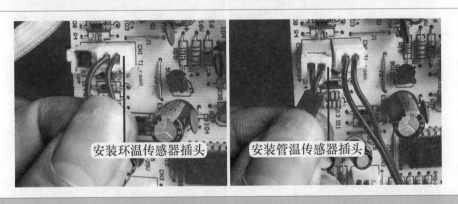

图 6-10　安装传感器插头

5. 安装变压器插头

变压器共有两个插头，如图 6-11 左图所示，大插头为一次绕组，小插头为二次绕组。

如图 6-11 右图所示，室内机主板上一次绕组插座标有"TRANS-IN"，位于强电区域；二次绕组插座标有"TRANS"，位于弱电区域。

如图 6-12 所示，将变压器二次绕组插头插在主板标有"TRANS"的插座上，将一次绕组插头插在主板标有"TRANS-IN"的插座上。

6. 安装室外风机和四通阀线圈引线插头

如图 6-13 所示，将室内机主板安装在电控盒的卡槽内，再找到室外风机和四通阀线圈引线插头，插在位于主板强电区域的插座上。

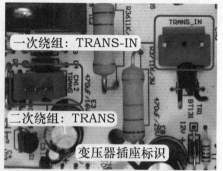

图 6-11　变压器和插座标识

一次绕组：TRANS-IN

二次绕组：TRANS

变压器插座标识

变压器

变压器共有两个插头

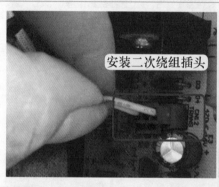

图 6-12　安装变压器插头

安装二次绕组插头

安装一次绕组插头

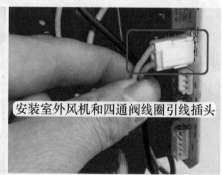

图 6-13　安装主板和引线插头

将室内机主板安装至电控盒卡槽

安装室外风机和四通阀线圈引线插头

7. 安装室内风机（PG 电机）插头

室内风机共有两个插头，从电控盒底部引出，如图 6-14 所示，大插头为线圈供电，小插头为霍尔反馈。室内机主板线圈供电插座上标有"FAN-IN"。

如图 6-15 所示，将线圈供电插头插在主板强电区域标有"FAN-IN"的插座上，将霍尔反馈插头插在位于弱电区域的插座上。

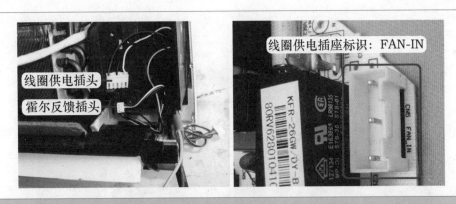

图 6-14 室内风机插头和插座标识

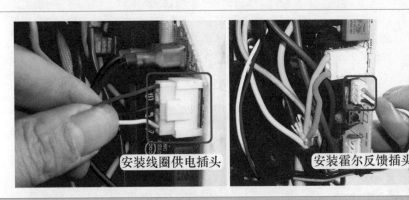

图 6-15 安装室内风机插头

8. 安装步进电机插头

如图 6-16 所示，步进电机位于接水盘上，只有 1 个插头，共有 5 根引线，在室内机主板弱电区域中只有 1 个 5 针的插座就是步进电机插座，将插头安装在插座上。

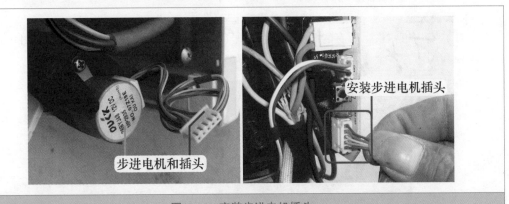

图 6-16 安装步进电机插头

9. 安装辅助电加热插头

辅助电加热安装在蒸发器的下部，因此引线从蒸发器下部引出，如图 6-17 左图所示，使用对接插头。室内机主板对接插头的引线焊接在强电区域，如图 6-17 右图所示，将对接插头安装到位。

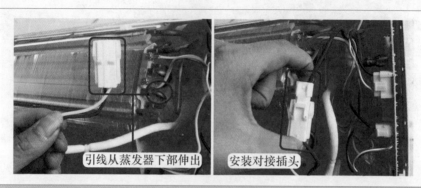

图 6-17　安装辅助电加热插头

10. 安装显示板组件插头

此机显示板组件安装在室内机外壳中部，如图 6-18 所示，引线使用对接插头，在室内机主板弱电区域引出 1 束引线组成的插头即为显示板组件插头，将对接插头安装到位。

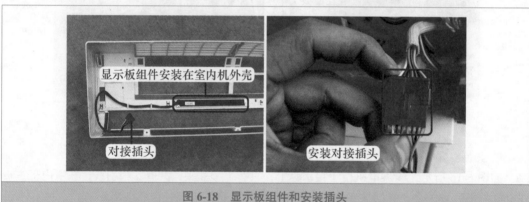

图 6-18　显示板组件和安装插头

11. 安装完成

至此，室内机主板上所有的插座和接线端子以及对应的引线全部安装完成，如图 6-19 所示，电控盒内没有多余的引线，室内机主板没有多余的接线端子或插座。

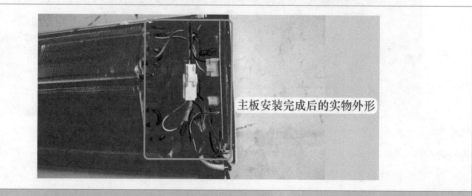

图 6-19　安装完成

第二节 代换挂式空调器通用板

目前挂式空调器室内风机绝大部分使用 PG 电机，工作电压为交流 90 ~ 220V，如果主板损坏且配不到原装主板或修复不好，这时需要代换主板，常见有两种方法：一是选用其他品牌空调器厂家使用的 PG 电机的主板（或原品牌其他型号的主板），二是使用通用板。

目前挂式空调器的通用板按室内风机驱动方式分为两种：一种是使用继电器，对应安装在早期室内风机使用抽头电机的空调器上；另一种是使用光电耦合器 + 晶闸管，对应安装在目前室内风机使用 PG 电机的空调器上。

本节着重介绍使用光电耦合器 + 晶闸管（俗称可控硅）的通用板代换方法，示例机型选用海尔 KFR-32GW/Z2 挂式空调器，是目前最常见的电控系统设计形式。

一、 通用板设计特点

1. 实物外形

图 6-20 左图为某品牌的通用板套件，由通用板、变压器、遥控器、接线插等组成，设有环温和管温两个传感器，显示板组件设有接收器、应急开关按键、指示灯。从图 6-20 右图可以看出，室内风机驱动电路主要由光电耦合器和晶闸管组成。通用板特点如下。

① 外观小巧，基本上都能装在代换空调器的电控盒内。

② 室内风机驱动电路由光电耦合器 + 晶闸管组成，和原机相同。

③ 自带遥控器、变压器、接线插，方便代换。

④ 自带环温和管温传感器且直接焊在通用板上面，无需担心插头插反。

⑤ 步进电机插座为 6 根引针，两端均为直流 12V。

⑥ 通用板上使用汉字标明接线端子作用，使代换过程更为简单。

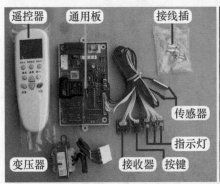

图 6-20 挂式空调器通用板

2. 接线端子功能

通用板的主要接线端子如图 6-21 所示，电源相线 L 输入、电源零线 N 输入、变压器、室内风机、压缩机、四通阀线圈、室外风机、步进电机。另外显示板组件和传感器的引线均直接焊在通用板上，自带的室内风机电容容量为 1μF。

室外风机　四通阀线圈　压缩机　相线L输入　室内风机

步进电机

风机电容:1μF

变压器

零线N输入

图 6-21　接线端子

二、 代换步骤

1. 拆除原机电控系统

如图 6-22 所示，拆除原机主板、变压器和接线端子引线，保留显示板组件。

取下变压器和主板

拔下主板上的插头和连接线

保留显示板组件

图 6-22　拆除原机主板

2. 安装电源供电引线

如图 6-23 所示，原主板与接线端子上的零线 N 引线、室外风机和四通阀线圈引线，使用 1 个插头连接，而通用板使用接线端子连接，因此应将引线的插头改为接线插。

（1）制作接线插

常用有两种方法：使用钳子夹紧和使用烙铁焊接。使用钳子夹紧制作的接线插方法简单，但容易接触不良，且有时会很轻松地将引线拉出来；使用烙铁焊接制作的接线插则比较牢固，但操作起来比较复杂。

1）使用钳子夹紧制作接线插。首先将引线穿入塑料护套，如图 6-24 所示，并将引线绝缘层剥开适当的长度，放在接线插里面，再使用钳子夹紧接线插，最后装好塑料护套。

2）使用烙铁焊接制作接线插。将引线穿入塑料护套，如图 6-25 所示，并将引线绝缘层剥开适当的长度，使用烙铁镀上焊锡；再将接线插上部也镀上焊锡，使用烙铁将引线焊在接线插上面，最后装好塑料护套。

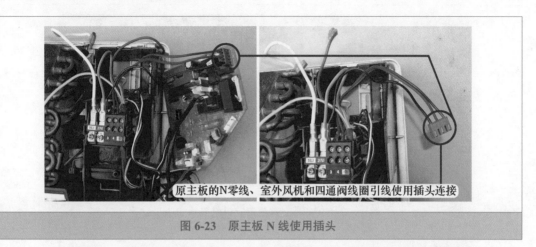

原主板的N零线、室外风机和四通阀线圈引线使用插头连接

图 6-23　原主板 N 线使用插头

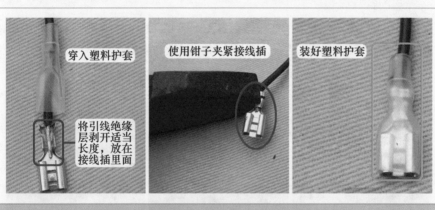

穿入塑料护套

使用钳子夹紧接线插

装好塑料护套

将引线绝缘层剥开适当长度，放在接线插里面

图 6-24　使用钳子夹紧制作接线插

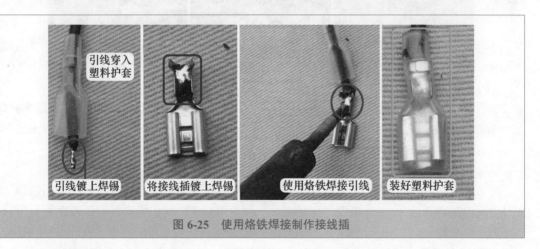

引线穿入塑料护套

引线镀上焊锡

将接线插镀上焊锡

使用烙铁焊接引线

装好塑料护套

图 6-25　使用烙铁焊接制作接线插

（2）安装引线

如图 6-26 所示，将电源相线 L（棕线）插头插在通用板标有"相线"的端子上，将电源

零线 N（黑线）插头插在标有"零线"的端子上。

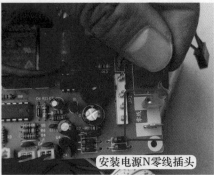

安装电源L相线插头　　安装电源N零线插头

图 6-26　安装电源供电引线

3. 安装变压器插头

（1）变压器实物外形

如图 6-27 所示，通用板配备的变压器只有 1 个插头，即将一次绕组和二次绕组的引线固定在 1 个插头上面，为防止安装错误，在插头和通用板均设有空档标识，如安装错误，则安装不进去。

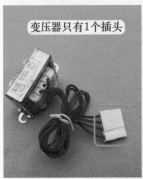

变压器只有1个插头　　插头空档标识　　通用板空档标识

图 6-27　变压器和插头插座空档标识

（2）安装插头

如图 6-28 所示，将配备的变压器固定在原变压器位置，并拧紧固定螺钉，再将插头插在通用板的变压器插座上。

4. 安装室内风机（PG 电机）插头

（1）线圈供电插头引线与插座引针功能不对应

如图 6-29 左图所示，PG 电机线圈供电插头的引线顺序从左到右：1 号红线为运行绕组 R，2 号白线为起动绕组 S，3 号黑线为公共端 C；而通用板室内风机插座的引针顺序从左到右：1 号为公共端 C，2 号为运行绕组 R，3 号为起动绕组 S。从对比可以发现，PG 电机线圈供电插头的引线和通用板室内风机插座的引针功能不对应，应调整 PG 电机线圈供电插头的引线顺序。

引线取出方法如图 6-29 右图所示，使用万用表表笔尖向下按压引线挡针，同时向外拉引线即可取下。

将变压器固定在原位置

安装变压器插头

图 6-28　固定变压器和安装插头

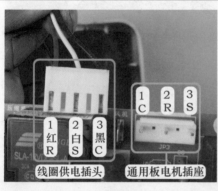
线圈供电插头　　通用板电机插座

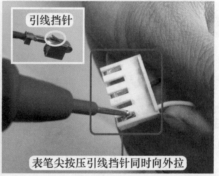
表笔尖按压引线挡针同时向外拉

图 6-29　室内风机引线与引针功能不对应

（2）调整引线顺序并安装插头

　　如图 6-30 所示，将引线拉出后，再将引线按通用板插座的引针功能对应安装，使调整后的插头引线和插座的引针功能相对应，再将插头安装至通用板插座上。

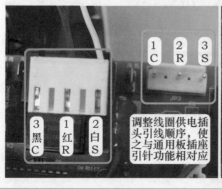
调整线圈供电插头引线顺序，使之与通用板插座引针功能相对应

安装线圈供电插头

图 6-30　调整引线顺序和安装插头

（3）更换室内风机电容

如图 6-31 所示，查看通用板风机电容容量为 1μF，而原机主板风机电容容量为 1.2μF，为防止更换成通用板后室内风机转速下降，将原机主板的风机电容换至通用板。

➡ 说明：如果没有电烙铁，风机电容不用更换也可以。

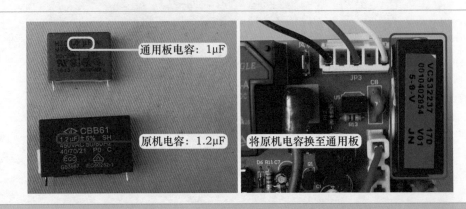

图 6-31　更换室内风机电容

（4）霍尔反馈插头

如图 6-32 所示，室内风机还有 1 个霍尔反馈插头，作用是输出代表转速的霍尔信号，但通用板未设置霍尔反馈插座，因此将霍尔反馈插头舍弃不用。

5.安装步进电机插头

（1）步进电机插头

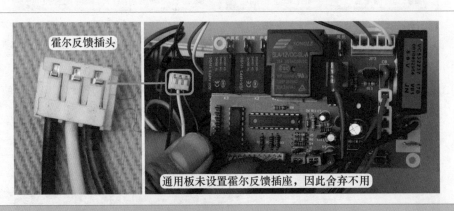

图 6-32　霍尔反馈插头不再安装

如图 6-33 左图所示，步进电机插头共有 5 根引线：1 号红线为公共端，2 号橙线、3 号黄线、4 号蓝线、5 号灰线共 4 根引线为驱动。

如图 6-33 右图所示，通用板步进电机插座设有 6 个引针，其中左右 2 侧的引针相连均为直流 12V，中间的 4 个引针为驱动。由于本机步进电机使用小插头，不能直接安装至通用板的插座。

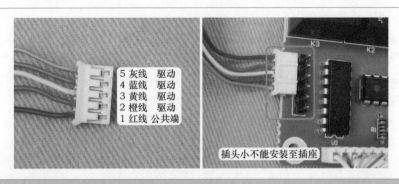

图 6-33　步进电机插头

（2）焊接引线

如图 6-34 所示，剪掉步进电机插头，使用电烙铁将引线按顺序直接焊在插座的引针上面，再将空调器通上电源，导风板应当自动复位即处于关闭状态。

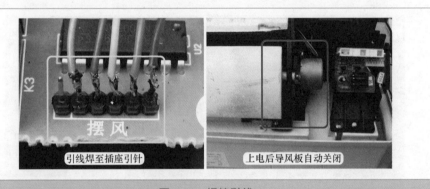

图 6-34　焊接引线

（3）反方向运行调整方法

如图 6-35 所示，将引线焊在插座上，驱动顺序为 5-4-3-2，假如上电试机导风板复位时为自动打开，而开机后为自动关闭，说明步进电机为反方向运行，应当调整 4 根驱动引线的首尾顺序：1 号公共端不动，将 4 根引线的驱动顺序改为 2-3-4-5，再次上电导风板复位时就会自动关闭，开机后为自动打开。

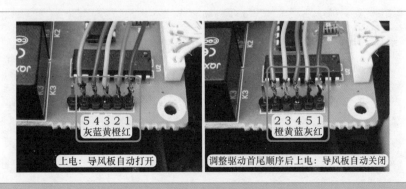

图 6-35　导风板运行方向调整方法

（4）使用大插头的步进电机反方向运行调整方法

大部分品牌空调器的步进电机使用大插头，可以直接插至通用板的插座，代换过程中就不再使用电烙铁焊接引线，安装时要注意将公共端引线对应安装在直流 12V 引针上。

如图 6-36 所示，安装插头时公共端引线对应接右侧 12V 引针，假如上电时导风板复位为自动打开；调换插头，使公共端引线对应接左侧 12V 引针，那么再次上电试机导风板复位时为自动关闭。

6. 焊接显示板组件引线

常用有两种方法：一是使用通用板所配备的接收板、应急开关、指示灯，将其放到合适的位置即可；二是使用原机配备的显示板组件，方法是将通用板配备的显示板组件的引线剪下，按作用焊在原机配备的显示板组件上。

两种方法各有优点，第一种方法比较简单，但由于需要对接收器重新开孔而影响美观（或指示灯无法安装而不能查看），第二种方法比较复杂，但对空调器整机美观没有影响，且指示灯也能正常显示。本节着重介绍第二种方法。

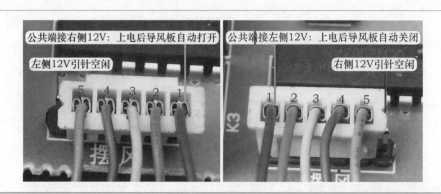

图 6-36　导风板运行方向调整方法

（1）实物外形

如图 6-37 所示，原机显示板组件为一体化设计，装有接收器和 3 个指示灯。通用板配备的显示板组件为组合式设计，装有接收器、应急开关和 3 个指示灯，每个器件组成的小电路板均可以掰断单独安装。

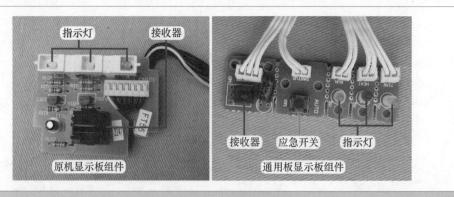

图 6-37　原机和通用板的显示板组件

如使用第一种方法安装接收器，将小电路板掰断后，再将接收器对应固定在室内机的接收窗位置；安装指示灯时，将小电路板掰断，安装在室内机指示灯显示孔的对应位置，由于无法固定或只能简单固定，在安装室内机外壳时接收器或指示灯小电路板可能会移动，造成试机时接收器接收不到遥控器的信号，或看不清指示灯显示的状态。

（2）焊接接收器引线

如图 6-38 所示，掰断接收器的小电路板，剪断 3 根连接线，并分辨出引线的功能，再将引线按功能焊在接收器的引脚。原机显示板组件的接收器电源引脚通过 100Ω 限流电阻接直流 5V，实际操作时将电源线焊在原机显示板组件的 5V 焊点，输出线和地线焊在与接收器相通的焊点上面。

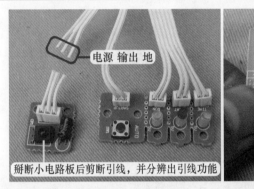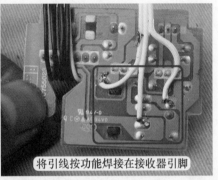

图 6-38 焊接接收器引线

（3）焊接指示灯引线

从正面看，如图 6-37 左图所示，原机显示板组件的 3 个指示灯从左到右依次为：左侧为电源（标号为 POW，白色 3 个引脚，双色显示）、中间为定时（标号为 TIM，黄色）、右侧为运行（标号为 RUN，绿色）；如图 6-37 右图所示，通用板配备显示板组件的 3 个指示灯从左到右依次为：运行（标号为 RUN，绿色）、制热（标号为 HEAT，红色）、定时（标号为 TIME，绿色）。

由于原机的电源双色指示灯通用板无法驱动，而通用板的制热指示灯不经常使用，因此更改时只利用原机的定时和运行指示灯。如图 6-39 所示，通用板的指示灯负极接地并连在一起，正极接 CPU 驱动，原机显示板组件的指示灯正极接 5V 并连在一起，负极接 CPU 驱动，可见原机显示板组件的指示灯驱动方式和通用板不符，因此划断指示灯正极的铜箔走线，使两个指示灯各自独立。找到通用板的定时和运行指示灯引线，分辨出功能后剪断引线。

如图 6-40 左图所示，将引线对应焊在原机显示板组件定时和运行指示灯的引脚：驱动接正极，地接负极，焊接后更改显示板组件引线就完成了。

如图 6-40 右图所示，原机显示板组件的插头不再使用，通用板配备的接收器和指示灯也不再使用。

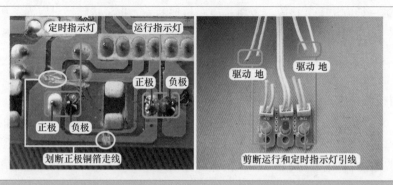

图 6-39　划断原机铜箔走线和剪断指示灯引线

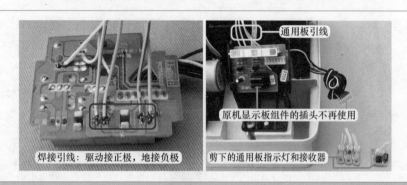

图 6-40　焊接指示灯引线和完成

（4）应急开关按键

由于原机的应急开关按键设计在主板上面，通用板配备的应急开关按键也无法安装，且考虑到此功能一般很少使用，因此将应急开关按键的小电路板直接放在室内机电控盒的空闲位置。

7. 安装室外机负载引线

如图 6-41 左图所示，原机的室外风机和四通阀线圈引线使用同一个插头连接，因此换成单独的接线插。

如图 6-41 右图所示，将接线端子的 1 号白线（压缩机）插在通用板标有"压缩机"的端子上。

图 6-41　插头引线和安装压缩机插头

如图 6-42 所示，将接线端子的 3 号红线（四通阀线圈）插头插在通用板标有"四通阀"的端子上，将 4 号棕线（室外风机）插头插在通用板标有"外风机"的端子上。

安装四通阀线圈红线　　　　安装室外风机棕线

图 6-42　安装四通阀线圈和室外风机引线插头

8. 安装环温和管温传感器探头

配备的环温和管温传感器引线直接焊在通用板上面，因此不用安装插头，只需要安装探头。

如图 6-43 所示，原机的环温传感器探头安装在显示板组件附近，将配备的环温传感器探头也安装在原位置，管温传感器探头插在位于蒸发器的检测孔内。

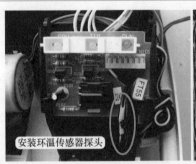
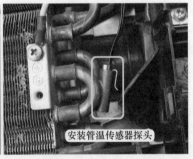

安装环温传感器探头　　　　安装管温传感器探头

图 6-43　安装环温和管温传感器探头

9. 代换完成

如图 6-44 所示，至此，通用板所有引线均代换完成。

通用板代换完成

图 6-44　通用板代换完成

Chapter 7

柜式空调器电控系统基础知识

一、电控系统组成

本节以美的 KFR-51LW/DY-GA（E5）柜式空调器电控系统为基础，对柜式空调器的电控系统做简单介绍。电控系统主要由室内机主板、显示板、传感器、变压器、室内风机和同步电机等主要元器件组成。

1. 电控盒主要部件

电控盒位于室内风扇（离心风扇）上方，如图 7-1 所示，设有室内机主板、变压器、室内风机电容、压缩机继电器、辅助电加热继电器（两个）和室内外机接线端子等。

➡ 说明：压缩机继电器和辅助电加热继电器设计位置根据机型不同而不同，大部分品牌空调器通常安装在室内机主板上面。

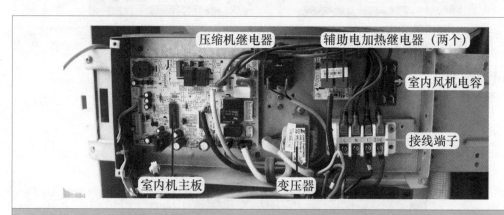

图 7-1　电控盒主要部件

2. 室内机主板主要元器件和插座

室内机主板主要元器件和插座如图 7-2 所示。

主要元件：CPU、晶振、反相驱动器、7805、整流二极管、滤波电容、蜂鸣器、5A 熔丝管（保险管）、压敏电阻、PTC 电阻、室外风机继电器、四通阀线圈继电器、同步电机继电器、室内风机高风和低风继电器。

插座：变压器一次绕组插座、变压器二次绕组插座、显示板插座、室内环温和管温传感器插座、室外管温传感器插座、压缩机继电器线圈插座、辅助电加热继电器线圈插座、室外风机接线端子、四通阀线圈接线端子、电源相线 L 接线端子、电源零线 N 接线端子、室内风机插座、同步电机插座。

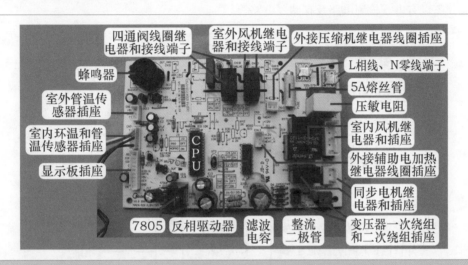

图 7-2　室内机主板主要元器件和插座

3. 显示板主要元器件和插座

显示板主要元器件和插座如图 7-3 所示。

主要元件：接收器、显示屏、按键、显示屏驱动芯片。

插座：只有 1 个，连接至室内机主板。

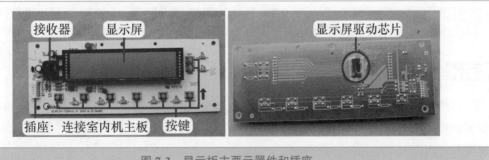

图 7-3　显示板主要元器件和插座

二、　室内机主板框图

柜式空调器室内机主板和挂式空调器主板一样，均由单元电路组成，图 7-4 为室内机主板电路框图，主板通常可分为四部分电路。

① 电源电路。

② CPU 三要素电路。

③ 输入部分单元电路，包括传感器电路（室内环温、室内管温、室外管温）、按键电路和接收器电路。

④ 输出部分单元电路，包括显示电路、蜂鸣器电路、继电器电路（室内风机、同步电机、辅助电加热、压缩机、室外风机和四通阀线圈）。

➡ 说明：单元电路根据空调器电控系统设计的不同而不同，如部分柜式空调器室内机主板输入部分还设有电流检测电路及存储器电路等。

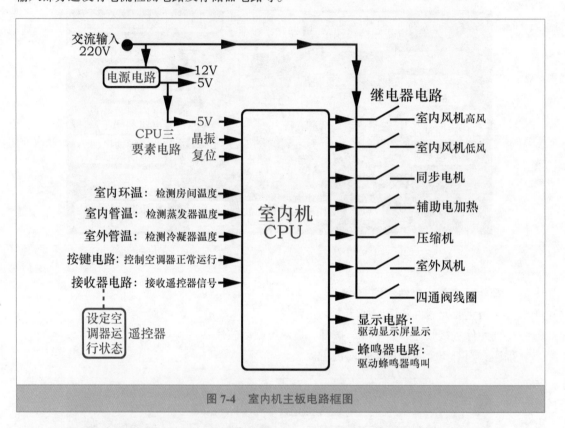

图 7-4　室内机主板电路框图

三、　柜式和挂式空调器单元电路对比

虽然柜式空调器和挂式空调器的室内机主板单元电路基本相同，均由电源电路、CPU 三要素电路、输入部分电路和输出部分电路组成，但根据空调器设计形式的特点，部分单元电路还有一些不同之处。

1. 按键电路

挂式空调器由于安装时挂在墙壁上，离地面较高，因此主要使用遥控器控制，按键电路通常只设 1 个应急开关，如图 7-5 左图所示。

柜式空调器就安装在地面上，可以直接触摸得到，因此使用遥控器和按键双重控制，如图 7-5 右图所示，电路设有 6 个或以上的按键，通常只使用按键即能对空调器进行全面的控制。

2. 显示方式

如图 7-5 所示，早期挂式空调器通常使用指示灯，柜式空调器通常使用显示屏，而目前的空调器（挂式和柜式）则通常使用显示屏或显示屏＋指示灯的形式。

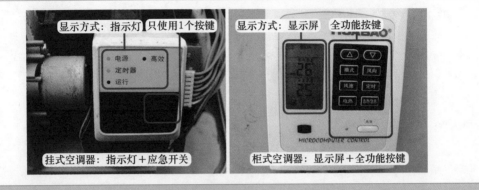

图 7-5　显示方式对比

3. 室内风机

挂式空调器室内风机普遍使用 PG 电机，如图 3-36 左图所示，转速由光电耦合器晶闸管通过改变交流电压有效值来实现，因此设有过零检测电路、PG 电机电路、霍尔反馈电路共 3 个单元电路。

柜式空调器室内风机（离心电机）普遍使用抽头电机，如图 3-44 所示，转速由继电器通过改变电机抽头的供电电压来实现，因此只设有继电器电路 1 个单元电路，取消了过零检测和霍尔反馈两个单元电路。

4. 风向调节

如图 7-6 左图所示，挂式空调器通常使用步进电机控制导风板的上下转动，左右导风板只能手动调节，步进电机为直流 12V 供电，由反相驱动器驱动。

而柜式空调器则正好相反，如图 7-6 右图所示，使用同步电机控制导风板的左右转动，上下导风板只能手动调节，同步电机为交流 220V 供电，由继电器驱动。

➡ 说明：目前新型柜式空调器通常使用直流 12V 供电的步进电机，驱动上下和左右导风板旋转运行。

图 7-6　风向调节对比

5.辅助电加热

如图 7-7 所示，挂式空调器辅助电加热功率小，为 400 ~ 800W；而柜式空调器使用的辅助电加热功率通常比较大，为 1200 ~ 2500W。

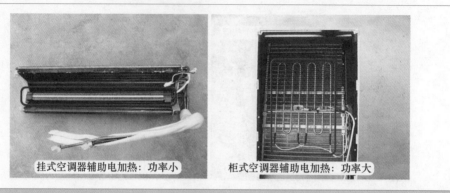

挂式空调器辅助电加热：功率小　　　柜式空调器辅助电加热：功率大

图 7-7　辅助电加热对比

第二节　三相供电空调器电控系统

一、　特点

1.三相供电

1 ~ 3P 空调器通常为单相 220V 供电，如图 7-8 左图所示，供电引线共有 3 根：1 根相线（棕线）、1 根零线（蓝线）、1 根地线（黄 / 绿线），相线和零线组成 1 相（单相 L-N）供电即交流 220V。

部分 3P 或全部 5P 空调器为三相 380V 供电，如图 7-8 右图所示，供电引线共有 5 根：3 根相线、1 根零线、1 根地线。3 根相线组成三相（L1-L2、L1-L3、L2-L3）供电即交流 380V。

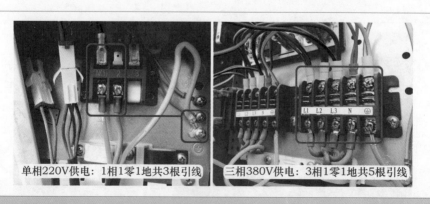

单相220V供电：1相1零1地共3根引线　　　三相380V供电：3相1零1地共5根引线

图 7-8　供电方式

2. 压缩机供电和起动方式

如图7-9左图所示，1～2P单相供电空调器压缩机通常由室内机主板上的继电器触点供电、3P空调器压缩机由室外机单触点或双触点交流接触器供电，压缩机均由电容起动运行。

如图7-9右图所示，三相供电空调器均由三触点交流接触器供电，且为直接起动运行，不需要电容辅助起动。

图7-9 起动方式

3. 三相压缩机

（1）实物外形

部分3P和5P柜式空调器使用三相电源供电，对应压缩机有活塞式和涡旋式两种，实物外形如图7-10所示，活塞式压缩机只在早期的空调器使用，目前的空调器基本上全部使用涡旋式压缩机。

图7-10 活塞式和涡旋式压缩机

（2）端子标号

如图7-11所示，三相供电的涡旋式压缩机及变频空调器的压缩机，线圈均为三相供电，压缩机引出3个接线端子，标号通常为T1-T2-T3或U-V-W或R-S-T或A-B-C。

（3）测量接线端子阻值

三相供电压缩机线圈内置3个绕组，3个绕组的线径和匝数相同，因此3个绕组的阻值相等。

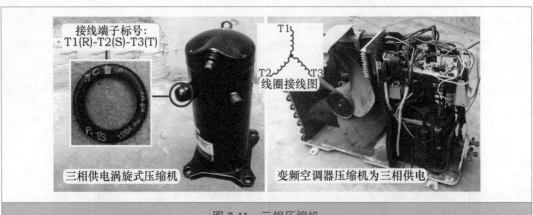

图 7-11　三相压缩机

使用万用表电阻档测量 3 个接线端子之间的阻值，如图 7-12 所示，T1-T2、T1-T3、T2-T3 阻值相等，均为 3Ω 左右。

4. 相序电路

因涡旋式压缩机不能反转运行，电控系统均设有相序保护电路。相序保护电路由于知识点较多，见本节第三部分和第四部分内容。

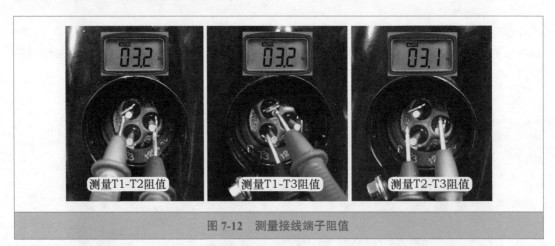

图 7-12　测量接线端子阻值

5. 保护电路

由于三相供电空调器压缩机功率较大，为使其正常运行，通常在室外机设计了很多保护电路。

（1）电流检测电路

电流检测电路的作用是为了防止压缩机长时间运行在大电流状态，如图 7-13 左图所示，根据品牌不同，设计方式也不相同，如格力空调器通常检测两根压缩机引线，美的空调器检测一根压缩机引线。

（2）压力保护电路

压力保护电路的作用是为了防止压缩机运行时高压压力过高或低压压力过低，如图 7-13

右图所示。根据品牌不同，设计方式也不相同，如格力或目前海尔空调器同时设有压缩机排气管压力开关（高压开关）和吸气管压力开关（低压开关），美的空调器通常只设有压缩机排气管压力开关。

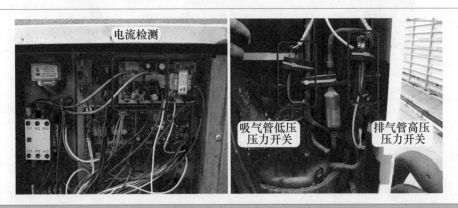

图 7-13　电流检测和压力开关

（3）压缩机排气温度开关或排气传感器

如图 7-14 所示，压缩机排气温度开关或排气传感器的作用是为了防止压缩机在温度过高时长时间运行。根据品牌不同，设计方式也不相同，美的空调器通常使用压缩机排气温度开关，在排气管温度过高时其触点断开进行保护；格力空调器通常使用压缩机排气传感器，CPU 可以实时监控排气管的实际温度，在温度过高时进行保护。

图 7-14　排气温度开关和排气传感器

6. 室外风机形式

在室外机通风系统中，如图 7-15 所示，1 ~ 3P 空调器通常使用单风扇吹风为冷凝器散热，5P 空调器通常使用双风扇散热，但部分品牌的 5P 空调器室外机也有使用单风扇散热的。

图 7-15　室外风机形式

二、　电控系统常见形式

1. 主控 CPU 位于显示板

如图 7-16 所示，早期或目前格力空调器的电控系统中主控 CPU 位于显示板，CPU 和弱电信号电路均位于显示板，是整个电控系统的控制中心；室内机主板只提供电源电路、继电器电路和保护电路等。

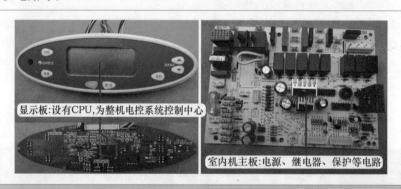

图 7-16　格力 KFR-120LW/E(1253L)V-SN5 空调器室内机主要元器件

如图 7-17 所示，室外机设有相序保护器（检测相序）、电流检测电路板（检测电流）、交流接触器（为压缩机供电）等器件。

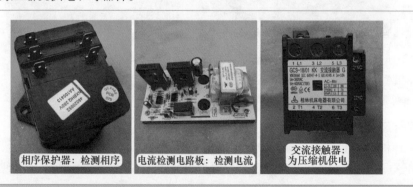

图 7-17　格力 KFR-120LW/E(1253L)V-SN5 空调器室外机主要元器件

2. 主控 CPU 位于主板

如图 7-18 所示，电控系统中主控 CPU 位于主板，CPU 和弱电信号电路、电源电路、继电器电路等均位于主板，是电控系统的控制中心。

显示板只是被动显示空调器的运行状态，根据品牌或机型不同，可使用指示灯或显示屏显示。

3. 主控 CPU 位于室内机主板和室外机主板

由于主控 CPU 位于室内机主板或室内机显示板时，室内机和室外机需要使用较多的引线（格力某型号 5P 空调器除电源线外还使用有 9 根引线），来控制室外机负载和连接保护电路。

因此目前空调器通常在室外机主板设有 CPU，如图 7-19 所示，且为室外机电控系统的控制中心；同时在室内机主板也设有 CPU，且为室内机电控系统的控制中心；室内机和室外机的电控系统只使用 4 根连接线（不包括电源线）。

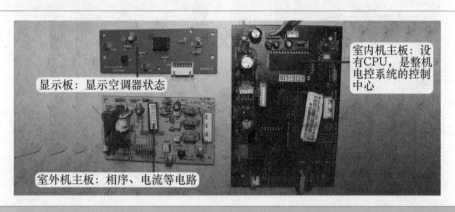

图 7-18　美的 KFR-120LW/K2SDY 空调器电控系统

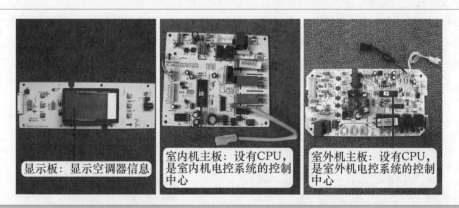

图 7-19　美的 KFR-72LW/SDY-GAA（E5）空调器电控系统

三、　相序板工作原理

1. 应用范围

活塞式压缩机由于体积大、能效比低、振动大、高低压阀之间容易窜气等缺点，使用量逐渐减少,多见于早期的空调器。因电机运行方向对制冷系统没有影响,使用活塞式压缩机的三相供电空调器室外机电控系统不需要设计相序保护电路。

涡旋式压缩机由于振动小、效率高、体积小、可靠性高等优点,使用在目前全部5P及部分3P的三相供电空调器中。但由于涡旋式压缩机不能反转运行,其运行方向要与电源相位一致,因此使用涡旋式压缩机的空调器,均设有相序保护电路,所使用的电路板通常称为相序板。

2. 安装位置和作用

(1) 安装位置

相序板在室外机的安装位置如图7-20所示。

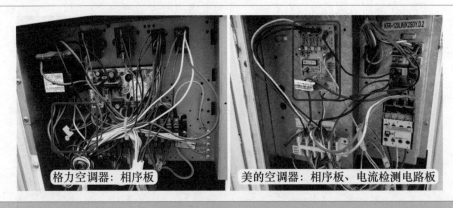

格力空调器:相序板　　美的空调器:相序板、电流检测电路板

图7-20　安装位置

(2) 作用

相序板的作用是在三相电源相序与压缩机运行供电相序不一致或断相时断开控制电路,从而对压缩机进行保护。

相序板按控制方式一般有两种,如图7-21和图7-22所示,即使用继电器触点和使用微处理器(CPU)控制光电耦合器次级,输出端子一般串接在交流接触器的线圈供电回路或保护回路中,当遇到相序不一致或断相时,继电器触点断开(或光电耦合器次级断开),交流接触器的线圈供电随之被断开,从而保护压缩机;如果相序板串接在保护回路中,则保护电路断开,室内机CPU接收后对整机停机,同样可以保护压缩机。

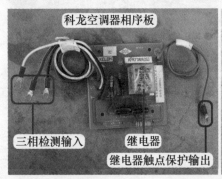

科龙空调器相序板　　格力空调器相序板

三相检测输入　　继电器　　三相检测输入　　继电器触点保护输出

继电器触点保护输出

图7-21　科龙和格力空调器相序板

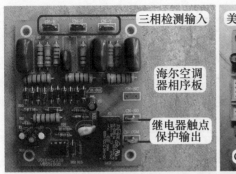
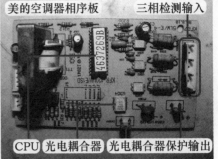

图 7-22　海尔和美的空调器相序板

3. 继电器触点式相序板工作原理

（1）电路原理图和实物图

拆开格力空调器可见相序保护电路（原理图见图 7-23）的外壳，如图 7-24 所示，可发现电路板由 3 个电阻、5 个电容、1 个继电器组成。外壳共有 5 个接线端子，R-S-T 为三相供电检测输入端，A-C 为继电器触点输出端。三相供电相序与压缩机状态的对应关系见表 7-1。

当三相供电 L1-L2-L3 相序与压缩机工作相序一致时，继电器 RLY 线圈两端电压约为交流 220V，线圈中有电流通过，产生吸力使触点 A-C 导通；当三相供电相序与压缩机工作相序不一致或断相时，继电器 RLY 线圈电压低于交流 220V 较多，线圈通过的电流所产生的电磁吸力很小，触点 A-C 断开。

表 7-1　三相供电相序与压缩机状态的对应关系

	RLY 线圈交流电压 /V	触点 A-C 状态	交流接触器线圈电压 /V	压缩机状态
相序正常	195	导通	交流 220	运行
相序错误	51	断开	交流 0	停止
断相	断 R: 78、断 S: 94、断 T: 0	断开	交流 0	停止

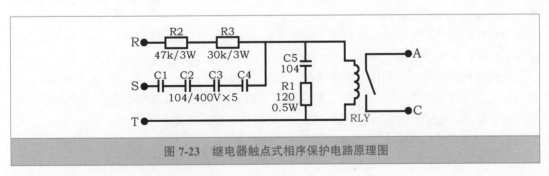

图 7-23　继电器触点式相序保护电路原理图

（2）相序保护器输入侧检测引线

如图 7-25 所示，断路器（俗称空气开关）的电源引线送至室外机整机供电的接线端子，通过 5 根引线与去室内机供电的接线端子并联，相序保护器输入侧的引线接三相供电 L1-L2-L3 端子。

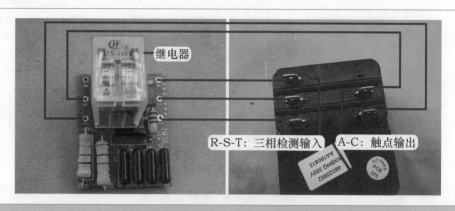

图 7-24　继电器触点式相序保护电路实物图

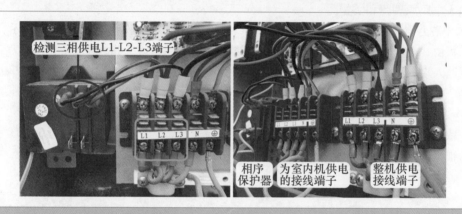

图 7-25　输入侧检测引线

（3）相序保护器输出侧保护方式

涡旋式压缩机由交流接触器触点供电，三相供电触点的导通与断开由交流接触器线圈控制，交流接触器线圈工作电压为交流 220V，如图 7-26 所示，室内机主板输出相线 L 端（黑线）直供交流接触器线圈一端，交流接触器线圈 N 端引线接相序保护器，经内部继电器触点接室外机接线端子上的 N 端。

当相序保护器检测三相供电顺序（相序）符合压缩机线圈供电顺序时，内部继电器触点闭合，压缩机才能得电运行。

当相序保护器检测三相供电相序错误，内部继电器触点断开，即使室内机主板输出 L 端供电，但由于交流接触器线圈不能与 N 端构成回路，交流接触器线圈电压为交流 0V，三相供电触点断开，压缩机因无电而不能运行，从而保护压缩机免受损坏。

4. 微处理器（CPU）方式

美的 KFR-120LW/K2SDY 柜式空调器室外机相序板相序检测电路简图如图 7-27 所示，电路由光电耦合器、微处理器（CPU）、电阻等元器件组成。

三相供电 U、V、W 经光电耦合器（PC817）分别输送到 CPU 的 3 个检测引脚，由 CPU 进行分析和判断，当检测三相供电相序与内置程序相同（即符合压缩机运行条件）时，控制光电耦合器（MOC3022）次级侧导通，相当于继电器触点闭合；当检测三相供电相序与内置程序不同时，控制光电耦合器次级截止，相当于继电器触点断开。

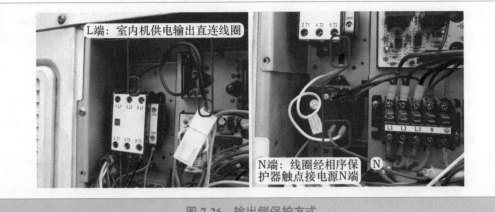

图 7-26　输出侧保护方式

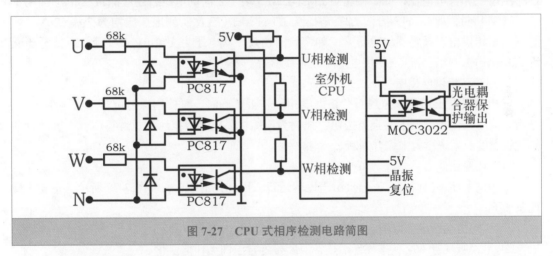

图 7-27　CPU 式相序检测电路简图

5. 各品牌空调器出现相序保护时的故障现象

三相供电相序与压缩机运行相序不同时，电控系统会报出相应的故障代码或出现压缩机不运行的故障，根据空调器设计不同所出现的故障现象也不相同，以下是几种常见品牌的空调器相序保护串接形式。

① 海信、海尔、格力（早期）：相序保护电路大多串接在压缩机交流接触器线圈供电回路中，所以相序错误时室外风机运行，压缩机不运行，空调器不制冷，室内机不报故障代码。

② 格力（目前）：室外机设有主板，由 CPU 检测相序是否正常，当相序错误时室外机不运行，室内机显示故障代码 E7，含义为"逆断相保护"。

③ 美的：相序保护电路串接在室外机保护回路中，所以相序错误时室外风机与压缩机均不运行，室内机报故障代码为"室外机保护"。

④ 科龙：早期柜式空调器相序保护电路串接在室内机供电回路中，所以相序错误时室内机主板无供电，上电后室内机无反应。

由此可见，同为相序保护电路，由于厂家设计不同，表现的故障现象差别也很大，实际检修时要根据空调器电控系统设计原理，检查故障根源。

四、 相序检测和调整

相序保护器具有检测三相供电断相和相序的功能，判断三相供电相序是否符合涡旋式压缩机线圈供电顺序时，应首先测量三相供电电压，再按压交流接触器强制按钮检测相序是否正常。

1. 测量接线端子三相供电电压

（1）测量三相相线之间的电压

使用万用表交流电压档，分3次测量三相供电电压，即L1-L2端子、L1-L3端子、L2-L3端子，3次实测电压应均为交流380V，才能判断三相供电正常。如实测时出现1次电压为交流0V或交流220V或低于交流380V较多，均可判断为三相供电电压异常，相序保护器检测后可能判断为相序异常或供电断相，控制继电器触点断开。

（2）测量三相相线与N端零线的电压

测量三相供电电压，除了测量三相L1-L2-L3端子之间的电压，还应测量三相与N端子电压辅助判断，即L1-N端子、L2-N端子、L3-N端子，3次实测电压应均为交流220V，才能判断三相供电以及零线供电正常。如实测时出现1次电压为交流0V或交流380或低于交流220V较多，均可判断三相供电电压或零线异常。

2. 判断三相供电相序

三相供电电压正常，为判断三相供电相序是否正确时，可使用螺钉旋具（俗称螺丝刀）等物品按压交流接触器上的强制按钮，强制为压缩机供电，根据压缩机运行声音、吸气管和排气管温度及系统压力来综合判断。

（1）相序错误

三相供电相序错误时，压缩机由于反转运行，因此并不做功，如图7-28所示，主要表现现象如下。

① 压缩机运行声音沉闷。

② 手摸吸气管不凉、排气管不热，温度接近常温即无任何变化。

③ 压力表指针轻微抖动，但并不下降，维持在平衡压力（即静态压力不变化）。

➡ 说明：涡旋式压缩机反转运行时，容易击穿内部阀片（窜气故障）造成压缩机损坏，在反转运行时，测试时间应尽可能缩短。

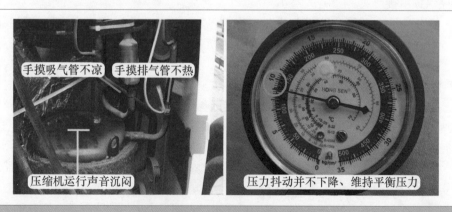

手摸吸气管不凉　手摸排气管不热

压缩机运行声音沉闷

压力抖动并不下降、维持平衡压力

图 7-28 相序错误时的故障现象

（2）相序正常

由于供电正常，压缩机正常做功（运行），如图 7-29 所示，主要表现现象如下。

① 压缩机运行声音清脆。

② 吸气管和排气管温度迅速变化，手摸吸气管很凉、排气管烫手。

③ 系统压力由静态压力迅速下降至正常值约 0.45MPa（R22 制冷剂）。

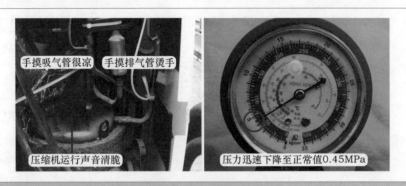

图 7-29　相序正常时的现象

3. 相序错误时的调整方法

任意对调电源接线端子两根相线引线位置，如图 7-30 所示，对调 L1 和 L2 引线（黑线和棕线），三相供电相序即可符合压缩机运行相序。在实际维修时，或对调 L1 和 L3 引线、或对调 L2 和 L3 引线均可排除故障。

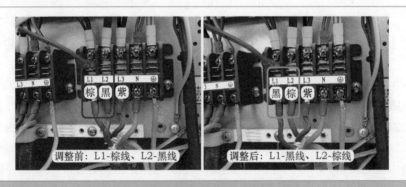

图 7-30　对调电源接线端子上引线顺序

第三节　格力空调器 E1 故障电路原理和检修流程

一、　电路原理和主要元器件

1. 电路原理

E1：系统高压保护。当 CPU 连续 3s 检测到高压保护（大于 3MPa）时，关闭除灯箱外的所有负载，屏蔽所有按键及遥控器信号，指示灯闪烁并显示 E1。如果显示板组件只使用指示灯，表现为运行指示灯灭 3s/ 闪 1 次。

格力 KFR-120LW/E(1253L)V-SN5 柜式空调器高压保护电路原理图如图 7-31 所示，实物图如图 7-32 所示，高压保护电路电压与整机状态的对应关系见表 7-2。高压保护电路由室外机电流检测板、高压压力开关（高压开关）、室内外机连接线、室内机主板和显示板组成。

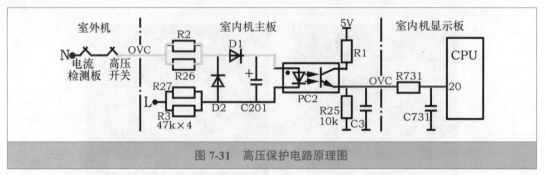

图 7-31　高压保护电路原理图

表 7-2　高压保护电路电压与整机状态的对应关系

电流检测板触点状态	高压开关触点状态	主板 OVC 与 L 端电压 /V	PC2 初级侧电压 /V	PC2 次级侧状态	主板 OVC 引线与 CPU ⑳脚电压 /V	整机状态
闭合	闭合	AC 220	DC 1.1	导通	DC 4.6	正常
闭合	断开	AC 0	DC 0.8	断开	DC 0	E1
断开	闭合	AC 0	DC 0.8	断开	DC 0	E1

空调器上电后，室外机电流检测板上的继电器触点闭合，高压开关的触点也处于闭合状态。室外机接线端子上 N 端蓝线经继电器触点至高压开关，输出黄线经室内外机连接线中的黄线送至室内机主板上的 OVC 端子（黄线），此时为零线 N，与主板 L 端（接线端子上 L1）形成交流 220V，经电阻 R2、R26、R27、R3 降压、二极管 D1 整流、电容 C201 滤波，在光电耦合器 PC2 初级侧形成约 1.1V 的直流电压，PC2 内部发光二极管发光，次级侧光电晶体管导通，5V 电压经电阻 R1、PC2 次级送到主板 CN6 插座中的 OVC 引线，为高电平约直流4.6V，经室内机主板和显示板的连接线送至显示板，经电阻 R731 送到 CPU 的⑳脚，CPU 根据高电平 4.6V 判断高压保护电路正常，处于待机状态。

待机或开机状态下由于某种原因（如高压开关触点断开），即 N 端零线开路，室内机主板 OVC 端子与 L 端不能形成交流 220V 电压，光电耦合器 PC2 初级侧电压约为直流 0.8V，PC2 发光二极管不能发光，次级侧断开，5V 电压经电阻 R1 断路，室内机主板 CN6 插座中的OVC 引线经电阻 R25 接地为低电平 0V，经连接线送至 CPU 的⑳脚，CPU 根据低电平 0V 判断高压保护电路出现故障，3s 后立即关闭所有负载，报出 E1 的故障代码，指示灯持续闪烁。

2. 室外机电流检测板

压缩机线圈共有 3 根引线，室外机电流检测板检测其中的两根引线电流。当检测出电流过大时，控制继电器触点断开，高压保护电路随之断开，室内机显示板 CPU 检测后控制停机并显示 E1 代码，从而保护压缩机。电流检测板实物外形如图 7-33 所示。

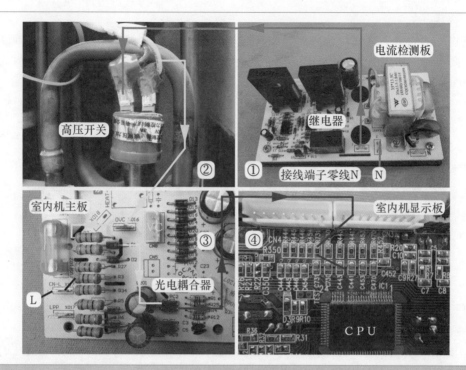

图 7-32　高压保护电路实物图

① 共有 4 个接线端子。其中 L 与 N 为供电,为电路板提供交流 220V 电源,相当于输入侧;1 和 2 为继电器触点,串接在高压保护电路中,相当于输出侧。

② 供电:设有变压器(二次绕组输出交流 13V)、桥式整流电路、滤波电容、7812 稳压块等元件,为电路板提供稳定的直流 12V 电压。

③ 电路板设有两个电流互感器和两个 LM358 运算放大器,组成两路相同的电流检测电路,两路电路并联,共同驱动 1 个晶体管。待机状态或运行状态电流处于正常范围内时,晶体管导通,继电器线圈得到直流 12V 供电,继电器触点处于闭合状态;当两路中任意一路电流超过额定值,均可控制晶体管截至,继电器线圈电压为直流 0V,触点断开,高压保护电路断开,CPU 检测后停机并显示 E1 代码。

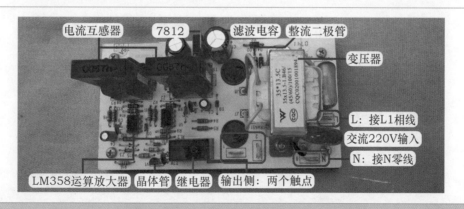

图 7-33　电流检测板

3. 高压开关

实物外形如图 7-34 所示，压力开关（压力控制器）是将压力转换为触点接通或断开的器件，高压开关的作用是检测压缩机排气管的压力。5P 柜式空调器室外机使用型号为 YK-3.0MPa 的压力开关，主要参数如下。

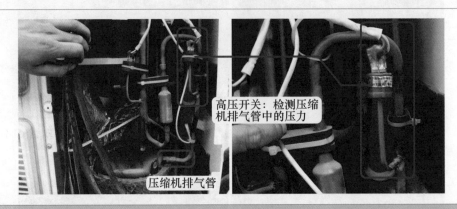

图 7-34　高压开关

① 动作压力为 3.0MPa，恢复压力为 2.4MPa。即压缩机排气管压力高于 3.0MPa 时压力开关的触点断开，低于 2.4MPa 时压力开关的触点闭合。

② 压力开关触点最高工作电压为交流 250V，最大电流为 3A。

二、 区分室内机或室外机故障

由于高压保护电路由室外机电控、室内机电控、室内外机连接线组成，任何一部分出现问题，均可出现 E1 代码，因此在维修时应首先区分是室内机或室外机故障，以缩小故障部位，直至检查出故障根源。常见有 3 种区分方法。

1. 测量 OVC 黄线和 L 端子电压

使用万用表交流电压档，如图 7-35 所示，红表笔接室内机主板上的电源相线 L 端（或接室内机接线端子上的 L1 端子），黑表笔接室内机主板上的高压保护黄线 OVC 端子。

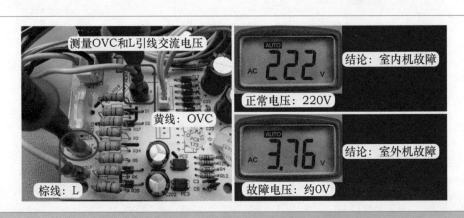

图 7-35　测量 OVC 黄线与 L 端子电压

正常电压为交流 220V，说明室外机电流检测板继电器触点闭合、高压开关触点闭合，且室内外机连接线接触良好，故障在室内机，进入本节第三部分。

若故障电压为交流 0V，说明室外机 N 线未传送至室内机主板，故障在室外机或室内外机的连接线，进入本节第四部分。

2. 短接 OVC 和 N 端子

如图 7-36 所示，拔下室内机主板上 OVC 端子上的黄线，同时再自备 1 根引线，两端接上插头。

如图 7-37 所示，自备引线一端直接插在室内机主板上和 N 相通的端子上（或插在室内机接线端子上的 N 端子上），另一端插在主板 OVC 端子上，短接高压保护电路的室外机电控部分，以区分出是室内机或室外机故障，并再次上电。

正常时空调器开机，说明室内机主板和显示板正常，故障在室外机或室内外机连接线。

故障时空调器不能开机，仍显示"E1"故障代码或上电无反应，则故障在室内机。

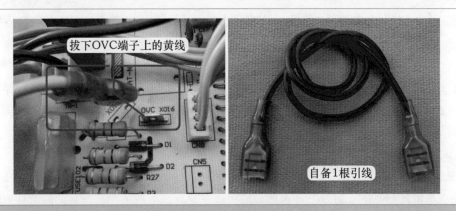

图 7-36　拔下 OVC 端子黄线和自备引线

图 7-37　使用引线短接 OVC 和 N 端子

3. 断电测量 OVC 黄线与 N 端间的阻值

断开空调器电源，使用万用表电阻档，测量方形对接插头中 OVC 黄线与室内机接线端子上 N 端间的阻值。

三相5P空调器室外机设有电流检测板，其继电器触点在未上电时为断开状态，如图7-38左图所示，正常阻值为无穷大。

图 7-38　测量 OVC 黄线和 N 端间的阻值

如图 7-38 右图所示，单相 3P 空调器室外机高压保护电路中只有高压开关，正常阻值为 0Ω。

也就是说，测量 5P 空调器如实测阻值为无穷大时，不能直接判断室外机高压保护电路损坏，应辅助其他测量方法再确定故障部位；而测量 3P 空调器阻值为无穷大时，4 可直接判断室外机有故障。

三、 室内机故障检修流程

室内机电控部分由室内机主板和显示板组成，如果确定故障在室内机，即室外机和室内外机连接线正常，应做进一步检查，判断故障是在室内机主板还是在显示板，常见有 3 种测量方法。

1. 测量 OVC 和 GND 引线间的直流电压

使用万用表直流电压档，如图 7-39 所示，黑表笔接 CN6 插座上的 GND 引线（即地线），红表笔接 OVC 引线，测量高压保护电路电压。

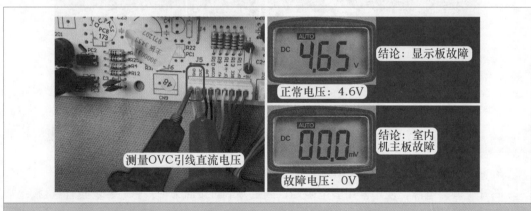

图 7-39　测量 OVC 与 GND 引线间的直流电压

正常电压约为直流 4.6V，说明光电耦合器 PC2 次级侧已经导通，故障在显示板，可更换显示板试机。

故障电压为直流 0V，说明光电耦合器 PC2 次级侧未导通，故障在室内机主板，可更换室内机主板试机。

2. 短路光电耦合器次级引脚

如图 7-40 所示，使用万用表的表笔尖直接短接光电耦合器 PC2 次级侧的两个引脚，并再次上电。

正常时空调器开机，说明显示板正常，故障在室内机主板的高压保护电路，即光电耦合器次级侧未导通，可更换室内机主板试机。

故障时空调器不能开机，说明室内机主板的光电耦合器次级侧已导通，故障在显示板或显示板和室内机主板的连接线未导通。

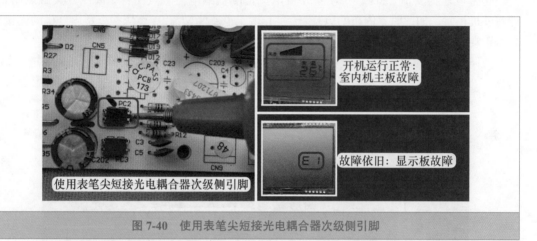

图 7-40　使用表笔尖短接光电耦合器次级侧引脚

3. 接 OVC 和 5V 引线

找一段引线，并在两端剥开适当长度，如图 7-41 所示，短接室内机主板 CN6 插座上的 OVC（黑线）和 +5V（棕线）引线，并再次上电。

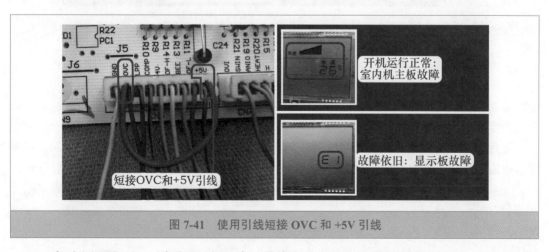

图 7-41　使用引线短接 OVC 和 +5V 引线

正常时空调器开机，说明显示板正常，故障在室内机主板的高压保护电路，可更换室内机主板试机。

故障时空调器不能开机，说明室内机主板正常，故障在显示板或显示板和室内机主板的连接线未导通。

➡ 说明：本方法也适用于室内机主板上高压保护电路损坏需更换室内机主板，但暂时无配件更换，而用户又着急使用空调器的应急措施。

四、 室外机故障检修流程

1. 测量室外机黄线电压

使用万用表交流电压档，如图 7-42 所示，红表笔接方形对插头中的高压保护黄线，黑表笔接室外机接线端子上的 L1 端子。

正常电压为交流 220V，说明室外机电流检测板继电器触点闭合，高压开关触点闭合，即室外机正常。如此时室内机 OVC 端子和 L 端子电压为交流 0V，应检查室内外机的连接线是否正常。

故障电压约为交流 0V，说明故障在室外机，应检查电流检测板和高压开关，进入第 2 检修流程。如为 3P 空调器，因未设计电流检测板，应直接检查高压开关，进入第 3 检修流程。

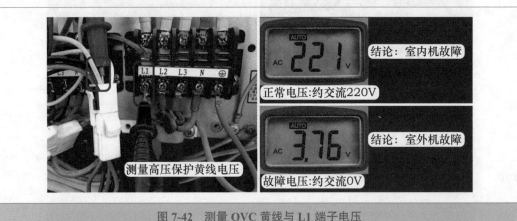

图 7-42　测量 OVC 黄线与 L1 端子电压

2. 电流检测板检修流程

如图 7-43 左图所示，电流检测板检测压缩机线圈两相电流。

输出侧即继电器触点的两个端子，如图 7-43 右图所示，其中一端直接连接室外机接线端子上的零线 N，一端输出去高压开关。

使用万用表交流电压档，如图 7-44 所示，黑表笔接电流检测板输出蓝线（零线），红表笔接电流检测板上的输入侧 L 端棕线（或接室外机接线端子上的 L1 端），测量输出蓝线电压。

正常电压为交流 220V，说明继电器触点闭合，可判断电流检测板正常，应检查高压开关阻值。

故障电压约为交流 0V，说明继电器触点断开，可判断为电流检测板损坏。

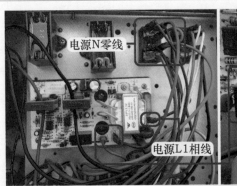
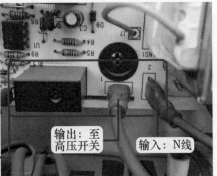

图 7-43 电流检测板继电器输出端子引线

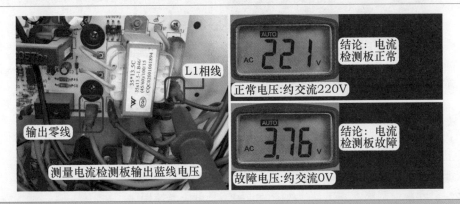

图 7-44 测量输出蓝线和 L1 端子的电压

3. 检查高压开关

判断高压开关故障，常见有两种检查方法。

（1）测量触点阻值

断开空调器电源，使用万用表电阻档，如图 7-45 所示，测量高压开关阻值。

图 7-45 测量高压开关阻值

正常阻值为0Ω，说明高压开关正常。

故障阻值为无穷大，说明高压开关损坏。

（2）短接引线

如果暂时没有万用表或由于其他原因无法测量，可直接短接两根引线，如图7-46所示，即短接高压开关，再次上电开机。

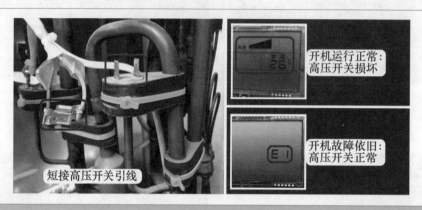

开机运行正常：
高压开关损坏

开机故障依旧：
高压开关正常

短接高压开关引线

图7-46　短接高压开关引线

正常时空调器开机，说明高压开关损坏。

故障时空调器不能开机，依旧显示"E1"代码，说明高压开关正常，应检查高压保护电路中的其他部位。

➡ 说明：此方法也适用于确定高压开关损坏，但暂时无法更换，而用户又着急使用空调器时的情况，在确定制冷系统无其他故障的前提下，可应急使用。

第四节　美的空调器 E6 故障电路原理和检修流程

一、　电路原理和主要元器件

表 7-3 为美的空调器"室外机保护"故障代码与机型、生产时间汇总。

表 7-3　美的空调器"室外机保护"故障代码与机型、生产时间汇总

机型与系列	生产时间	代码显示方式	代码含义
C1、E、F、F1、K、K1、H、I	2004 年以前	E04	室外机保护或室外机故障
星河 F2、星海 K2	2004 年以前	定时、运行、化霜 3 个指示灯同时以 5Hz 闪烁	
S、H1	2004 年左右		
S1、S2、S3、S6、Q1、Q2、Q3	2004 年以后	E6	

1. 工作原理

室外机保护电路原理图如图 7-47 所示，实物图如图 7-48 所示，室外机保护状态与室内机 CPU 引脚电压的对应关系见表 7-4。

空调器整机上电后，室内机主板产生 5V 电压经连接线送到室外机主板，为室外机主板提供电源，室外机 CPU（IC3）开始工作，首先对三相电源的相序和断相进行检测，如全部正常即三相供电符合压缩机运行要求，IC3 的⑯脚输出低电平，光电耦合器 U304 初级发光二极管得到供电，使得次级导通，室外机零线 N 经 PTC 电阻（2kΩ）→光电耦合器 U304 次级→压缩机排气管温度开关（温度开关）→压缩机排气管压力开关（高压开关），再由室内外机连接线中的黄线送到室内机主板 OUT PRO（室外机保护）接线端子。

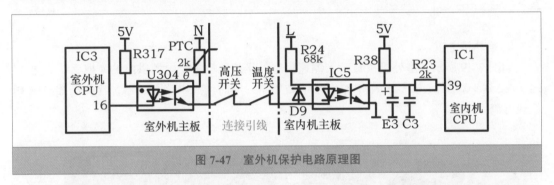

图 7-47　室外机保护电路原理图

室外机保护黄线正常时，室内机主板 L 端经 R24（68kΩ）电阻降压，和保护黄线的电源 N 端一起为光电耦合器 IC5 初级供电，初级二极管发光使次级导通，室内机 CPU ㊴脚通过电阻 R23、IC5 次级接地，电压为低电平（约直流 0.1V），室内机 CPU（IC1）判断室外机保护电路正常，处于待机状态。

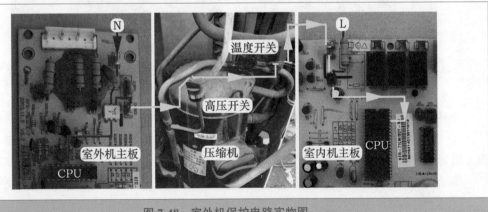

图 7-48　室外机保护电路实物图

如果上电时三相电源相序错误或断相，室外机 CPU 检测后⑯脚变为高电平，光电耦合器 U304 次级断开，室内机主板上的"室外机保护"OUT PRO 端子与电源 N 端不相通，电源 L 端经电阻 R24 降压后与 N 端不能构成回路，光电耦合器 IC5 初级无供电，使得次级断开，5V 电压经电阻 R38、R23 为室内机 CPU ㊴脚供电，为高电平 5V，CPU 检测后判断室外机保护电路出现故障，立即报出"室外机保护"的故障代码，并不再接收遥控器和按键信号。

空调器上电后或运行过程中，如1h内室内机CPU ㊈脚检测到4次高电平（即直流5V），则会停机进行保护，并报出"室外机保护"的故障代码。

表7-4 室外机保护状态与室内机CPU引脚电压的对应关系

IC3 ⑯脚电压	U304初级电压/V	U304次级状态	室内机主板的保护端子	IC5初级电压/V	IC5次级状态	IC1 ㊈脚电压/V	空调器状态
低电平	DC 1.1	导通	电源N端	直流1.1	导通	DC 0.1	正常待机
高电平	DC 0	断开	与N端不通	直流0	断开	DC 5	保护停机

2. 室外机主板

如图7-49所示，室外机主板输入侧连接室外机接线端子上电源供电的4根引线[3根相线（A、B、C）和1根零线N]，作用是检测相序；同时设有电流互感器，检测压缩机A相红线电流。

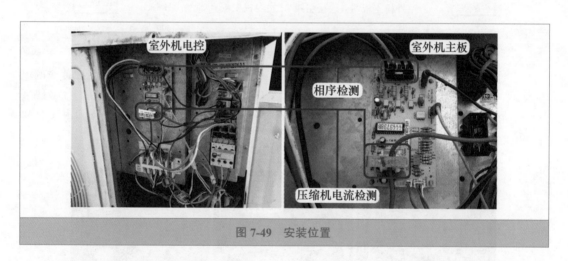

图7-49 安装位置

室外机主板实物外形如图7-50所示，可大致分为7路单元电路。

① 5V供电：室外机未设置变压器和电源电路，室外机主板使用的直流5V电压由室内机主板经连接线提供。

② 室外管温传感器：只设有插头，转接到室内外机连接线直流5V供电插头中的红线。

③ CPU电路：为室外机主板的控制中心。

④ 电流互感器：向室外机CPU提供压缩机运行电流信号。

⑤ 相序检测电路：室外机CPU通过此电路检测输入三相电源的相序是否正确及是否有断相情况。

⑥ 指示灯：设有3个，显示室外机CPU检测的工作状态，也可显示故障代码。

⑦ 保护光电耦合器：为室外机主板CPU的输出部分，次级侧串接在"室外机保护"的黄线中。

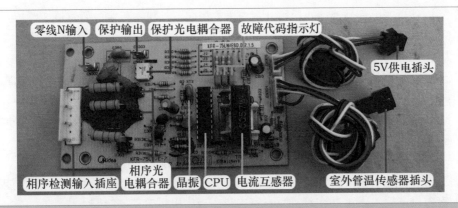

图 7-50　室外机主板

3. 压缩机排气管高压开关和温度开关

美的部分 3P 三相柜式空调器，室外机未设置压缩机排气管温度开关和高压开关，室外机主板"保护输出"端子的黄线，经室内外机连接线直接送至室内机主板上的"室外机保护OUT PRO"端子。

美的部分 3P 和全部 5P 三相柜式空调器，如图 7-51 所示，室外机设有压缩机排气管温度开关和高压开关。室外机主板"保护输出"端子的黄线，经串联高压开关和温度开关的引线后，再经室内外机连接线送至室内机主板上的"室外机保护 OUT PRO"端子，即两个开关引线串接在"室外机保护"黄线之中。

压缩机排气管高压开关又称压力开关，作用是检测排气管压力，当检测压力高于 3.0MPa 时其触点断开，当检测压力低于 2.4MPa 时其触点恢复闭合。

压缩机排气管温度开关作用是检测排气管温度，当检测温度高于 120℃时其内部触点断开，当检测温度低于 100℃时其内部触点恢复闭合。

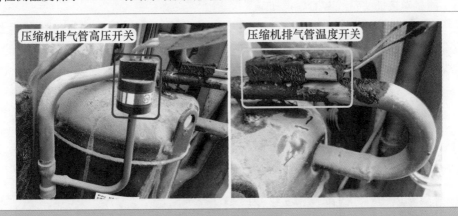

图 7-51　高压开关和温度开关

二、　故障分析和区分部位

1. 显示代码原因

不论任何原因使保护黄线中断，室内机主板都会显示代码保护故障。

① 室内外机弱电信号连接线松脱，室内机主板向室外机主板供电的直流 5V 中断，室外机主板不工作，光电耦合器断开。

② 三相供电相序错误或者断相，室外机主板 CPU 控制室外机光电耦合器断开。

③ 运行过程中压缩机排气管高压压力过高，高压开关断开，室内机主板光电耦合器次级侧无法导通。

④ 运行过程中压缩机排气管温度过高，温度开关断开，室内机主板光电耦合器次级侧无法导通。

⑤ 运行过程中压缩机电流过大，室外机主板 CPU 控制室外机光电耦合器断开。

⑥ 室内外机连接线因被老鼠咬断等原因断开，室内机主板光电耦合器次级侧不能导通。

⑦ 室内机主板 N 与 L 供电线插反，室内机主板光电耦合器次级侧无法导通。

⑧ 室内机或室外机主板损坏，CPU 工作不工常。

2. 区分故障点方法

检修时可以根据显示代码时间的长短来区分故障点。如果空调器上电即显示代码，则为电控故障，重点检查①、②、⑥、⑦、⑧项；如运行一段时间后显示代码，重点检查③、④、⑤项。

原理为室内机主板 CPU 在上电后一直在检测室外机保护电压，如出现异常则立即显示代码，重点检查电控部分；如果在运行过程中 CPU 在 1h 内连续检测到 4 次室外机保护电压断开，则停机保护，并显示代码，重点检查系统部分，如运行压力、电流、系统是否缺制冷剂，室外机冷凝器是否过脏，室外风机转速是否正常等。

3. 区分室内机和室外机故障

由于室外机保护电路由室外机电控、室内机电控、室内外机连接线组成，任何一部分出现问题，均可出现"E6"故障代码，因此在维修时应首先区分是室内机还是室外机故障，以缩小故障部位，直至检查出故障根源，常见有以下两种方法。

（1）测量对接插头黄线和 L 端电压

使用万用表交流电压档，如图 7-52 所示，红表笔接室内机接线端子上的电源相线 A 端（或 B 端、或 C 端、或室内机主板上的 L 端），黑表笔接室内外机连接线对接插头中的室外机保护黄线来测量电压。

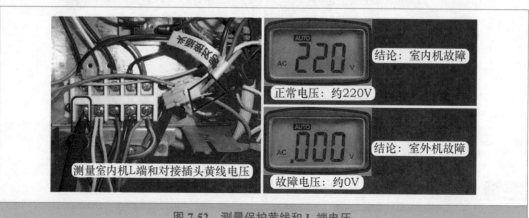

图 7-52　测量保护黄线和 L 端电压

　　正常电压为交流 220V，说明室外机主板光电耦合器次级侧导通，高压开关和温度开关触点闭合，且室内外机连接线接触良好，故障在室内机，进入"4.室内机主板故障检修流程"。

　　若故障电压为交流 0V，说明室外机 N 线未传送至室内机主板，故障在室外机或室内外机的连接线。

➡ 说明：出现室外机保护故障时，实测室外机保护黄线和 L 端间交流电压通常是接近 0V，而不是标准的 0V，图片显示 0V 只是示意。

　　（2）使用引线短接保护端子和 N 端

　　如图 7-53 所示，拔下室内机主板"OUT PRO"端子上的室外机保护黄线，同时再自备 1 根引线，按图所示接好插头。

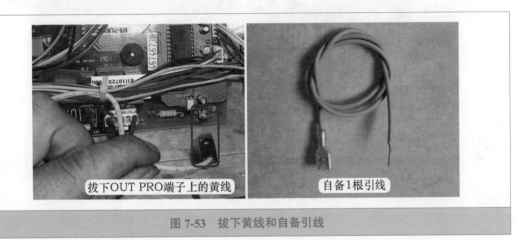

图 7-53　拔下黄线和自备引线

　　如图 7-54 所示，引线一端接在室内机接线端子上的 N 端（或插在室内机主板上和 N 端相通的端子上），另一端插在主板室外机保护"OUT PRO"端子上，短接保护电路的室外机电控部分，以区分出是室内机还是室外机故障。

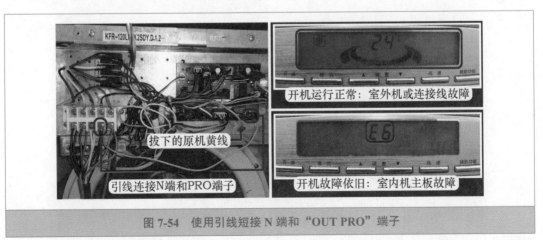

图 7-54　使用引线短接 N 端和"OUT PRO"端子

　　再次上电，如空调器正常开机，说明室内机主板正常，故障在室外机或连接线；如空调器故障依旧，仍显示"E6"故障代码或 3 个指示灯同时闪，则故障在室内机主板。

4. 室内机主板故障检修流程

区分出故障在室内机主板后，如图 7-55 所示，可使用万用表表笔尖直接短接光电耦合器次级侧的两个引脚，并再次上电。

上电后正常开机，说明 CPU 相关电路正常，故障在室内机主板前级保护电路，即光电耦合器次级侧未导通，可检查光电耦合器、68kΩ 降压电阻等，或直接更换室内机主板。

上电后故障依旧，说明室内机主板的光电耦合器次级侧已导通，故障在 CPU 相关电路，可直接更换室内机主板试机。

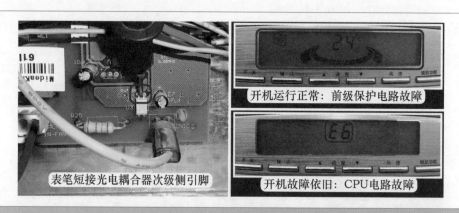

图 7-55　使用表笔尖短接光电耦合器次级侧引脚

第八章

安装和代换柜式空调器主板

一、电控盒插头和主板插座

本节以美的 KFR-51LW/DY-GA（E5）柜式空调器为基础，介绍安装原装主板的过程。需要注意的是，主板上插座或接线端子标识的英文符号为美的空调器厂家注明，其他品牌或型号的室内机主板可能会不相同，但可以参考使用。

图 8-1 左图为电控盒内主板的所有插头，主要有电源引线、变压器插头、传感器插头等，图 8-1 右图为室内机主板实物外形。

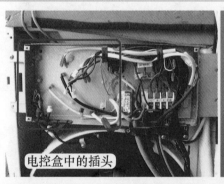电控盒中的插头 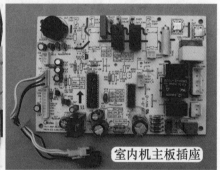室内机主板插座

图 8-1　电控盒插头和主板插座

二、安装步骤

1. 安装主板

电控盒左侧为室内机主板安装位置，如图 8-2 左图所示，4 个角各设 1 个塑料固定端子，用于固定主板；4 边的中间位置各设 1 个塑料支撑端子，用于支撑主板，防止主板背面与外壳接触而引起短路。

如图 8-2 右图所示，安装时将主板对应安装在 4 个角的固定端子上面。

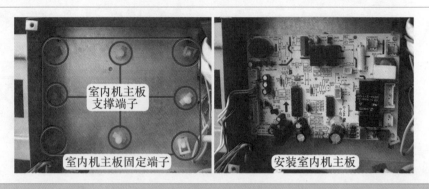

图 8-2　支撑固定端子和安装主板

2. 安装电源供电引线

（1）接线端子标识

室内机主板供电为交流220V，位于主板强电区域，如图8-3所示，标识为"L"和"N"，共有两根引线，分别为红线和黑线，红线连接接线端子的 L 端，黑线连接 N 端。

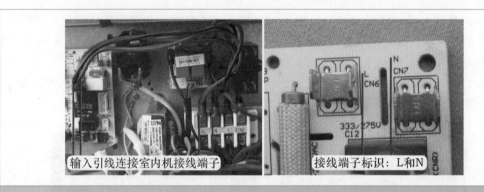

图 8-3　接线端子标识

（2）安装引线

如图8-4所示，将红线安装在室内机主板的"L"端子，黑线安装在"N"端子。由于辅助电加热的"L"端供电引线取自室内机主板，因此"L"端子有两根红线。

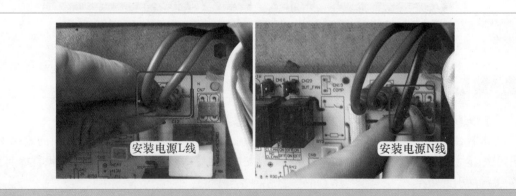

图 8-4　安装电源供电引线

3. 安装变压器插头

（1）插座标识

变压器共有两个插头，如图 8-5 所示，分别为一次绕组插头和二次绕组插头。室内机主板上变压器一次绕组插座标识为"TRANS-IN"，位于强电区域；二次绕组插座标识为"TRANS-OUT"，位于弱电区域。

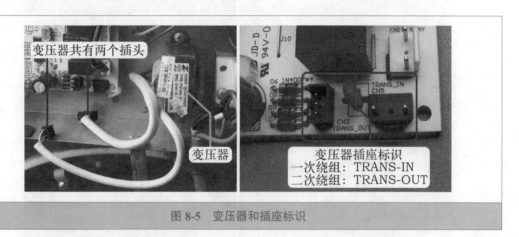

图 8-5　变压器和插座标识

（2）安装插头

如图 8-6 所示，将变压器一次绕组插头安装在室内机主板标识为"TRANS-IN"的插座上，将二次绕组插头安装在主板标识为"TRANS-OUT"的插座上。

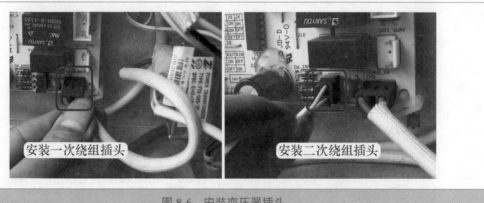

图 8-6　安装变压器插头

4. 安装室内风机插头

如图 8-7 所示，室内机主板上的室内风机插座标识为"IN-FAN"，位于强电区域，安装时将室内风机线圈供电插头安装在对应的插座上。

5. 安装同步电机插头

如图 8-8 所示，同步电机在室内机主板上的插座标识为"SWAY"，位于强电区域，安装时将同步电机插头安装在对应的插座上。

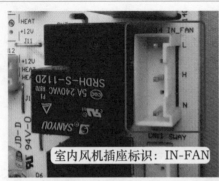

室内风机插座标识：IN-FAN

安装室内风机插头

图 8-7　插座标识和安装插头

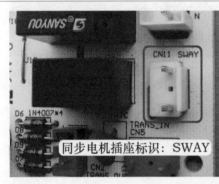

同步电机插座标识：SWAY

安装同步电机插头

图 8-8　插座标识和安装插头

6. 安装压缩机继电器线圈插头

（1）插座标识

由于压缩机继电器和辅助电加热继电器未安装在室内机主板上面，而是固定在电控盒内，如图 8-9 所示，室内机主板上标识为"COMP"的插座接压缩机继电器线圈，标识为"HEAT"的插座接辅助电加热继电器线圈，均位于弱电区域。

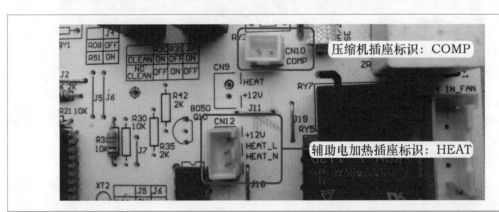

压缩机插座标识：COMP

辅助电加热插座标识：HEAT

图 8-9　压缩机和辅助电加热插座标识

（2）安装插头

如图8-10所示，接压缩机继电器线圈端子的插头共有两根引线，将引线插头安装在室内机主板标识为"COMP"的插座上。

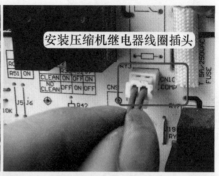

图8-10　线圈引线和安装插头

7. 安装四通阀线圈和室外风机引线插头

（1）引线标识

室内机主板上的强电区域中，如图8-11所示，标识为"VALVE"的端子接四通阀线圈蓝线，标识为"OUT-FAN"的端子接室外风机白线，端子引线通过对接插头连接室内外机的连接线。

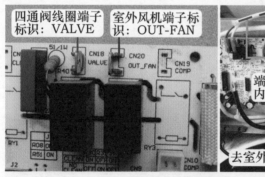

图8-11　引线标识和连接线

（2）安装引线

如图8-12所示，将四通阀线圈蓝线安装在室内机主板标识为"VALVE"的端子上，将室外风机白线安装在标识为"OUT-FAN"的端子上。

8. 安装辅助电加热继电器线圈插头

如图8-13所示，连接辅助电加热继电器线圈端子的插头共有3根引线，将引线插头安装在室内机主板标识为"HEAT"的插座上。

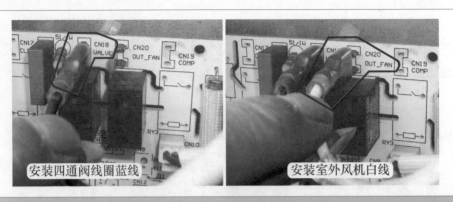

图 8-12　安装四通阀线圈和室外风机引线

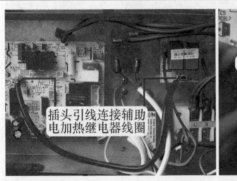

图 8-13　线圈引线和安装插头

9. 安装室内环温和管温传感器插头

（1）插座标识

室内环温和室内管温传感器共用 1 个插座，如图 8-14 所示，标识为"T1"和"T2"，传感器插座引线直接焊在室内机主板的弱电区域，连接传感器使用对接插头，两个对接插头体积大小和颜色均不一样，接环温传感器的对接插头为白色且体积小，接管温传感器的对接插头为黑色且体积大。

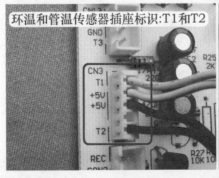
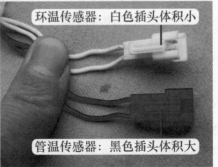

图 8-14　传感器插座标识

（2）安装插头

如图 8-15 所示，安装室内环温传感器和室内管温传感器的对接插头，由于颜色和体积大小均不一样，因此安装时不会装反。

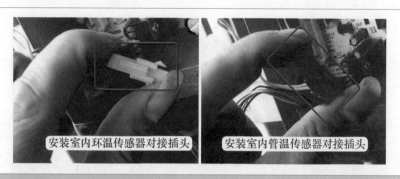

安装室内环温传感器对接插头　　安装室内管温传感器对接插头

图 8-15　安装室内环温和管温传感器对接插头

10. 安装室外管温传感器插头

如图 8-16 所示，室内机主板弱电区域中标识为"T3"的插座接室外管温传感器，室内外机连接线中最细的 1 束接室外管温传感器，将插头安装在对应插座上。

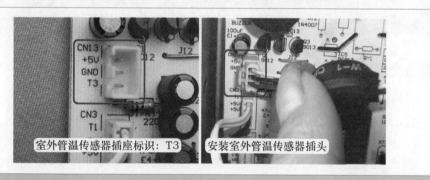

室外管温传感器插座标识：T3　　安装室外管温传感器插头

图 8-16　插座标识和安装插头（一）

11. 安装显示板插头

如图 8-17 所示，室内机主板弱电区域引针最多的即为显示板插座，特点是标识为"KEY、REC"等字样，将显示板插头安装在对应插座上。

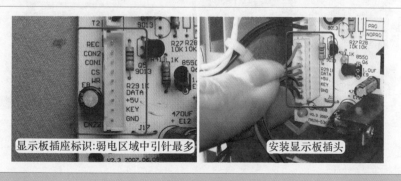

显示板插座标识:弱电区域中引针最多　　安装显示板插头

图 8-17　插座标识和安装插头（二）

12. 安装完毕

至此，室内机主板上所有的插座和接线端子、对应的引线全部安装完毕，如图 8-18 所示，电控盒内没有多余的引线，室内机主板没有多余的接线端子或插座。

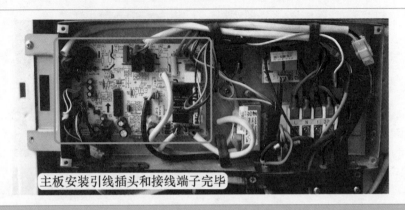

主板安装引线插头和接线端子完毕

图 8-18 安装完毕

第二节　代换柜式空调器通用板

一、电控系统和通用板设计特点

1. 电控系统

本节以美的 KFR-51LW/DY-GA（E5）柜式空调器为基础，详细介绍代换通用板的操作步骤。示例机型电控系统和目前柜式空调器设计原理基本相同，室内机均设有显示板和室内机主板，室外机未设电路板，因此代换其他品牌空调器通用板时可参考本节所示步骤。

如图 8-19 所示，室内机主板是整机电控系统的控制中心，包括 CPU 及弱电电路等，显示板的主要作用是显示整机状态。

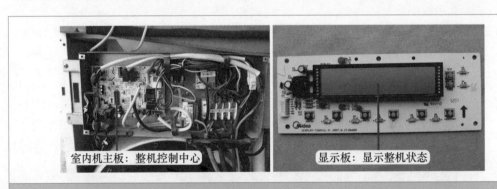

室内机主板：整机控制中心　　　　显示板：显示整机状态

图 8-19 室内机主板和显示板

2. 通用板实物外形

如图 8-20 所示，本例选用某品牌具有液晶显示、具备冷暖两用且带有辅助电加热控制的通用板组件,主要部件有通用板(主板)、显示板、变压器、遥控器、接线插、双面胶等,特点如下。

① 自带遥控器、变压器、接线插,方便代换。

② 自带室内环温和管温传感器,并且直接焊在主板上面,无须担心插头插反。

③ 显示板设有全功能按键,即使不用遥控器,也能正常控制空调器,并且显示屏可更清晰地显示运行状态。

④ 通用板上使用汉字标明接线端子的作用,使代换过程更为简单。

⑤ 通用板只设有两个电源零线 N 端子。如室内风机、室外机负载、同步电机使用的零线 N 端子,可由电源接线端子上的 N 端子提供。

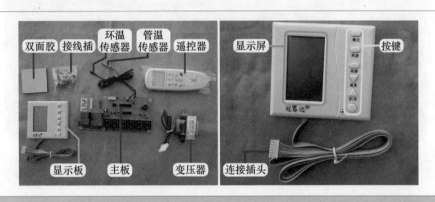

图 8-20　带液晶显示屏的柜式空调器通用板

3. 通用板主要接线端子(见图 8-21)

电源输入端子:2 个,相线 L 输入(相线)、零线 N 输入(零线)。

变压器插座:1 个,连接变压器。

显示板插座:1 个,连接显示板。

室内风机端子:3 个,高风(高)、中风(中)、低风(低)。

同步电机端子:1 个,即摆风端子。

辅助电加热端子:1 个,即电加热端子。

室外机负载:3 个,压缩机、室外风机(外风机)、四通阀线圈(四通阀)。

图 8-21　通用板主要接线端子

1. 拆除原机电控系统和保留引线

如图 8-22 左图所示，取下原机电控系统中的室内机主板、变压器、压缩机继电器、辅助电加热继电器及环温和管温传感器等器件。

需要保留的引线和插头如图 8-22 右图所示，共有室外机负载的 5 根引线、同步电机插头、室内风机插头、辅助电加热插头和主板供电引线等。

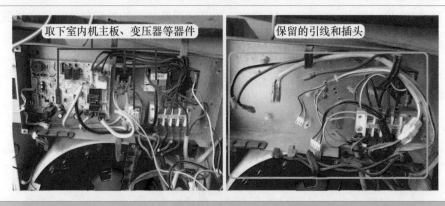

图 8-22　取下的器件和保留的引线插头

2. 安装通用板

由于通用板固定孔和原机主板固定端子不对应，因此在通用板背面贴上双面胶，如图 8-23 所示，直接粘在原机主板的固定端子上面。

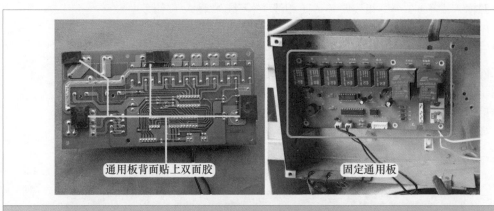

图 8-23　安装通用板

3. 安装电源供电引线

如图 8-24 所示，将原机的相线 L 红线安装至通用板标有相线的端子，将零线 N 黑线安装至通用板标有零线的端子，L-N 为通用板提供交流 220V 电源。

4. 安装变压器

如图 8-25 所示，将自带的变压器固定在原机位置，由于原机变压器体积大，自带的变压器只能固定 1 个螺钉，拧紧螺钉后将插头安装至通用板的变压器插座。

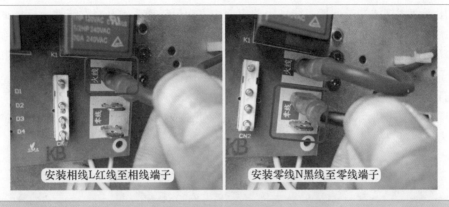

图 8-24　安装电源供电引线

图 8-25　固定变压器和安装插头

5. 安装室内风机引线

如图 8-26 左图所示，原机主板的室内风机使用插头，共有 3 根引线，作用分别为：黑线为公共端 C，灰线为高风 H，红线为低风 L。由此可见，本机室内风机共有高风和低风 2 档风速。

如图 8-26 右图所示，通用板设有高风、中风、低风共 3 档风速，为防止设定某一转速时室内风机停止运行，应使用引线短接其中的两个端子作为 1 路输出，才能避免出现此种故障。

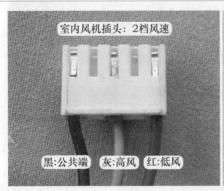

图 8-26　室内风机插头和通用板 3 档风速

通用板使用接线端子连接引线，因此应剪去室内风机插头，并将引线接上接线插，才能连接通用板。

翻转通用板至背面，使用 1 根较短的引线，如图 8-27 左图所示，两端焊在中风和低风的接线端子上，即短接中风和低风端子，此时无论通用板输出中风或低风控制电压，室内风机均运行且恒定在 1 个转速。

如图 8-27 右图所示，将室内风机的公共端黑线制成接线插，安装至通用板空闲的零线端子上，为室内风机提供零线 N 电源。

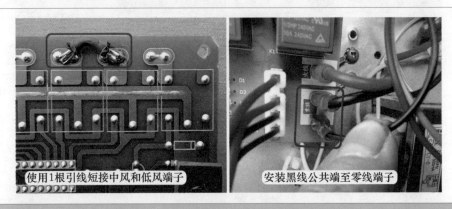

使用1根引线短接中风和低风端子　　安装黑线公共端至零线端子

图 8-27　短接中 - 低风端子和安装黑线 N 端

将室内风机插头上的另外两根引线也制成接线插，如图 8-28 所示，将高风 H 灰线安装至通用板标识为"高"的端子上，低风 L 红线安装至通用板标识为"低"的端子上。中风端子由于和低风端子短接，因此空闲不用安装引线。

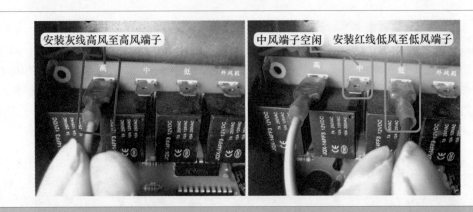

安装灰线高风至高风端子　　中风端子空闲　安装红线低风至低风端子

图 8-28　安装高 - 低风速引线

6. 安装辅助电加热引线

辅助电加热功率较大，引线通过的电流也较大，通常使用较粗的引线或在外面包裹一层耐热护套，两根引线比较容易分辨。

如图 8-29 所示，将黑线安装至接线端子上的 2（N）端子，另外一根红线安装至通用板标识为"电加热"的端子上。

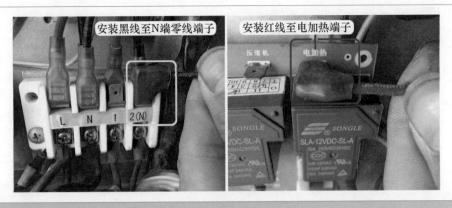

图 8-29　安装辅助电加热引线

7. 安装同步电机引线

本机同步电机使用插头连接，如图 8-30 左图所示，共有两根引线，供电电压为交流 220V，而通用板使用接线端子连接引线，因此应剪去同步电机的插头，并将引线接上接线插，才能连接至通用板。

如图 8-30 中图和右图所示，因通用板和接线端子均没有多余的 N 端插头，因此将同步电机中的黑线剥开适当的长度，固定在接线端子上的 2（N）端子，将白线安装至通用板标识为"摆风"的端子上。这里需要说明的是，两根引线不分反正，可任意连接"零线"或"摆风"端子。

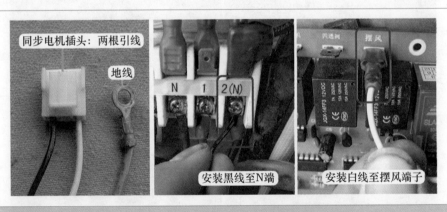

图 8-30　安装同步电机引线

8. 安装室外机负载引线

室外机负载使用两束引线共有 5 根，其中 1 根黄/绿线为地线，直接连接至电控盒铁皮，1 根黑线为公用零线，已连接至接线端子上的 2（N）端子（见图 8-31 左图），1 根红线为压缩机，1 根白线为室外风机，1 根蓝线为四通阀线圈。

如图 8-31 右图所示，将压缩机红线安装至通用板标识为"压缩机"的端子上。

如图 8-32 所示，将室外风机白线安装至通用板标识为"外风机"的端子上，将四通阀线圈蓝线安装至通用板标识为"四通阀"的端子上。

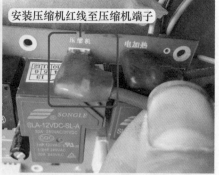

图 8-31　N 端零线和安装压缩机红线

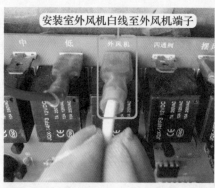

图 8-32　安装室外风机和四通阀线圈引线

9. 安装环温和管温传感器探头

　　如图 8-33 所示，将通用板自带的室内环温传感器探头安装在原机位置，即离心风扇的进风口罩圈上面；将自带的管温传感器探头安装在原机位置，即位于蒸发器的检测孔内。

图 8-33　安装环温和管温传感器

10. 安装显示板

如图 8-34 所示，取下原机的显示板组件，将自带显示板的引线穿过前面板；再使用通用板套件自带的双面胶，一面粘住显示板背面，另一面粘在原机的显示窗口合适位置，即可固定显示板，并将显示板引线插头插在通用板的插座上面。

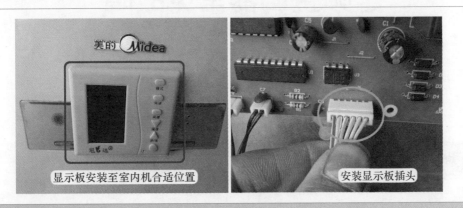

显示板安装至室内机合适位置　　安装显示板插头

图 8-34　固定显示板和安装插头

11. 代换完成

如图 8-35 左图所示，至此，室内机和室外机的负载引线已全部连接好，即代换通用板的步骤也已结束。

如图 8-35 右图所示，按压显示板上的"开/关"按键，室内风机开始运行，转换"模式"至制冷，当设定温度低于房间温度时，压缩机和室外风机开始运行，空调器制冷也恢复正常。

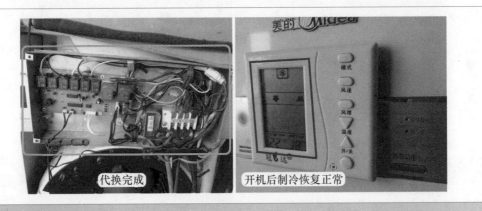

代换完成　　开机后制冷恢复正常

图 8-35　代换完成和开机

第九章

Chapter 9

定频空调器常见故障

第一节　室内机故障

一、变压器一次绕组开路，上电无反应

故障说明：格力 KFR-23GW/（23570）Aa-3 挂式空调器，用户反映上电无反应。

1. 扳动导风板至中间位置上电试机

用手将导风板（风门叶片）扳到中间位置，如图 9-1 所示，再将空调器接通电源，上电后导风板不能自动复位，判断空调器或电源插座有故障。

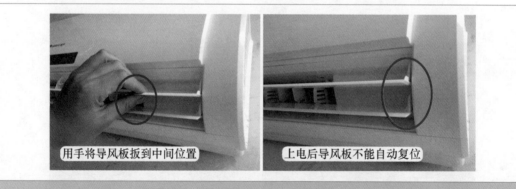

图 9-1　将导风板扳到中间位置后上电试机

2. 测量插座电压和电源插头阻值

使用万用表交流电压档，如图 9-2 左图所示，测量电源插座电压为交流 220V，说明电源供电正常，故障在空调器。

使用万用表电阻档，如图 9-2 右图所示，测量电源插头 L-N 阻值，实测为无穷大，而正常值约为 500Ω，确定故障在室内机。

3. 测量熔丝管和一次绕组阻值

使用万用表电阻档，如图 9-3 左图所示，测量 3.15A 熔丝管（俗称保险管）FU101 阻值为 0Ω，说明熔丝管正常。

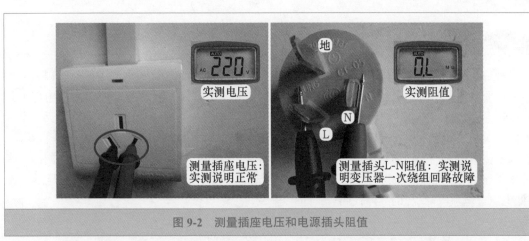

图 9-2　测量插座电压和电源插头阻值

如图 9-3 右图所示，测量变压器一次绕组阻值，实测为无穷大，说明变压器一次绕组开路损坏。

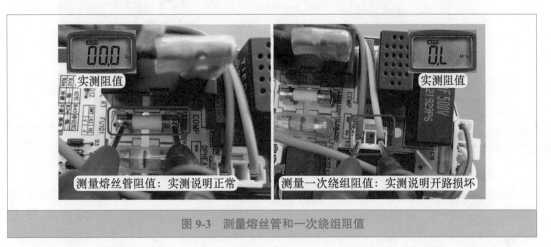

图 9-3　测量熔丝管和一次绕组阻值

维修措施：如图 9-4 所示，更换变压器。更换后上电试机，将电源插头插入电源，蜂鸣器响一声后导风板自动关闭，使用遥控器开机，空调器制冷恢复正常。

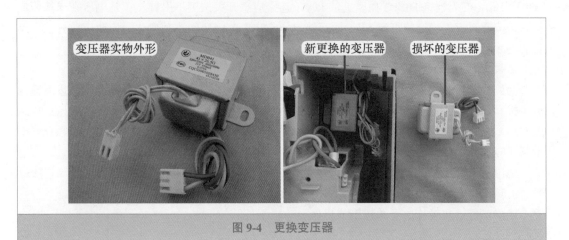

图 9-4　更换变压器

二、 按键开关漏电，自动开关机

故障说明：格力 KFR-50GW/K（50513）B-N4 挂式空调器，接通电源一段时间以后，如图 9-5 所示，在不使用遥控器的情况下，蜂鸣器响一声，空调器自动起动，显示板组件上显示设定温度为 25℃，室内风机运行；约 30s 后蜂鸣器响一声，显示板组件显示窗熄灭，空调器自动关机，但 20s 后，蜂鸣器再次响一声，显示窗显示为 25℃，空调器又处于开机状态。如果不拔下空调器的电源插头，将反复地进行开机和关机操作指令，同时空调器不制冷。有时候由于频繁开机和关机，压缩机也频繁地起动，引起电流过大，自动开机后会显示"E5（低电压过电流故障）"的故障代码。

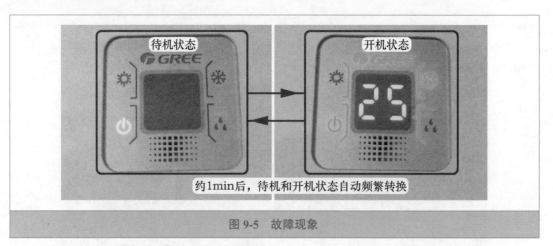

图 9-5　故障现象

1. 测量应急开关按键引线电压

空调器开关机有两种控制程序，一是使用遥控器控制，二是主板应急开关电路。本例维修时取下遥控器的电池，遥控器不再发送信号，空调器仍然自动开关机，排除遥控器引起的故障，应检查应急开关电路。如图 9-6 左图所示，本机应急开关按键安装在显示板组件上，通过引线（代号 key）连接至室内机主板。

使用万用表直流电压档，如图 9-6 右图所示，黑表笔接显示板组件 DISP1 插座上的 GND（地）引针，红表笔接 DISP2 插座上的 key（连接应急开关按键）引针，正常电压在未按压应急开关按键时应为稳定的直流 5V，而实测电压在 1.3 ~ 2.5V 间跳动变化，说明应急开关电路有漏电故障。

2. 测量应急开关按键引脚阻值

为判断故障是显示板组件上的按键损坏，还是室内机主板上的瓷片电容损坏，拔下室内机主板和显示板组件的两束连接插头，如图 9-7 左图所示，使用万用表电阻档测量显示板组件 GND 与 key 引针间的阻值，正常时未按下按键时阻值应为无穷大，而实测约为 4kΩ，初步判断应急开关按键损坏。

为准确判断，使用烙铁焊下按键，如图 9-7 右图所示，使用万用表电阻档单独测量按键开关引脚，正常值应为无穷大，而实测约为 5kΩ，确定按键开关漏电损坏。

维修措施：更换应急开关按键或更换显示板组件。

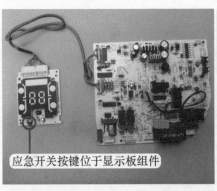

图 9-6　测量按键引线电压

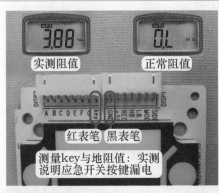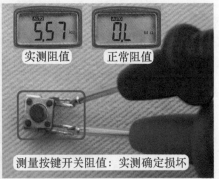

图 9-7　测量按键阻值

应急措施：如果暂时没有应急开关按键更换，而用户又着急使用空调器，有两种方法。

① 如图 9-8 左图所示，取下应急开关按键不用安装，这样对空调器没有影响，只是少了应急开机和关机的功能，但使用遥控器可以正常控制。

② 如图 9-8 右图所示，取下室内机主板与显示板组件连接线中的 key 引线，并使用胶布包扎做好绝缘，也相当于取下了应急开关按键。

图 9-8　应急维修措施

总结：

应急开关按键漏电损坏，引起自动开关机故障，在维修中所占比例很大，此故障通常由应急开关按键漏电引起，维修时可直接更换试机。

三、 接收器损坏，不接收遥控器信号

故障说明：格力 KFR-72LW/NhBa-3 柜式空调器，用户使用遥控器不能控制空调器，使用按键控制正常。

1. 按压按键和检查遥控器

上门检查，按压遥控器上的开关按键，室内机没有反应；如图 9-9 左图所示，按压前面板上的开关按键，室内机按自动模式开机运行，说明电路基本正常，故障在遥控器或接收器电路。

使用手机摄像头检查遥控器，如图 9-9 右图所示，方法是打开手机摄像功能，将遥控器发射头对准手机摄像头，按压遥控器按键的同时观察手机屏幕，遥控器正常时在手机屏幕上能观察到发射头发出的白光，损坏时不会发出白光，本例检查能看到白光，说明遥控器正常，故障在接收器电路。

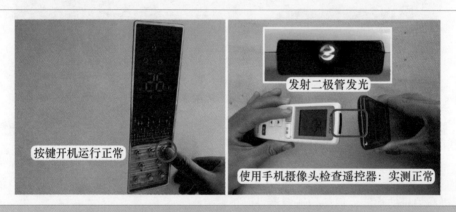

图 9-9 按键开机和检查遥控器

2. 测量电源和信号电压

本机接收器电路位于显示板，使用万用表直流电压档，如图 9-10 左图所示，黑表笔接接收器外壳铁壳地，红表笔接②脚电源引脚测量电压，实测电压约为 4.8V，说明电源供电正常。

如图 9-10 右图所示，黑表笔不动依旧接地，红表笔改接①脚信号引脚测量电压，在静态即不接收遥控器信号时实测约为 4.4V；按压开关按键，遥控器发射信号，同时测量接收器信号引脚即动态测量电压，实测仍约为 4.4V，未有电压下降过程，说明接收器损坏。

3. 代换接收器

本机接收器型号为 19GP，暂时没有相同型号的接收器，使用常见的 0038 接收器代换，如图 9-11 所示，方法是取下 19GP 接收器，查看焊孔功能：①脚为信号，②脚为电源，③脚为地，而 0038 接收器引脚功能：①脚为地，②脚为电源，③脚为信号，由此可见①脚和③脚功能相反，代换时应将引脚掰弯，按功能插入显示板焊孔，使之与焊孔功能相对应，安装后应注意引脚之间不要短路。

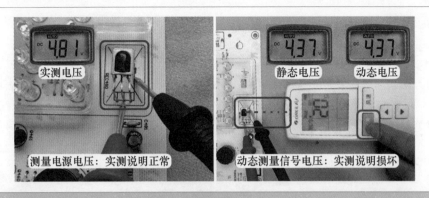

图 9-10　测量电源和信号电压

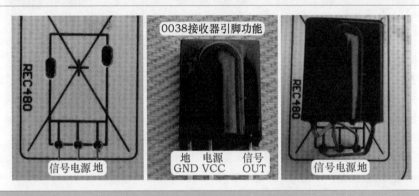

图 9-11　代换接收器

　　维修措施：使用 0038 接收器代换 19GP 接收器。代换后使用万用表直流电压档，如图 9-12 所示，测量 0038 接收器电源引脚电压为 4.8V，信号引脚静态电压为 4.9V，按压按键遥控器发射信号，接收器接收信号，即动态时信号引脚电压下降至约 3V（约 1s），然后再上升至 4.9V，同时蜂鸣器响一声，空调器开始运行，故障排除。

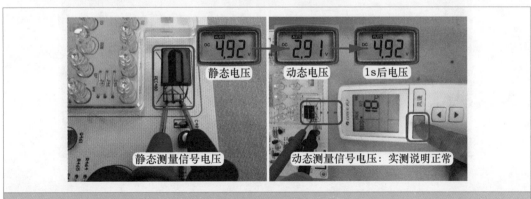

图 9-12　测量接收器信号电压

四、　接收器受潮，不接收遥控器信号

　　故障说明：格力某型号挂式空调器，遥控器不起作用，使用手机摄像功能检查遥控器正

常，按压应急开关按键，按"自动模式"运行，说明室内机主板电路基本工作正常，判断故障在接收器电路。

1. 测量接收器信号和电源引脚电压

使用万用表直流电压档，如图 9-13 左图所示，黑表笔接接收器地引脚（或表面铁壳），红表笔接信号引脚测量电压，实测电压约 3.5V，而正常电压为 5V，确定接收器电路有故障。

红表笔接电源引脚测量电压，如图 9-13 右图所示，实测电压约 3.5V，和信号引脚电压基本相等，常见原因有两个，一是 5V 供电电路有故障，二是接收器漏电。

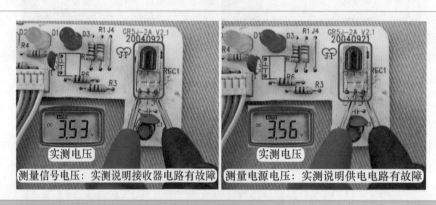

图 9-13　测量接收器信号和电源引脚电压

2. 测量 5V 供电电路

接收器电源引脚通过限流电阻 R3 接直流 5V，如图 9-14 左图所示，黑表笔接地（接收器铁壳），红表笔接电阻 R3 上端，实测电压约为直流 5V，说明 5V 电压正常。

断开空调器电源，如图 9-14 右图所示，使用万用表电阻档测量 R3 阻值，实测约为 100Ω，和标注阻值相同，说明电阻 R3 阻值正常，为接收器受潮漏电故障。

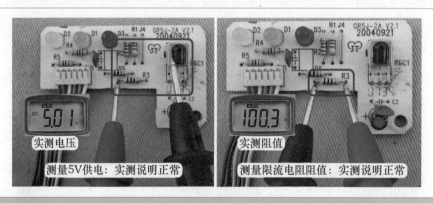

图 9-14　测量 5V 电压和限流电阻阻值

3. 加热接收器

使用电吹风热风档，风口直吹接收器约 1min，如图 9-15 所示，当手摸接收器表面烫手时不再加热，待约 2min 后接收器表面温度下降，再将空调器接通电源，使用万用表直流电压档，再次测量电源引脚电压约为 4.8V，信号引脚电压约为 5V，说明接收器恢复正常，按压遥控器开关按键，蜂鸣器响一声后，空调器按遥控器命令开始工作，不接收遥控器信号故障排除。

维修措施：使用电吹风加热接收器。如果加热后依旧不能接收遥控器信号，需更换接收器或显示板组件。更换接收器后最好使用绝缘胶涂抹引脚，使之与空气绝缘，可降低此类故障的比例。

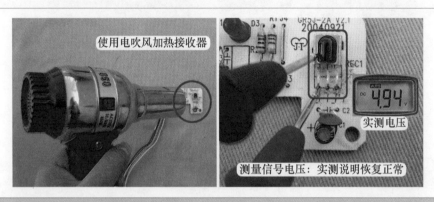

图 9-15　加热接收器和测量信号电压

五、　新装机连接线接错，室内机吹热风

➡ 故障说明：格力 KFR-23GW/（23570）Aa-3 挂式空调器，用户反映新装机不制冷，室内机吹热风。

1. 检查室外风机和手摸三通阀

上门检查，使用遥控器以制冷模式开机，导风板打开，室内风机和室外机开始运行，在室内机出风口感觉吹出的风较热。

如图 9-16 所示，到室外机检查，能听到压缩机运行的声音，但室外风机不运行，手摸粗管（三通阀）较热，并观察到冷凝器结霜，说明系统处于制热状态，由于是新装机，初步判断室外风机与四通阀线圈引线接反。

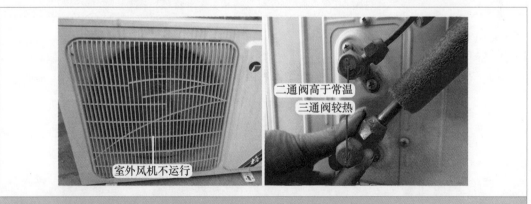

图 9-16　检查室外风机和手摸三通阀

2. 查看室外机连接线

室外机电气接线图粘贴在室外机接线盖内侧，如图 9-17 左图所示，标注室外机接线端子的连接线颜色顺序为蓝（1、N）- 黑（2、压缩机）- 紫（4、四通阀线圈）- 橙（5、室外风机）。

如图9-17右图所示，查看室外机接线端子实际接线，1号为蓝线、2号为黑线、4号为橙线、5号为紫线，并且4号和5号端子上下的引线颜色也不对应，说明4号和5号端子连接线接反。

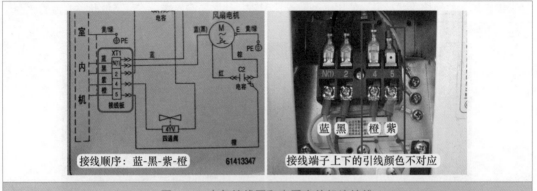

图9-17　电气接线图和查看室外机连接线

维修措施：如图9-18所示，对调4号和5号端子下方的引线，调整后4号端子为紫线、5号端子为橙线。再次上电开机，室外风机和压缩机均开始运行，手摸二通阀迅速变凉，在室内机出风口感觉也开始变凉，制冷恢复正常。

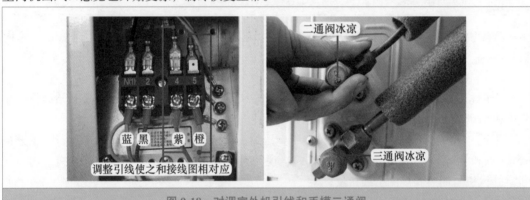

图9-18　对调室外机引线和手摸二通阀

总结：

上述例子接线端子处使用原装引线，可根据引线颜色来分辨，如果空调器加长管道并加长引线，如图9-19左图所示，根据加长引线颜色不能分辨。如图9-19右图所示，可使用万

图9-19　加长引线和测量电压

用表交流电压档，黑表笔接1号零线端子N，红表笔分别接2号、4号、5号端子测量电压，如果N-2号（压缩机）、N-4号（四通阀线圈）电压均为交流220V，而N-5号（室外风机）电压约为交流0V，可确定室外风机与四通阀线圈引线接反。排除故障方法和上述例子相同，也是对调室外机接线端子上室外风机与四通阀线圈的引线。

第二节 室外风机和压缩机故障

一、室外风机线圈开路，空调器不制冷

故障说明：海尔KFR-26GW/03GCC12挂式空调器，用户反映不制冷，长时间开机室内温度不下降。

1. 检查出风口温度和室外机

上门检查，用户正在使用空调器，如图9-20左图所示，将手放在室内机出风口，感觉为自然风，接近房间温度，查看遥控器设定为制冷模式"16℃"，说明设定正确，应到室外机检查。

到室外机检查，手摸二通阀和三通阀均为常温，如图9-20右图所示，查看室外风机和压缩机均不运行，用手摸压缩机对应的室外机外壳温度很高，判断压缩机过载保护。

图9-20 室内机吹风不凉和室外风机不运行

2. 测量压缩机和室外风机电压

使用万用表交流电压档，如图9-21左图所示，测量室外机接线端子上2（N）零线和1（L）压缩机端子之间的电压，实测为交流221V，说明室内机主板已输出压缩机供电。

如图9-21右图所示，测量2（N）零线和4（室外风机）端子之间的电压，实测为交流221V，室内机主板已输出为室外风机供电，说明室内机正常，故障在室外机。

3. 拨动室外风扇和测量线圈阻值

如图9-22左图所示，将螺钉旋具（俗称螺丝刀）从出风框伸入，按室外风扇运行方向拨动室外风扇，感觉无阻力，排除室外风机轴承卡死故障，拨动后室外风扇仍不运行。

断开空调器电源，使用万用表电阻档，表笔接2（N）端子（接公共端C）和1（L）端子（接压缩机运行绕组R）测量阻值，实测结果为无穷大，考虑到压缩机对应的外壳烫手，确定压缩机内部过载保护器触点断开。

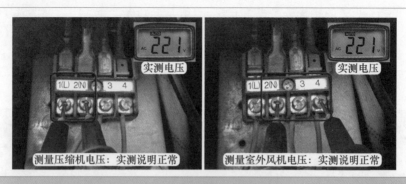

图 9-21　测量压缩机和室外风机电压

如图 9-22 右图所示，表笔接 2（N）端子黑线（接公共端 C）和 4 端子白线（接室外风机运行绕组 R）测量阻值，正常约为 300Ω，而实测结果为无穷大，初步判断室外风机线圈开路损坏。

图 9-22　拨动室外风扇和测量线圈阻值

4. 测量室外风机线圈阻值

取下室外机上盖，手摸室外风机表面为常温，排除室外风机因温度过高而过载保护，依旧使用万用表电阻档，如图 9-23 所示，一表笔接公共端（C）黑线，一表笔接起动绕组（S）棕线测量阻值，实测结果为无穷大；将万用表一表笔接 S 棕线，一表笔接 R 白线测量阻值，实测结果为无穷大，根据测量结果确定室外风机线圈开路损坏。

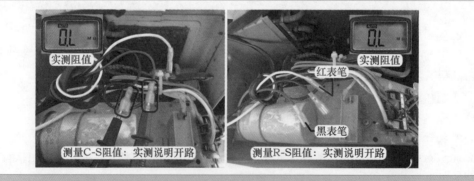

图 9-23　测量室外风机线圈阻值

维修措施：如图 9-24 所示，更换室外风机。更换后使用万用表电阻档测量 2(N) 和 4 端子阻值为 332Ω，上电开机，室外风机和压缩机均开始运行，制冷正常，长时间运行压缩机不再过载保护。

图 9-24　更换室外风机和测量线圈阻值

总结：

① 本例由于室外风机线圈开路损坏，室外风机不能运行，制冷开机后冷凝器热量不能散出，运行压力和电流均直线上升，约 4min 后压缩机因内置过载保护器触点断开而停机保护，因而空调器不再制冷。

② 本机室外风机型号为 KFD-40MT，6 极 27W，黑线为公共端（C），白线为运行绕组（R）、棕线为起动绕组（S），实测 C-R 阻值为 332Ω，C-S 阻值为 152Ω，R-S 阻值为 484Ω。

二、　压缩机电容损坏，空调器不制冷

故障说明：海信 KFR-25GW 挂式空调器，用户反映开机后不制冷。

1. 测量压缩机电压和线圈阻值

上门检查，用户正在使用空调器，用手放在室内机出风口感觉为自然风，到室外机检查，发现室外风机运行但压缩机不运行，如图 9-25 左图所示，使用万用表交流电压档，在室外机接线端子上测量 2N（零线）与 3CM（压缩机）端子间的电压，正常为交流 220V，实测说明室内机主板已输出供电。

断开空调器电源，如图 9-25 右图所示，使用万用表电阻档，测量 2N 与 3CM 端子间的阻值（相当于测量压缩机公共端与运行绕组），正常值约为 3Ω，实测结果为无穷大，说明压缩机线圈回路有断路故障。

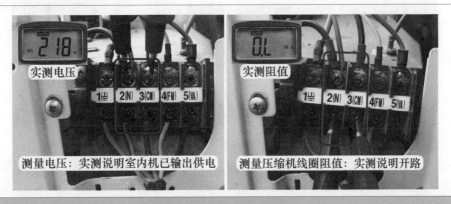

图 9-25　测量压缩机电压和线圈阻值

2. 为压缩机降温

询问用户空调器已开机运行一段时间，用手摸压缩机相对应的室外机外壳感觉温度很高，大致判断压缩机内部过载保护器触点断开。

取下室外机外壳，如图 9-26 所示，用手摸压缩机外壳感觉烫手，确定内部过载保护器由于温度过高触点断开保护，将毛巾放在压缩机上部，使用凉水降温，同时测量 2N 和 3CM 端子间的阻值，当由无穷大变为正常阻值（约 3Ω）时，说明内部过载保护器触点已闭合。

➡ 说明：压缩机内部过载保护器串接在压缩机线圈公共端，位于上部顶壳，用凉水为压缩机降温时，将毛巾放在顶部可使过载保护器触点迅速闭合。

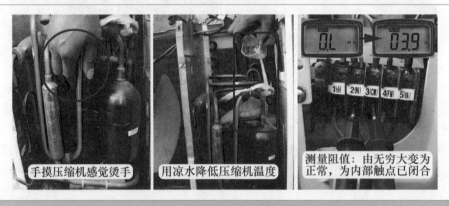

图 9-26　为压缩机降温同时测量阻值

3. 压缩机起动不起来

测量 2N 与 3CM 端子间的阻值正常后上电开机，如图 9-27 左图所示，压缩机发出约 30s "嗡嗡" 的声音，停止约 20s 再次发出 "嗡嗡" 的声音。

如图 9-27 中图所示，在压缩机起动时使用万用表交流电压档，测量 2N 与 3CM 端子间的电压，实测为交流 218V（未发出声音时的电压，即静态）下降到 199V（压缩机发出 "嗡嗡" 声时电压，即动态），说明供电正常。

如图 9-27 右图所示，使用万用表交流电流档测量压缩机电流近 20A，综合判断压缩机起动不起来。

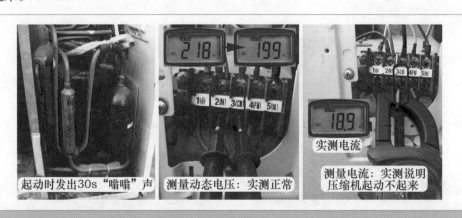

图 9-27　测量起动电压和电流

4.检查压缩机电容

在供电电压正常的前提下，压缩机起动不起来最常见的原因是电容无容量损坏，取下电容，使用两根引线接在两个端子上，如图9-28所示，并通上交流220V充电约1s，拔出后短接两个引线端子，电容正常时会发出很大的响声，并冒出火花，本例在短接端子时既没有响声，也没有火花，判断电容无容量损坏。

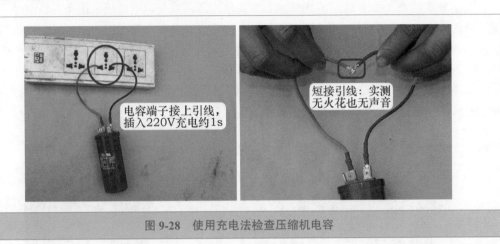

图9-28 使用充电法检查压缩机电容

维修措施：如图9-29所示，更换压缩机电容，更换后上电开机，压缩机运行，空调器开始制冷，再次测量压缩机电流约为4.4A，故障排除。

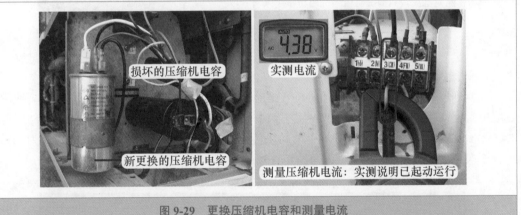

图9-29 更换压缩机电容和测量电流

总结：

① 压缩机电容损坏，在不制冷故障中占到很大比例，通常发生在使用3~5年以后。

② 如果用户报修为不制冷故障，应告知用户不要开启空调器，因为如果故障原因为压缩机电容损坏或系统缺少制冷剂故障，均会导致压缩机温度过高造成内置过载保护器触点断开保护，在检修时还要为压缩机降温，增加维修时间。

③ 在实际检修中，如果故障为压缩机起动不起来并发出"嗡嗡"的响声，一般不用测量直接更换压缩机电容即可排除故障；新更换电容容量误差在原电容容量的20%以内即可正常使用。

三、 压缩机卡缸，格力空调器过电流保护

➡ 故障说明：格力 KFR-72LW/E1（72d3L1）A-SN5 柜式空调器，用户反映不制冷，室外风机一转就停，一段时间后显示"E5"代码，代码含义为低电压过电流保护。

1. 测量压缩机电流和代换压缩机电容

到室外机检查，如图 9-30 左图所示，首先使用万用表交流电流档，钳头夹住室外机接线端子上的 N 端引线，测量室外机电流，在上电压缩机起动时实测电流约为 65A，说明压缩机起动不起来。在压缩机起动时测量接线端子处电压约为交流 210V，说明供电电压正常，初步判断压缩机电容损坏。

如图 9-30 右图所示，使用同容量的新电容代换试机，故障依旧，N 端电流仍为约 65A，从而排除压缩机电容故障，初步判断为压缩机损坏。

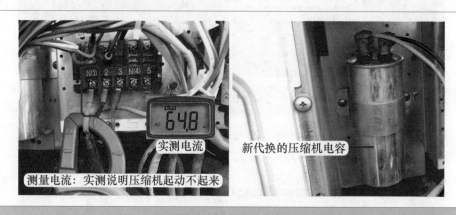

图 9-30　测量压缩机电流和代换压缩机电容

2. 测量压缩机线圈阻值

为判断压缩机是线圈短路损坏还是卡缸损坏，断开空调器电源，如图 9-31 所示，使用万用表电阻档，测量压缩机线圈阻值：实测红线公共端（C）与蓝线运行绕组（R）间的阻值为 1.1Ω，红线 C 与黄线起动绕组（S）间的阻值为 2.3Ω，蓝线 R 与黄线 S 间的阻值为 3.3Ω，根据 3 次测量结果判断压缩机线圈阻值正常。

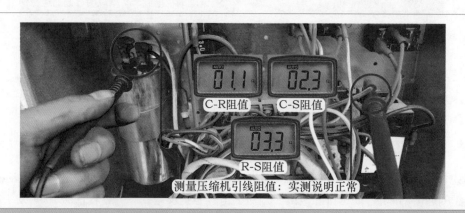

图 9-31　测量压缩机引线阻值

3. 查看压缩机接线端子

压缩机的接线端子或连接线烧坏，也会引起起动不起来或无供电的故障，因此在确定压缩机损坏前应查看接线端子引线，如图 9-32 左图所示，本例查看接线端子和引线均良好。

松开室外机二通阀螺母，将制冷系统的 R22 制冷剂全部放空，再次上电试机，压缩机仍起动不起来，依旧是 3s 后室内机停止向压缩机和室外风机供电，从而排除系统脏堵故障。

如图 9-32 右图所示，拔下压缩机线圈的 3 根引线，并将接头包上绝缘胶布，再次上电开机，室外风机一直运行不再停机，但空调器不制冷，也不报 "E5" 代码，从而确定为压缩机卡缸损坏。

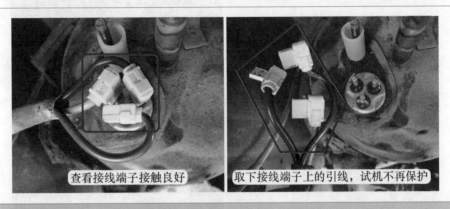

查看接线端子接触良好　　取下接线端子上的引线，试机不再保护

图 9-32　查看压缩机接线端子

维修措施：更换压缩机，型号为三菱 LH48VBGC。更换后上电开机，压缩机和室外风机运行，顶空加制冷剂至约 0.45MPa 后制冷恢复正常，故障排除。

总结：

① 压缩机更换过程比较复杂，因此确定其损坏前应仔细检查是否由电源电压低、电容无容量、接线端子损坏、系统加注的制冷剂过多等原因引起，在全部排除后才能确定压缩机线圈短路或卡缸损坏。

② 新压缩机在运输过程中禁止倒立。压缩机出厂前内部充有气体，尽量在安装至室外机时再把吸气管和排气管的密封塞取下，可最大程度地防止润滑油流动。

四、　压缩机线圈漏电，断路器跳闸

故障说明：格力 KFR-23GW 挂式空调器，用户反映将电源插头插入电源，断路器（俗称空气开关）立即跳闸。

1. 测量电源插头 N 与地间的阻值

上门检查，将空调器电源插头刚插入插座，如图 9-33 所示，断路器便跳闸保护，为判断是空调器还是断路器故障，使用万用表电阻档，测量电源插头 N 与地间的阻值，正常应为无穷大，而实测阻值约为 10Ω，确定空调器存在漏电故障。

2. 断开室外机接线端子连接线

空调器常见的漏电故障在室外机。为判断是室外机或室内机故障，如图 9-34 所示，在室外机接线端子处取下除地线外的 4 根连接线，使用万用表电阻档，一表笔接接线端子上的 N 端，一表笔接地端的固定螺钉，实测阻值仍约为 10Ω，从而确定故障在室外机。

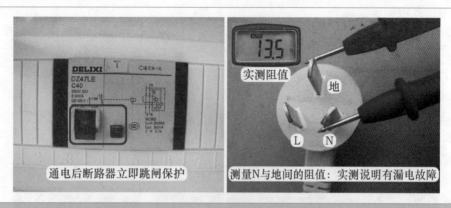

图 9-33　断路器跳闸和测量插头 N 与地间的阻值

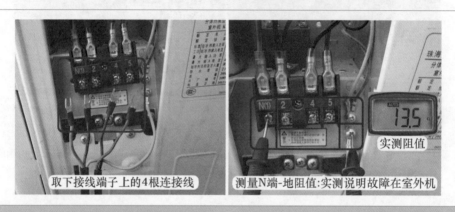

图 9-34　取下连接线和测量室外机接线端子处 N 端与地间的阻值

3. 测量压缩机引线对地阻值

室外机常见漏电故障在压缩机。如图 9-35 所示，拔下压缩机线圈的 3 根引线共 4 个插头（N 端蓝线与运行绕组蓝线并联），使用万用表电阻档测量公共端黑线与地间的阻值（实接四通阀铜管），正常阻值应为无穷大，而实测阻值仍约为 10Ω，说明漏电故障由压缩机引起。

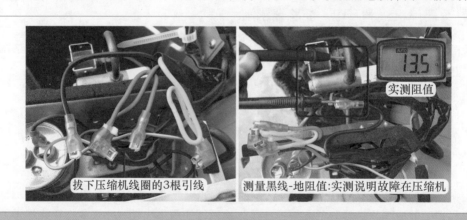

图 9-35　拔下引线和测量压缩机黑线与地间的阻值

4. 测量压缩机接线端子与地间的阻值

压缩机引线绝缘层熔化而与地短路，也会引起上电跳闸故障。于是取下压缩机接线盖，查看压缩机引线正常，如图 9-36 所示，拔下压缩机接线端子上的连接线插头，使用万用表电阻档测量接线端子公共端（C）与地（实接压缩机排气管）间的阻值，实测约为 10Ω，从而确定压缩机内部线圈对地短路损坏。

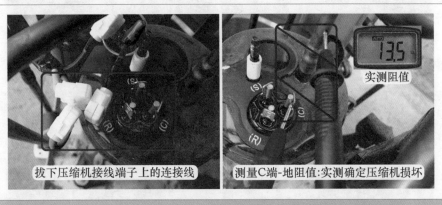

图 9-36　拔下连接线和测量压缩机端子与地间的阻值

维修措施：更换压缩机。

总结：

① 空调器上电跳闸或开机后跳闸，如为漏电故障，通常为压缩机线圈对地短路引起。其他如室内外机连接线之间短路或绝缘层脱落、压缩机引线绝缘层熔化与地短路、断路器损坏等所占比例较小。

② 空调器开机后断路器跳闸故障，假如因电流过大引起，常见原因为压缩机卡缸或压缩机电容损坏。

③ 测量压缩机线圈对地阻值时，室外机的铜管、铁壳均与地线直接相连，实测时可测量待测部位与铜管阻值。

<h2>五、　压缩机窜气，空调器不制冷</h2>

故障说明：格力 KFR-23GW 挂式空调器，用户反映开机后室外机运行，但不制冷。

1. 测量系统压力

上门检查，待机状态即室外机未运行时，在三通阀检修口接上压力表，如图 9-37 左图所示，查看系统静态压力约为 1MPa，说明系统内有 R22 制冷剂且比较充足。

用遥控器开机，室外风机和压缩机开始运行，如图 9-37 右图所示，查看系统压力保持不变，仍约为 1MPa 并且无抖动迹象，此时使用活扳手轻轻松开二通阀螺母，立即冒出大量的 R22 制冷剂，查看二通阀和三通阀阀芯均处于打开状态，说明制冷系统存在故障。

2. 测量压缩机电流

使用万用表交流电流档，如图 9-38 所示，钳头夹住室外机接线端子上的 2 号压缩机黑线测量电流，实测电流约为 1.8A，低于额定值 4.2A 较多，可大致说明压缩机未做功。手摸压缩机在振动，但运行声音很小。

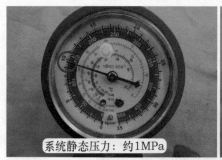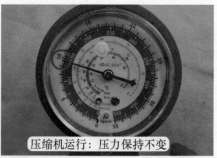

系统静态压力：约1MPa

压缩机运行：压力保持不变

图 9-37 测量系统压力

实测电流

测量压缩机电流：实测说明未做功

压缩机运行声音很小

图 9-38 测量压缩机电流和细听压缩机声音

3. 手摸压缩机吸气管和排气管

如图 9-39 所示，用手摸压缩机吸气管感觉不凉，接近常温；手摸压缩机排气管感觉不热，也接近常温。

手摸吸气管感觉不凉

手摸排气管感觉不热

图 9-39 手摸压缩机吸气管和排气管

4. 分析故障

综合检查内容：系统压力待机状态和开机状态相同，运行电流低于额定值较多，压缩机运行声音很小，手摸吸气管不凉且排气管不热，判断为压缩机窜气。

为确定故障，在二通阀和三通阀处放空制冷系统的 R22，使用焊枪取下压缩机吸气管和排气管铜管，再次上电开机，压缩机运行，手摸排气管无压力（即没有气体排出）、吸气管无吸力（即没有气体吸入），从而确定压缩机窜气损坏。

维修措施：更换压缩机。

第十章

柜式空调器常见故障

Chapter 10

第一节　单相供电柜式空调器故障

一、管温传感器阻值变大，3min 后不制冷

故障说明：美的 KFR-50LW/DY-GA（E5）柜式空调器，用户反映开机后刚开始制冷正常，但约 3min 后不再制冷，室内机吹出的是自然风。

1. 检查室外风机和测量压缩机电压

上门检查，将遥控器设定制冷模式 16℃开机，空调器开始运行，室内机出风较凉。运行 3min 左右不制冷的常见原因为室外风机不运行、冷凝器温度升高、压缩机过载保护所致。

到室外机检查，如图 10-1 左图所示，将手放在出风口部位感觉室外风机运行正常，手摸冷凝器表面温度不高，下部接近常温，排除室外机通风系统引起的故障。

使用万用表交流电压档，如图 10-1 右图所示，测量压缩机和室外风机电压，在室外机运行时均约为交流 220V，但约 3min 后电压均变为 0V，同时室外机停机，室内机吹出的是自然风，说明不制冷故障由电控系统引起。

图 10-1　感觉室外机出风口和测量压缩机电压

2. 测量传感器电路电压

检查电控系统故障时应首先检查输入部分的传感器电路，使用万用表直流电压档，如

图 10-2 左图所示，黑表笔接 7805 散热片铁壳地，红表笔接室内环温传感器 T1 的两根白线插头测量电压，公共端为 5V，分压点为 2.4V，初步判断室内环温传感器正常。

如图 10-2 右图所示，黑表笔不动依旧接地，红表笔改接室内管温传感器 T2 的两根黑线插头测量电压，公共端为 5V，分压点约为 0.4V，说明室内管温传感器电路出现故障。

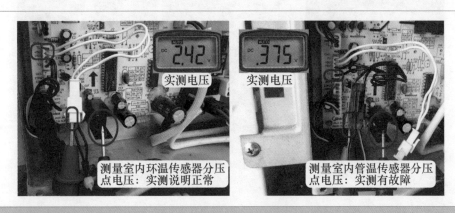

图 10-2 测量分压点电压

3. 测量传感器阻值

分压电路由传感器和主板的分压电阻组成，为判断故障部位，使用万用表电阻档，如图 10-3 所示，拔下管温传感器插头，测量室内管温传感器阻值约为 100kΩ，测量型号相同、温度接近的室内环温传感器阻值约为 8.6kΩ，说明室内管温传感器阻值变大损坏。

➡ 说明：本机室内环温、室内管温、室外管温传感器型号均为 25℃/10kΩ。

图 10-3 测量阻值

4. 安装配件传感器

由于暂时没有同型号的传感器可更换，因此使用市售的维修配件代换，如图 10-4 所示，选择 10kΩ 的铜头传感器，在安装时由于配件探头比原机传感器小，安装在蒸发器检测孔时感觉很松，即探头和管壁接触不紧固，解决方法是取下检测孔内的卡簧，并按压弯头部位使其弯曲面变大，这样配件探头可以紧贴在蒸发器检测孔。

由于配件传感器引线较短，因此还需要使用原机的传感器引线，如图 10-5 所示，方法是取下原机的传感器，将引线和配件传感器引线相连，使用防水胶布包扎接头，再将引线固定在蒸发器表面。

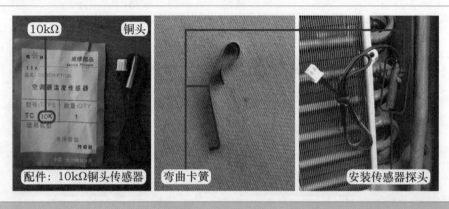

图 10-4　配件传感器和安装传感器探头

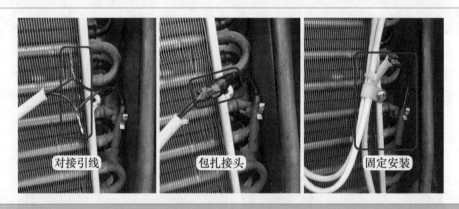

图 10-5　包扎接头和固定安装

维修措施：更换管温传感器。更换后在待机状态测量室内管温传感器分压点电压约为直流 2.2V，和室内环温传感器接近，使用遥控器开机，室外风机和压缩机一直运行，空调器也一直制冷，故障排除。

总结：

① 由于室内管温传感器阻值变大，相当于蒸发器温度很低，室内机主板 CPU 检测后进入制冷防结冰保护，因而 3min 后停止向室外风机和压缩机供电。

② 本例示例机型在维修时，如果需要检查传感器电路，可以使用本机的"试运行"功能来查看主板 CPU 检测的传感器温度值。

如图 10-6 所示，寻找一个尖状物体（例如牙签等），伸入试运行旁边的小孔中，向里按压内部按键，听到蜂鸣器响一声后，显示屏显示"T1"字符，即进入试运行功能，按压温度调整上键或下键可以循环转换显示 T1、T2、T3、故障代码等。

T1 为室内环温传感器检测的室内房间温度，T2 为室内管温传感器检测的蒸发器温度，T3 为室外管温传感器检测的冷凝器温度。空调器运行在制冷模式时，如图 10-7 所示，查看 T1 为 26℃、T2 为 7℃、T3 为 45℃。

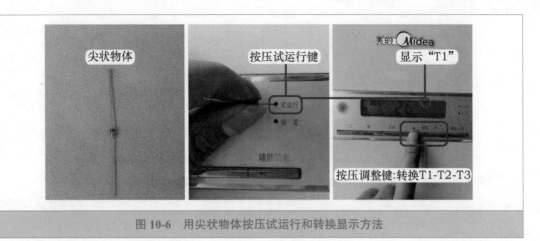

图 10-6 用尖状物体按压试运行和转换显示方法

利用"试运行"功能判断传感器是否损坏时，可在待机状态查看 3 个温度值，T1 和 T2 温度接近，为室内房间温度，T3 为室外温度；如果温度相差较大，则对应的传感器电路出现故障。例如检修本例故障，待机状态时查看 T1 为 25℃、T2 为 -14℃、T3 为 32℃，根据结果可知 T2 室内管温传感器电路出现故障。

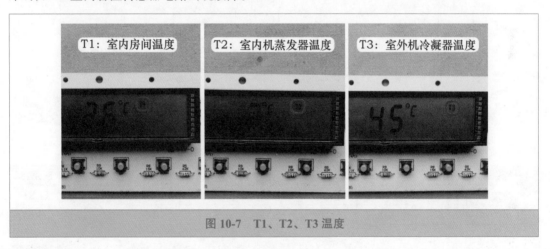

图 10-7 T1、T2、T3 温度

二、 按键内阻增大，操作功能错乱

故障说明：美的 KFR-50LW/DY-GA（E5）柜式空调器，用户反映遥控器控制正常，但按键不灵敏，有时候不起作用需要使劲按压，有时候按压时功能控制错乱，如图 10-8 所示，比如按压模式按键时，显示屏左右摆风图标开始闪动，实际上是辅助功能按键在起作用；比如按压风速按键时，显示屏显示锁定图标，再按压其他按键均不起作用，实际上是锁定按键在起作用。

1. 工作原理

功能按键设有 8 个，而 CPU 只有 ㉖ 脚 1 个引脚检测按键，基本工作原理为分压电路，电路原理图如图 10-9 所示，本机上分压电阻为 R38，按键和串联电阻为下分压电阻，CPU（26）脚根据电压值判断按下按键的功能，从而对整机进行控制，按键状态与 CPU 引脚电压的对应关系见表 10-1。

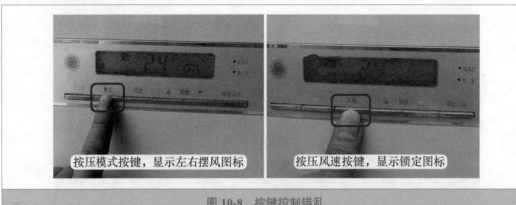

按压模式按键，显示左右摆风图标　　按压风速按键，显示锁定图标

图 10-8　按键控制错乱

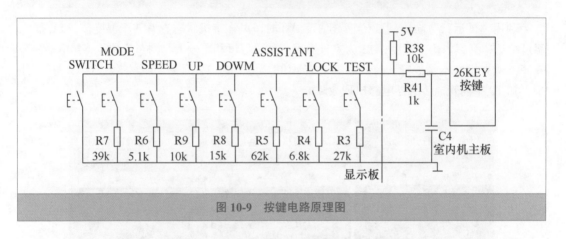

图 10-9　按键电路原理图

表 10-1　按键状态与 CPU 引脚电压的对应关系

名称	开/关	模式	风速	上调	下调	辅助功能	锁定	试运行
英文	SWITCH	MODE	SPEED	UP	DOWN	ASSISTANT	LOCK	TEST
CPU 电压 /V	0	3.96	1.7	2.5	3	4.3	2	3.6

比如㉖脚电压为 2.5V 时，CPU 通过计算，得出温度"上调"键被按压一次，控制显示屏的设定温度上升 1℃，同时与室内环温传感器温度相比较，控制室外机负载的工作与停止。

2. 测量 KEY 电压和按键阻值

使用万用表直流电压档，如图 10-10 左图所示，黑表笔接 7805 散热片铁壳地，红表笔接主板上显示板插座中 KEY（按键）对应的白线测量电压，在未按压按键时约为 5V，按压风速按键时电压在 1.7 ~ 2.2V 上下跳动变化，同时显示屏显示锁定图标，说明 CPU 根据电压判断为锁定按键被按下，确定按键电路出现故障。

按键电路常见的故障为按键损坏，断开空调器电源，使用万用表电阻档，如图 10-10 右图所示，测量按键阻值，在未按压按键时，阻值为无穷大，而在按压按键时，正常阻值为 0Ω，而实测阻值在 100 ~ 600kΩ 上下变化，且使劲按压按键时阻值会明显下降，说明按键内部触点有锈斑，当按压按键时触点不能正常导通，锈斑产生的阻值和下分压电阻串联，与上分压电阻 R38 进行分压，由于阻值增加，分压点电压上升，CPU 根据电压判断为其他按键被按下，因此按键控制功能错乱。

图 10-10 测量按键电压和阻值

维修措施：按键内阻变大一般由湿度大引起，而按键电路的 8 个按键处于相同环境下，因此应将按键全部取下，如图 10-11 所示，更换 8 个相同型号的按键。

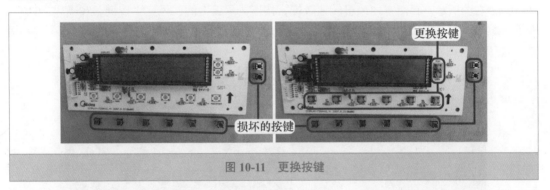

图 10-11 更换按键

更换后使用万用表电阻档测量按键阻值，如图 10-12 左图所示，未按压按键时阻值为无穷大，轻轻按压按键时阻值由无穷大变为 0Ω。

再将空调器通上电源，使用万用表直流电压档，如图 10-12 右图所示，测量主板去显示板插座 KEY 按键白线电压，未按压按键时为 5V，按压风速按键时电压稳about约为 1.7V，不再上下跳动变化，蜂鸣器响一声后，显示屏风速图标变化，同时室内风机转速也随之变化，说明按键控制正常，故障排除。

图 10-12 测量按键阻值和电压

三、 室内风机电容容量变小，格力空调器防冻结保护

故障说明：格力 KFR-70LW/E1 柜式空调器，使用了约 8 年，现用户反映制冷效果差，运行一段时间以后显示"E2"代码，查看代码含义为蒸发器防冻结保护。

1. 查看三通阀

上门检查，空调器正在使用。到室外机检查，如图 10-13 左图所示，三通阀严重结霜；取下室外机外壳，发现三通阀至压缩机吸气管全部结霜（包括储液瓶），判断蒸发器温度过低，应到室内机检查。

2. 查看室内风机运行状态

到室内机检查，将手放在出风口，感觉出风温度很低，但风量很小，且吹不远，只在出风口附近能感觉到有风吹出。取下室内机进风格栅，观察过滤网干净，无脏堵现象，用户介绍，过滤网每年清洗，排除过滤网脏堵故障。

室内机出风量小在过滤网干净的前提下，通常为室内风机转速慢或蒸发器背部脏堵，如图 10-13 右图所示，目测室内风机转速较慢，按压显示板上的"风速"按键，在高风 - 中风 - 低风间转换时，室内风机转速变化也不明显（应仔细观察由低风转为高风的瞬间转速），判断故障为室内风机转速慢。

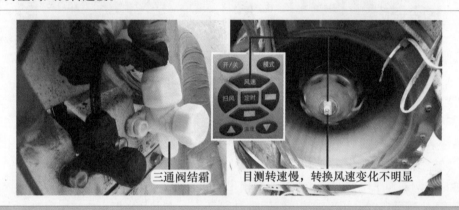

图 10-13　三通阀结霜和查看室内风机运行状态

3. 测量室内风机公共端红线电流

室内风机转速慢的常见原因有电容容量变小或线圈短路，为区分故障，使用万用表交流电流档，如图 10-14 所示，钳头夹住室内风机红线 N 端（即公共端）测量电流，实测低风档约为 0.5A、中风档约为 0.53A、高风档约为 0.57A，接近正常电流值，排除线圈短路故障。

注：室内风机型号为 LN40D（YDK40-6D），功率为 40W、电流为 0.65A、6 极电机、配用 4.5μF 电容。

4. 代换室内风机电容和测量容量

室内风机转速慢，而运行电流接近正常值时，通常为电容容量变小损坏，本机使用 4.5μF 电容，如图 10-15 左图所示，使用一个相同容量的电容代换，代换后上电开机，目测室内风机的转速明显变快，用手在出风口感觉风量很大，吹风距离也增加很多，长时间开机运行不再显示"E2"代码，手摸室外机三通阀感觉温度较低，但不再结霜改为结露，确定室内风机电容损坏。

如图 10-15 右图所示，使用万用表电容档测量拆下来的电容，标注容量为 4.5μF，而实测容量约为 0.6μF，说明容量变小。

图 10-14　测量室内风机电流

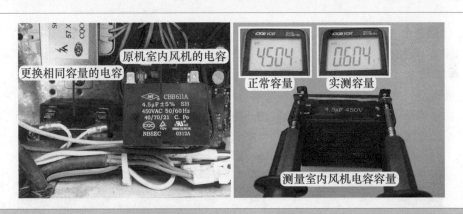

图 10-15　更换风机电容和测量电容容量

维修措施：更换室内风机电容。

总结：

室内风机电容容量变小，室内风机转速变慢，出风量变小，蒸发器表面冷量不能及时吹出，蒸发器温度越来越低，引起室外机三通阀和储液瓶结霜，显示板 CPU 检测到蒸发器温度过低，停机并报出 "E2" 代码，以防止压缩机液击损坏。

四、　风机电容代换方法

故障说明：海尔 KFR-120LW/L（新外观）柜式空调器，用户反映制冷效果差。

1. 查看风机电容

上门检查，用户正在使用空调器，室外机三通阀处结霜较为严重，测量系统运行压力约为 0.4MPa，到室内机查看，室内机出风口为喷雾状，用手感觉出风很凉，但风量较弱；取下室内机进风格栅，查看过滤网干净。

检查室内风机转速时，目测风速较慢，使用遥控器转换风速时，室内风机驱动室内风扇

（离心风扇）转换不明显，同时在出风口感觉风量变化不大，说明室内风机转速慢；使用万用表电流档测量室内风机电流约为1A，排除线圈短路故障，初步判断风机电容容量变小，如图10-16所示，查看本机使用的电容容量为8μF。

图 10-16　原机电容

2. 使用 2 个 4μF 电容代换

由于暂时没有同型号的电容更换试机，决定使用两个4μF电容代换，断开空调器电源，如图10-17所示，取下原机电容后，将配件电容一个使用螺钉固定在原机电容位置（实际安装在下面）、另一个固定在变压器下端的螺钉孔（实际安装在上面），将室内风机电容插头插在上面的电容端子，再将两根引线分别剥开绝缘层并露出铜线，使用烙铁焊在下面电容的两个端子，即将两个电容并联使用。

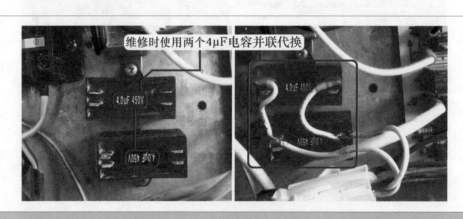

图 10-17　代换电容

焊接完成后上电试机，室内风机转速明显变快，在出风口感觉风量较大，并且吹风距离较远，说明原机电容容量减小损坏，引起室内风机转速变慢故障。

维修措施：使用两个4μF电容并联代换一个原机8μF电容。

五、　交流接触器触点炭化，空调器不制冷

故障说明：格力 KFR-72LW/（72566）Aa-3 悦风系列柜式空调器，用户反映刚购机约 1 年，

现在开机后不制冷，室内机吹出的是自然风。

1. 测量压缩机电流和主板电压

上门检查，重新上电开机，在室内机出风口感觉为自然风。取下室内机电控盒盖板，使用万用表交流电流档，如图10-18左图所示，钳头夹住穿入电流互感器的压缩机棕线，实测电流约为0A，说明压缩机未运行。

将万用表档位改为交流电压档，如图10-18右图所示，黑表笔接室内机主板N端子，红表笔接压缩机COMP端子黑线，实测电压约为交流220V，说明室内机主板已输出供电，故障在室外机。

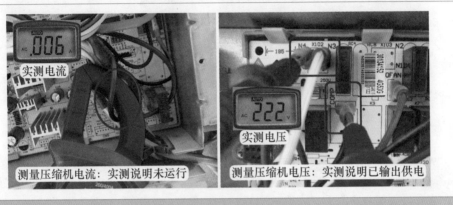

图10-18 测量压缩机电流和端子电压

2. 测量交流接触器输出端和输入端电压

到室外机检查，发现室外风机运行，但听不到压缩机运行的声音。使用万用表交流电压档，如图10-19左图所示，黑表笔接交流接触器线圈的N端（蓝线），红表笔接交流接触器输出端的压缩机公共端红线测量电压，实测为交流0V，说明交流接触器触点未导通。

如图10-19右图所示，接N端的黑表笔不动，红表笔接交流接触器输入端的供电棕线，实测电压约为交流220V，说明室外机接线端子上的供电电压正常。

图10-19 测量交流接触器输出端和输入端电压

3. 测量交流接触器线圈电压和阻值

如图 10-20 左图所示，接 N 端的黑表笔不动，红表笔接交流接触器线圈的另一端子压缩机黑线，测量线圈电压，实测约为交流 220V，说明室内机主板输出的电压已送至交流接触器线圈，故障为交流接触器损坏。

断开空调器电源，如图 10-20 右图所示，拔下交流接触器线圈的一个端子引线，使用万用表电阻档测量线圈阻值，实测阻值约为 1.1kΩ，说明线圈阻值正常，故障为触点损坏。

图 10-20　测量交流接触器线圈电压和阻值

4. 查看交流接触器触点

从室外机上取下交流接触器，再取下交流接触器顶盖后，如图 10-21 左图和中图所示，查看动触点整体发黑，取下两个静触点和一个动触点，发现触点均已经炭化，在交流接触器线圈供电后，动触点与静触点接触后阻值依然为无穷大，交流 220V 电压 L 端棕线不能送至压缩机公共端红线，造成压缩机不运行、空调器不制冷的故障。

正常的动触点和静触点如图 10-21 右图所示。

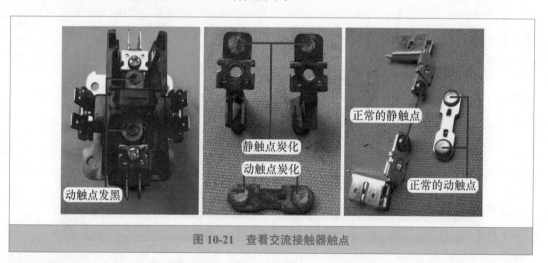

图 10-21　查看交流接触器触点

维修措施：如图 10-22 左图所示，更换同型号的交流接触器，更换后上电开机，压缩机和室外风机均开始运行，空调器开始制冷，故障排除。

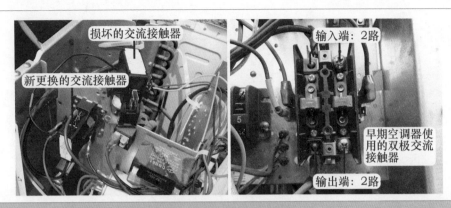

图 10-22 更换交流接触器

总结：

本例空调器使用在一个公共场所，开机时间较长，而交流接触器触点又为单极（1 路）设计，触点通过的电流较大，时间长了以后因发热而引起炭化，触点不能导通，出现本例故障。而早期空调器使用双极（触点 2 路并联）形式的交流接触器，如图 10-22 右图所示，则相同故障的概率比较小。

第二节　三相供电柜式空调器故障

一、　显示板损坏，空调器不制冷

故障说明：格力 KFR-120LW/E（1253L）V-SN5 柜式空调器，用户反映开机后不制冷，室内机吹出的是自然风。

1. 查看和测量压缩机电压

上门检查，重新上电开机，室内机吹出的是自然风。到室外机检查，发现室外风机运行，但听不到压缩机运行的声音，手摸室外机二通阀和三通阀均为常温，判断压缩机未运行。

取下室外机前盖，如图 10-23 左图所示，查看交流接触器的强制按钮未吸合，说明线圈控制电路有故障。

使用万用表交流电压档，如图 10-23 右图所示，黑表笔接室外机接线端子上的零线 N 端，红表笔接方形对接插头中的压缩机黑线测量电压，实测约为交流 0V，说明室外机正常，故障在室内机。

2. 测量室内机主板压缩机端子和引线电压

到室内机检查，使用万用表交流电压档，如图 10-24 左图所示，黑表笔接室内机主板零线 N 端子，红表笔接 COMP 端子压缩机黑线，正常电压为交流 220V，而实测约为 0V，说明室内机主板未输出电压，故障在室内机主板或显示板。

为区分故障，使用万用表直流电压档，如图 10-24 右图所示，黑表笔接室内机主板和显示板连接线插座的 GND 引线，红表笔接 COMP 引线，实测电压为直流 0V，说明显示板未输出高电平电压，判断为显示板损坏。

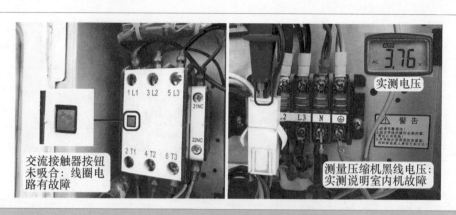

图 10-23　查看交流接触器和测量压缩机电压

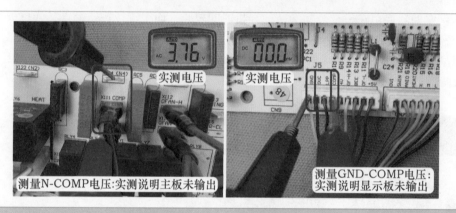

图 10-24　测量压缩机电压

维修措施：更换显示板。更换后上电试机，按压"开 / 关"按键，室内机和室外机均开始运行，制冷恢复正常，故障排除。

总结：

在室内机主板上，压缩机、四通阀线圈、室外风机、同步电机、室内风机继电器驱动的单元电路工作原理完全相同，均为显示板 CPU 输出高电平经连接线送至室内机主板，经限流电阻限流，送至 2003 反相驱动器的输入端，经 2003 反相放大后在输出端输出，驱动继电器触点闭合，继电器相对应的负载开始工作，工作原理可参见压缩机继电器驱动电路，本处需要说明的是，当负载不能工作时，根据测量的电压部位，区分出是室内机主板故障还是显示板故障。

（1）四通阀线圈无供电

四通阀线圈、同步电机、室内风机的高风 - 中风 - 低风均为一个继电器驱动一个负载，检修原理相同，以四通阀线圈为例。

假如四通阀线圈无供电，如图 10-25 左图所示，首先使用万用表交流电压档，一表笔接室内机主板 N 端，一表笔接 4V 端子紫线测量电压，如果实测为交流 220V，则说明室内机主板和显示板均正常，故障在室外机；如果实测为交流 0V，则说明故障在室内机，可能为室内机主板或者是显示板故障。

　　为区分是室内机主板还是显示板故障时，如图 10-25 右图所示，应使用直流电压档，黑表笔接连接插座中的 GND 引线，红表笔接 4V 引线，如果实测为直流 5V，说明显示板正常，应更换室内机主板；如果为直流 0V，说明是显示板故障，应更换显示板。

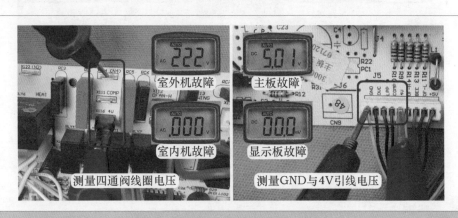

图 10-25　测量四通阀线圈电压

　　（2）室外风机不运行故障

　　室外风机的继电器驱动电路工作原理和压缩机继电器驱动电路相同，但在输出方式上有细微差别。室内机主板上设有室外风机高风和低风共两个输出端子，而实际上室外风机只有一个转速，如图 10-26 左图所示，室内机主板上高风和低风输出端子使用一根引线直接相连，这样，无论室内机主板是输出高风电压还是低风电压，室外风机均能运行。

　　当室外风机不运行时，使用万用表交流电压档，如图 10-26 右图所示，一表笔接主板的 N 端，一表笔接 OFAN-H 高风端子橙线，如果实测电压为交流 220V，说明室内机主板已输出电压，故障在室外机；如果实测电压为交流 0V，说明故障在室内机，可能为室内机主板或显示板损坏。

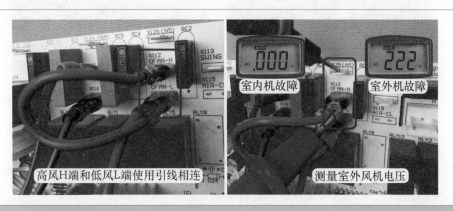

图 10-26　测量室外风机端子交流电压

　　为区分故障是在室内机主板还是显示板时，如图 10-27 所示，应使用万用表直流电压档，黑表笔接连接插座中的 GND 引线，红表笔分两次测量 OF-H、OF-L 引线电压。如果实测时两次测量有一次为直流 5V，说明显示板正常，故障在室内机主板；如果实测时两次测量均为直流 0V，说明显示板未输出高电平，故障在显示板。

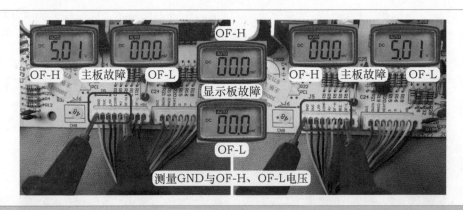

图 10-27　测量室外风机引线直流电压

二、　三相供电相序错误，空调器不制冷

故障说明：格力 KFR-120LW/E（12568L）A1-N2 柜式空调器，用户反映头一年制热正常，但等到第二年入夏使用制冷模式时，发现不制冷，室内机吹出的是自然风。

1. 按压交流接触器强制按钮

首先到室外机检查，发现室外风机运行，但压缩机不运行，如图 10-28 左图所示，查看交流接触器的强制按钮，发现触点未闭合。

使用万用表交流电压档，如图 10-28 右图所示，测量交流接触器线圈端子电压，正常电压为交流 220V，实测电压为 0V，说明交流接触器线圈的控制电路有故障。

图 10-28　交流接触器触点未闭合和测量线圈电压

2. 测量黑线电压和按压交流接触器强制按钮

依旧使用万用表交流电压档，如图 10-29 左图所示，一表笔接室外机接线端子 N 端，一表笔接方形对接插头中的黑线即压缩机引线，实测电压为交流 220V，说明室内机主板已输出电压，故障在室外机。

由于交流接触器线圈 N 端中串接有相序保护器，当相序错误或断相时其触点断开，也会引起此类故障。使用万用表交流电压档，测量三相供电 L1-L2、L1-L3、L2-L3 电压均为交流

380V，三相供电与 N 端即 L1-N、L2-N、L3-N 电压均为交流 220V，说明三相供电正常。

如图 10-29 右图所示，使用螺钉旋具头按住强制按钮，强行接通交流接触器的三路触点，此时压缩机运行，但声音沉闷，手摸吸气管和排气管均为常温，说明三相供电相序错误。

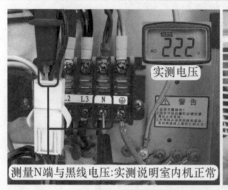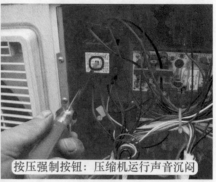

图 10-29　测量黑线电压和按压交流接触器强制按钮

3. 区分电源供电引线

如图 10-30 左图所示，室外机接线端子上共有两束相同的 5 芯电源引线，一束为电源供电引线，接供电处的断路器；一束为室内机供电，接室内机。

两束引线作用不同，如果调整引线时调反，即对调的引线为室内机供电，开机后故障依旧，因此应首先区别出两束引线的功能。方法是断开空调器电源，如图 10-30 中图和右图所示，依次取下左侧接线端子上的 L1 引线和右侧接线端子的 L1 引线。

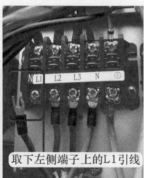

图 10-30　区分电源供电引线

使用万用表电阻档，如图 10-31 所示，一表笔接 N 端，另一表笔依次接两个 L1 引线测量阻值，因电源供电引线接断路器，而室内机供电引线中的 L1 端和 N 端并联有变压器一次绕组，因此测量阻值为无穷大的一束引线为电源供电，调整相序时即对调这束引线；测量阻值约 80Ω 的一束引线接室内机。根据测量结果可判断为右侧接线端子的引线为电源供电。

维修措施：调整相序。方法是任意对调三相供电引线中的两根引线位置，如图 10-32 所示，本例对调 L1 和 L2 端子引线位置。

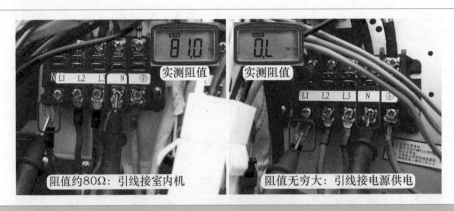

图 10-31　测量电源引线阻值

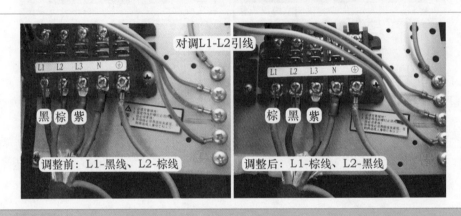

图 10-32　对调电源引线

总结：

因电源供电相序错误需要调整，常见于刚安装的空调器、长时间不用在此期间供电部门调整过电源引线（电线杆处）、房间因装修调整过电源引线（断路器处）。

三、　相序保护器损坏，空调器不制冷

故障说明：格力 KFR-120LW/E（1253L）V-SN5 柜式空调器，用户反映不制冷，室内机吹出的是自然风。

1. 测量交流接触器线圈电压

到室外机查看，发现室外风机运行但压缩机不运行，查看交流接触器的强制按钮未闭合，说明交流接触器触点未导通，压缩机因无供电而不能运行。

使用万用表交流电压档，如图 10-33 左图所示，黑表笔接相序保护器输出侧的蓝线（N 端），红表笔接方形对接插头中的压缩机黑线，实测电压约为交流 220V，说明室内机输出正常，故障在室外机。

如图 10-33 右图所示，红表笔接压缩机黑线不动，黑表笔接相序保护器输出侧的白线，相当于测量交流接触器线圈电压，实测约为交流 0V，说明相序保护器输出侧触点未导通。

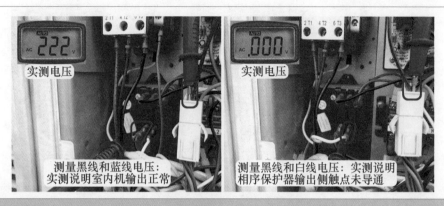

图 10-33 测量交流接触器线圈电压

2. 测量三相接线端子电压和按压交流接触器强制按钮

相序保护器输出侧触点未导通常见有 3 个原因：三相供电断相、相序错、相序保护器自身损坏。

使用万用表交流电压档，如图 10-34 左图所示，测量三相供电 L1-L2、L1-L3、L2-L3 电压均为交流 380V，三相供电与 N 端（即 L1-N、L2-N、L3-N）的电压均为交流 220V，说明三相供电电压正常。

如图 10-34 右图所示，使用螺钉旋具头按压交流接触器强制按钮，细听压缩机运行声音正常，手摸压缩机排气管感觉烫手、吸气管冰凉，判断压缩机及三相供电相序正常，故障为相序保护器损坏。

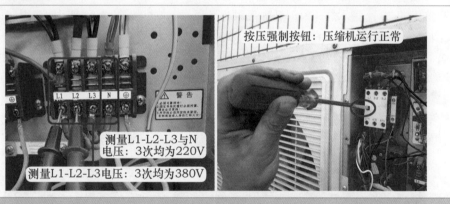

图 10-34 测量三相接线端子电压和按压交流接触器强制按钮

3. 短接相序保护器

为准确判断，断开空调器电源，如图 10-35 左图所示，将相序保护器输出侧中的白线直接插在接线端子上的 N 端，即短接相序保护器，再次上电试机，压缩机运行，空调器制冷正常，确定故障为相序保护器损坏。

维修措施：如图 10-35 右图所示，更换相序保护器。

总结：

① 交流接触器线圈无供电，如因相序保护器输出侧触点未导通引起，在确认三相供电电压正常且三相相序符合压缩机运行相序时，才能确定相序保护器损坏。

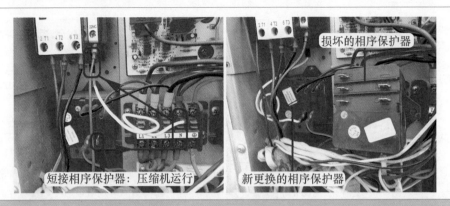

图 10-35　短接和更换相序保护器

② 使用短接法短接相序保护器时，虽然空调器能正常运行，但由于缺少相序保护，不能长期使用，应尽快更换。否则在使用过程中，因某种原因导致三相供电相序不符合压缩机相序，压缩机将反转运行，并导致很快损坏，造成更大的故障。

四、　室外机主板损坏，美的空调器室外机故障

故障说明：美的 KFR-120LW/K2SDY 柜式空调器，用户反映上电后室内机的 3 个指示灯同时闪，不能使用遥控器或显示板上的按键开机。

1. 测量室外机保护电压

上门检查，将空调器接通电源，显示板上的 3 个指示灯开始同时闪烁，使用遥控器和按键均不能开机，3 个指示灯同时闪烁的代码含义为"室外机故障"，经询问用户得知最近没有装修过即没有更改过电源相序。

取下室内机进风格栅和电控盒盖板，使用万用表交流电压档，如图 10-36 左图所示，红表笔接接线端子上的 A 端相线，黑表笔接对接插头中的室外机保护黄线测量电压，正常应为交流 220V，实测约为 0V，说明故障在室外机或室内外机连接线。

到室外机检查，依旧使用万用表交流电压档，如图 10-36 右图所示，红表笔接接线端子上的 A 端相线，黑表笔接对接插头中的黄线测量电压，实测约为 0V，说明故障在室外机，排除室内外机连接线故障。

图 10-36　测量保护黄线电压

2. 测量室外机主板电压和按压交流接触器按钮

如图 10-37 左图所示，接接线端子相线的红表笔不动，黑表笔改接室外机主板上的黄线测量电压，实测约为 0V，说明故障在室外机主板。

判断室外机主板损坏前应测量其输入部分是否正常，即电源电压、电源相序、供电直流5V 等是否正常。判断电源电压和电源相序简单的方法是按压交流接触器强制按钮，强制使触点闭合为压缩机供电，再聆听压缩机声音：无声音检查电源电压、声音沉闷检查电源相序、声音正常说明供电正常。

如图 10-37 中图和右图所示，本例按压交流接触器强制按钮时压缩机运行声音清脆，手摸排气管感觉迅速变热、吸气管迅速变凉，说明压缩机运行正常，排除电源供电故障。

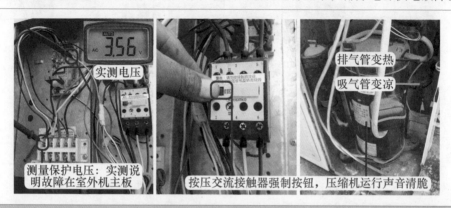

图 10-37　测量主板保护黄线电压和按压交流接触器强制按钮

3. 测量 5V 电压和短接输入输出引线

使用万用表直流电压档，如图 10-38 左图所示，黑表笔接插头中的黑线，红表笔接白线测量电压，实测约为直流 5V，说明室内机主板输出的 5V 电压已供至室外机主板，查看室外机主板上的指示灯也已点亮，说明 CPU 已工作，故障为室外机主板损坏。

为判断空调器是否还有其他故障，断开空调器电源，如图 10-38 右图所示，拔下室外机主板上的输入黑线和输出黄线插头，并将两个插头直接连在一起，再次将空调器接通电源，室内机的 3 个指示灯不再同时闪烁，为正常的熄灭，处于待机状态，使用遥控器开机，室内风机和室外机均开始运行，同时开始制冷，说明空调器只有室外机主板损坏。

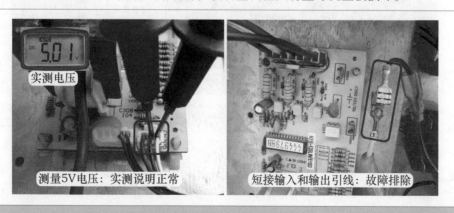

图 10-38　测量 5V 电压和短接室外机主板

维修措施：如图 10-39 所示，由于暂时没有相同型号的新主板更换，使用型号相同的配件代换，上电试机空调器制冷正常。使用万用表交流电压档测量室外机接线端子的相线 A 和对接插头黄线电压，实测约为交流 220V，说明故障已排除。

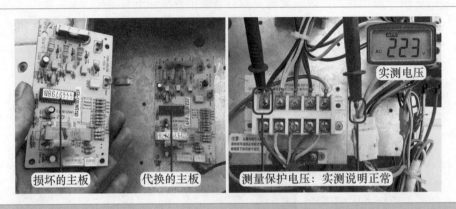

图 10-39　代换主板和测量电压

五、　美的空调器相序板损坏，代换相序板

故障说明：检修美的 KFR-120LW/K2SDY 柜式空调器时发现室外机主板损坏，但暂时没有配件更换，可使用通用相序保护器进行代换，代换步骤如下。

1. 固定接线底座

取下室外机前盖，如图 10-40 所示，由于通用相序保护器体积较大且较高，应在室外机电控盒内寻找合适的位置，使安装室外机前盖时不会影响保护器，找到位置后使用螺钉将接线底座固定在电控盒铁皮上面。

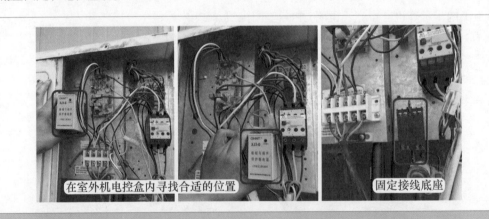

图 10-40　寻找位置和固定接线底座

2. 安装输入侧引线

拔下室外机主板（相序板）相序检测插头，其共有 4 根引线即 3 根相线和 1 根 N 零线，由于通用相序保护器只检测三相相线且使用螺钉固定，则可取下 N 端黑线和插头，并将 3 根相线剥开适当长度的绝缘层。

如图 10-41 所示，将室外机接线端子上的 A 端红线接在底座 1 号端子，将 B 端白线接在底座 2 号端子，将 C 端蓝线接在底座 3 号端子，完成安装输入侧的引线。

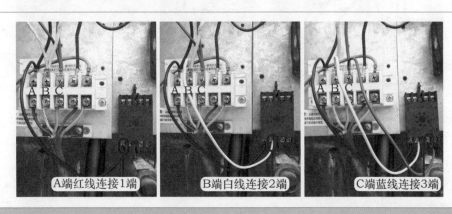

A端红线连接1端　　　B端白线连接2端　　　C端蓝线连接3端

图 10-41　安装输入侧引线

3. 安装输出侧引线

查看为压缩机供电的交流接触器线圈端子，如图 10-42 左图所示，一端子接 N 端零线，另一端子接对接插头上的红线，受室内机主板控制，由于原机设有室外机主板，当检测到相序错误或断相等故障时，其输出信号至室内机主板，室内机主板 CPU 检测后立即停止向压缩机和室外风机供电，并显示故障代码进行保护。

取下室外机主板后对应的相序检测或断相等功能改由通用相序保护器完成，但其不能直接输出至室内机，如图 10-42 中图和右图所示，因此应剪断对接插头中的红线，使交流接触器线圈的供电串接在输出侧继电器触点回路中，并将线圈的红线接至输出侧 6 号端子。

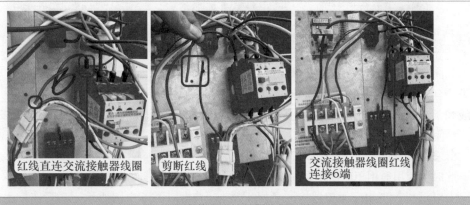

红线直连交流接触器线圈　　　剪断红线　　　交流接触器线圈红线连接6端

图 10-42　安装交流接触器线圈红线

如图 10-43 所示，再将对接插头中的红线接在输出侧的 5 号端子，这样输出侧和输入侧的引线就全部安装完成，接线底座上共有 5 根引线，即 1、2、3 号端子为相序检测输入，5、6 号端子为继电器常开触点输出，其 4、7、8 号端子空闲不用，再将控制盒安装在接线底座并锁紧。

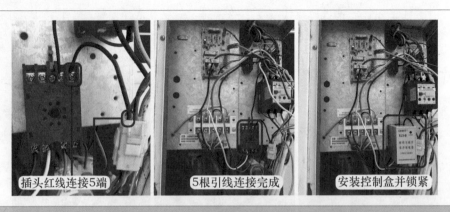

| 插头红线连接5端 | 5根引线连接完成 | 安装控制盒并锁紧 |

图 10-43　安装对接插头中的红线

4. 更改主板引线

如图 10-44 所示，取下室外机主板，并将其输出侧的保护黄线插头插在室外机电控盒中的 N 零线端子上，相当于短接室外机主板功能。

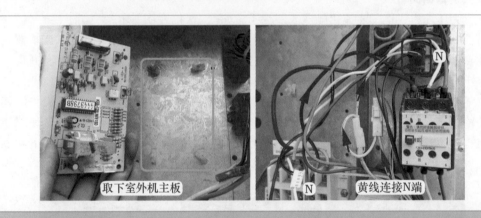

| 取下室外机主板 | 黄线连接N端 |

图 10-44　取下原主板和更改主板引线

如图 10-45 所示，找到室外机主板的 5V 供电插头和室外管温传感器插头，查看 5V 供电插头共有 3 根引线：白线为 5V，黑线为地线，红线为传感器，传感器插头共有两根引线（即红线和黑线），将 5V 供电插头和传感器插头中的红线、黑线剥开绝缘层，引线并联接在一起，再使用绝缘胶布包裹好。

5. 安装完成

此时，使用通用相序保护器代换相序板的工作就全部完成，如图 10-46 左图所示。

上电试机，当相序保护器检测相序正常时，如图 10-46 中图所示，其工作指示灯点亮，表示输出侧 5、6 号端子接通，遥控器开机，室内机主板输出压缩机和室外风机供电电压时，交流接触器触点闭合，压缩机应能运行，同时室外风机也能运行。

如果上电后相序保护器上的工作指示灯不亮，如图 10-46 右图所示，表示检测相序错误，输出侧 5、6 号端子断开，此时即使室内机主板输出压缩机和室外风机工作电压，也只有室外风机运行，压缩机因交流接触器线圈无供电、触点断开而不能运行。排除故障时只要断开空调器电源，对调相序保护器接线底座上的 1、2 端子引线即可。

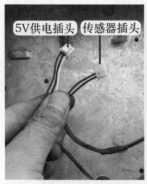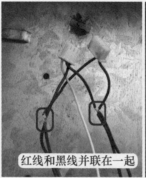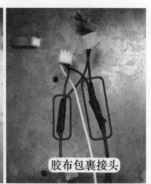

图 10-45　短接传感器引线

图 10-46　代换完成

第一节　通信故障

一、　连接线接错，海信空调器通信故障

故障说明：海信 KFR-26GW/11BP 挂式交流变频空调器，移机安装后开机，室内机主板向室外机供电，但室外机不运行，同时空调器不制冷。按压遥控器上的"传感器切换"键两次，显示板组件上"运行（蓝）- 电源"指示灯点亮，查看代码含义为通信故障。

1. 测量接室内机线端子电压

将空调器接通电源但不开机（即处于待机状态），使用万用表直流电压档，如图 11-1 左图所示，黑表笔接室内机接线端子上的 2 号 N 端，红表笔接 4 号 S 端测量通信电压，实测为直流 24V，说明室内机主板通信电压产生电路正常。

使用遥控器开机，室内机主控继电器触点闭合，为室外机供电，如图 11-1 右图所示，通信电压由直流 24V 上升至 30V 左右，而不是正常的 0 ~ 24V 跳动变化的电压，说明通信电路出现故障。使用万用表交流电压档，测量 1 号 L 端和 2 号 N 端电压为交流 220V。

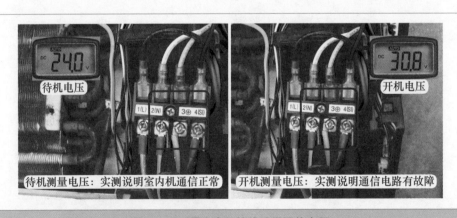

图 11-1　测量室内机接线端子通信电压

2. 测量室外机接线端子电压

使用万用表交流电压档，黑表笔接室外机接线端子的 1 号 L 端，红表笔接 2 号 N 端测量电压，实测为交流 220V，说明室内机主板输出的交流供电已送至室外机。

使用万用表直流电压档，如图 11-2 左图所示，黑表笔接 2 号 N 端，红表笔接 4 号 S 端，测量通信电压约为直流 0V，说明通信信号未传送至室外机通信电路。由于室内机接线端子 2 号 N 端和 4 号 S 端有通信电压 24V，而室外机通信电压为 0V，说明通信信号出现断路。

如图 11-2 右图所示，红表笔接 4 号 S 端子不动，黑表笔接 1 号 L 端测量电压，正常应接近 0V，而实测约为直流 30V，和室内机接线端子中的 2 号 N 端 -4 号 S 端电压相同，由于是移机的空调器，应检查室内外机连接线是否对应。

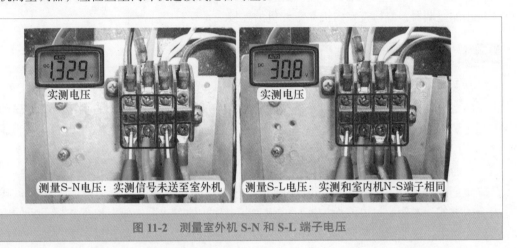

图 11-2 测量室外机 S-N 和 S-L 端子电压

3. 查看室内机和室外机接线端子引线颜色

断开空调器电源，此机原配引线够长，中间未加长引线，仔细查看室内机和室外机接线端子上的引线颜色，如图 11-3 所示，发现为 1 号 L 端和 2 号 N 端的引线接反。

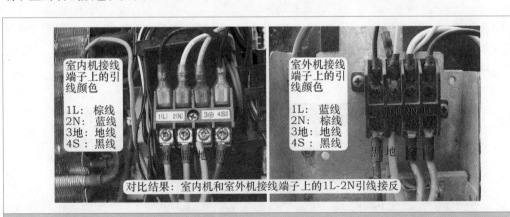

图 11-3 查看室内机和室外机接线端子上的引线颜色

维修措施：对调室外机接线端子上的 1 号 L 端和 2 号 N 端引线位置，使室外机与室内机引线相对应，再次上电开机，室外机运行，空调器开始制冷，测量 2 号 N 端和 4 号 S 端的通信电压在直流 0~24V 间跳动变化。

总结:

① 根据图 11-12 所示的通信电路原理图,通信电压直流 24V 正极由电源 L 线降压、整流,与电源 N 线构成回路,因此 2 号 N 线具有双重作用,即和 1 号 L 线组合为交流 220V 为室外机供电,又和 4 号 S 线组合为室内机和室外机的通信电路提供回路。

② 本例 1 号 L 线和 2 号 N 线接反后,由于交流 220V 无极性之分,因此室外机的直流 300V、5V 电压均正常,但室外机通信电路的公共端为电源 L 线,与 4 号 S 线不能构成回路,通信电路中断,造成室外机不运行,室内机 CPU 因接收不到通信信号,约 2min 后停止向室外机供电,并报故障代码为"通信故障"。

③ 遇到开机后室外机不运行、报故障代码为"通信故障"时,如果为新装机或刚移机未使用的空调器,应检查室内机和室外机的连接线是否对应。

二、连接线短路,格力空调器通信故障

故障说明:格力 KFR-32GW/(32582)FNCa-A3 挂式直流变频空调器(U 雅 - Ⅱ),用户反映最近一段时间不制冷,显示屏显示"E6"代码,室内机只吹出自然风,有时候即使使用遥控器关机后,断路器(俗称空气开关)仍不定时跳闸保护。查看"E6"代码含义为通信故障。

1. 断路器跳闸和测量通信电压

上门检查,用户介绍断路器刚跳闸,如图 11-4 左图所示,检查为总开关断开,其使用组合的方式,左侧为过电流保护器,右侧为漏电保护器。查看右侧漏电保护器下方的方形按钮已经弹出,说明跳闸断开为漏电故障。按下方形按钮,再推上断路器,室内机蜂鸣器响一声,说明空调器已经得到供电。

使用遥控器开机,室内风机运行但不制冷,约 1min 后显示屏显示"E6"代码。到室外机检查,使用万用表交流电压档,测量接线端子上 1 号零线 N 蓝线和 3 号相线 L 棕线间电压为 220V,说明室内机主板已输出供电至室外机。

再使用万用表直流电压档,如图 11-4 右图所示,黑表笔接 1 号零线 N,红表笔接 2 号通信黑线测量电压,实测为 0.2(205mV)~ 13V 跳动变化,正常为 0 ~ 40V 跳动变化,也说明通信电路出现故障。

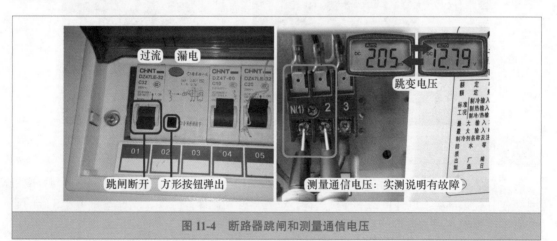

图 11-4 断路器跳闸和测量通信电压

2. 主板指示灯和测量黑线电压

取下室外机上盖，查看室外机主板上的指示灯，如图 11-5 左图所示，绿灯 D2 一直点亮，红灯 D1 和黄灯 D3 一直熄灭，正常时绿灯持续闪烁，红灯和黄灯也以闪烁的次数表示出相应的含义，判断通信电路出现故障，室外机 CPU 接收不到室内机 CPU 发送的信号。

本机通信电路专用电源直流 56V 由室外机提供，而实测通信电压最高为 13V，为判断故障在室外机还是在室内机，断开空调器电源，如图 11-5 右图所示，取下接线端子 2 号上方的黑线，使用万用表直流电压档，黑表笔接 1 号零线 N，红表笔接室外机主板的黑线插头，再次上电开机，测量电压约为 56V，说明室外机正常，故障在室内机或连接线。

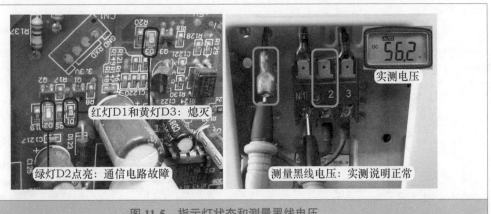

图 11-5 指示灯状态和测量黑线电压

3. 手摸连接管道和剥开连接线

分析室内机主板上的通信电路漏电故障概率较低，并且断路器出现由于漏电引起的跳闸现象，判断故障点可能为室内外机连接线，但查看室外机接线端子处为原装线，中间并未加长连接线，且最近没有下过雨，也可排除连接线引起的漏电故障。

但查看室内外机连接管道时，如图 11-6 左图所示，手摸最低处的管道感觉比较潮湿，用手握管道时有比较黏的冷凝水溢出。

再次断开空调器电源，剥开包扎带，查看铜管的保温棉上有很多水，连接线表面胶皮已经起泡发胀，像是在水里一直浸泡。如图 11-6 右图所示，使用尖嘴钳子剥开连接线的胶皮，内部也有水流出来，说明连接线内部已经进水。

图 11-6 手摸管道感觉潮湿和连接线内部有水分

4. 断开室内外机连接线

为准确判断是否为连接线漏电损坏，应断开室内机和室外机电控系统，测量连接线阻值来确定。

室内机部分的连接线直接安装在主板上面，没有设计接线端子，如图 11-7 左图所示，在室内机合适部位，使用钳子剪断连接线，并使 4 根引线的接头彼此分开，以防止短路引起误判。

如图 11-7 右图所示，取下室外机接线端子上方的 1 号蓝线、2 号黑线、3 号棕线插头，并将 3 个插头彼此分开，并放在粘贴于固定支架的电气接线图和安全说明的标识上面（此处与铁壳绝缘，或者使用防水胶布包扎接头）。

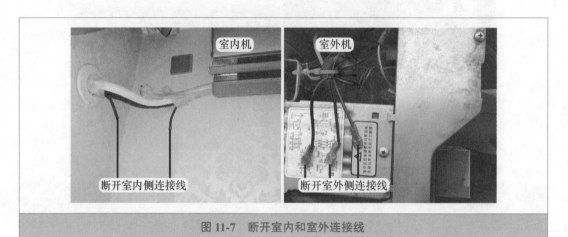

图 11-7 断开室内和室外连接线

5. 测量连接线阻值

使用万用表电阻档，在室外机接线端子处测量 4 根引线之间的阻值，如图 11-8 所示，实测 1 号零线蓝线和 2 号通信黑线间的阻值约 4.6MΩ，1 号零线蓝线和 3 号相线棕线阻值约 3MΩ，2 号通信黑线和 3 号相线棕线阻值约 43kΩ，1 号零线蓝线和铁壳地线阻值约 2MΩ，2 号通信黑线和铁壳地线阻值约 30kΩ，3 号相线棕线与铁壳地线约 1MΩ，正常时阻值应均为无穷大，根据实测结果说明连接线漏电短路损坏。

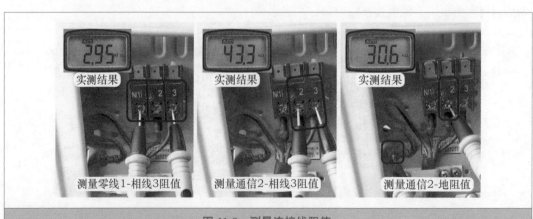

图 11-8 测量连接线阻值

6. 连接线连接室内机和室外机

维修时申请一段约 3m 的 4 芯连接线，到用户家进行更换。由于从出墙孔穿出引线不是很方便，为防止误判，更换前应先代换试机。如图 11-9 所示，将连接线一端连接室内机的原装线，另一端按颜色对应连接室外机电控引线的插头，上电试机，室内机和室外机均开始运行，显示屏不再显示 "E6" 代码，从而确定为连接线损坏。

断开空调器电源，由于原机的连接线由包扎带包裹，不容易抽出，因此废弃不用。将新连接线从出墙孔穿出，并顺着连接管道送至室外机接线端子，处理好接头后再使用包扎带包裹连接线。

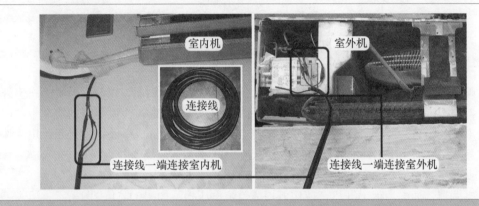

图 11-9 使用连接线连接室内机和室外机

7. 调整冷凝水管流向

本机维修时最近没有下过大雨，室内外机连接线为原装线质量较好，并且没有加长连接管道，因而中间没有接头，且空调器安装在高层，又不存在积水淹没连接管道，那问题是连接线中的水是从何处进入的呢？仔细查看连接管道，原来是冷凝水管包扎方式不对，如图 11-10 左图所示，水管几乎包扎到根部，只露出很短的一段，管口不能随风移动且在内侧，制冷时蒸发器产生的冷凝水向下滴落时，直接滴至连接管道上面，顺着包扎带边缘进入内部，由于包扎带包裹管道较为严实，室外机后部管道为水平走向且位置较低，因此冷凝水出不来，一直在包扎带内积聚，长时间浸泡连接线和铜管的保温棉，连接线外部黑色绝缘皮逐渐起泡膨胀，冷凝水进入连接线内部，使得绝缘性能下降，引起通信信号传送不畅和断路器跳闸的故障。

如图 11-10 右图所示，维修时将水管从连接管道的包扎带抽出一部分，并且将管口移到外侧，使得冷凝水向下滴落时直接滴向下方，不能滴至连接管道，故障才彻底排除。

维修措施：更换室内外机连接线，并调整冷凝水管管口位置。

总结：

本例连接线绝缘性能下降接近短路，通信信号传送不正常，最明显的现象是通信电压变低（如本例最高为 13V，在 0 ~ 13V 跳动变化）。更换连接线后，测量通信电压明显上升，最高约 40V，在 0 ~ 40V 跳动变化。这也说明在检修通信故障时，如测量通信电压变低，在排除室外机故障的前提下，应把连接线绝缘性能下降短路当作重点检查。

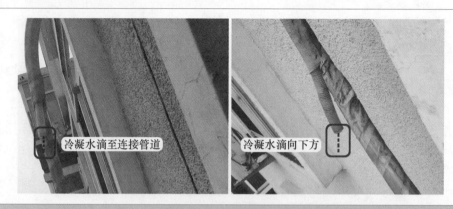

冷凝水滴至连接管道

冷凝水滴向下方

图 11-10　冷凝水滴落方式

三、降压电阻开路，海信空调器通信故障

故障说明：海信 KFR-26GW/08FZBPC(a) 挂式直流变频空调器，以制冷模式开机室外机不运行，测量室内机接线端子上的 L 和 N 端间的电压为交流 220V，说明室内机主板已向室外机输出供电，但一段时间以后室内机主板主控继电器触点断开，停止向室外机供电，按压遥控器上的高效键 4 次，显示屏显示代码为"36"，含义为通信故障。

1. 测量通信电压和 24V 电压

将空调器接通电源但不开机，使用万用表直流电压档，如图 11-11 左图所示，黑表笔接室内机接线端子上的 1 号零线 N 端，红表笔接 4 号通信 S 端测量电压，正常为轻微跳动变化的直流 24V，实测约为 0V，说明室内机主板有故障（注：此时已将室外机引线去掉）。

如图 11-11 右图所示，黑表笔接 N 端不动，红表笔接 24V 稳压二极管 ZD1 正极测量电压，实测仍约为 0V，判断直流 24V 电压产生电路出现故障。

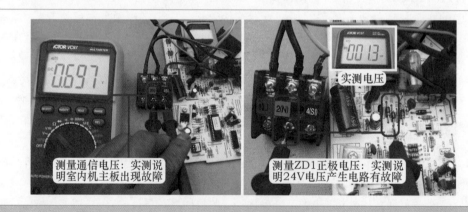

测量通信电压：实测说明室内机主板出现故障

实测电压

测量ZD1正极电压：实测说明24V电压产生电路有故障

图 11-11　测量室内机接线端子通信电压和 24V 电压

2. 直流 24V 电压产生电路工作原理

海信 KFR-26GW/08FZBPC(a) 室内机通信电路原理图如图 11-12 所示，直流 24V 电压产生电路实物图如图 11-13 所示，交流 220V 电压中 L 端经电阻 R10 降压、二极管 D6 整流、电解电容 E02 滤波、稳压二极管（稳压值 24V）ZD1 稳压，与电源 N 端组合在 E02 两端形

成稳定的直流 24V 电压，为通信电路供电。

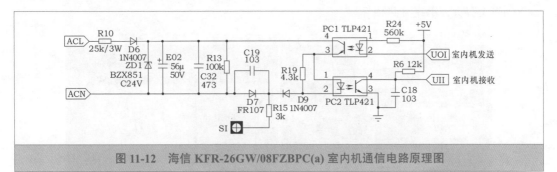

图 11-12　海信 KFR-26GW/08FZBPC(a) 室内机通信电路原理图

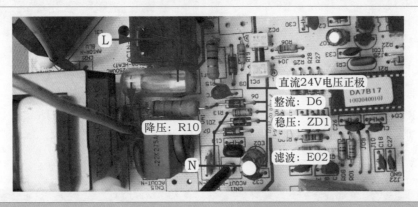

图 11-13　海信 KFR-26GW/08FZBPC(a) 直流 24V 通信电压产生电路实物图

3. 测量降压电阻两端电压

由于降压电阻为通信电路供电，使用万用表交流电压档，如图 11-14 所示，黑表笔不动依旧接零线 N 端，红表笔接降压电阻 R10 下端测量电压，实测约为 0V；红表笔接 R10 上端测量电压，实测约为 220V，等于供电电压，初步判断 R10 开路。

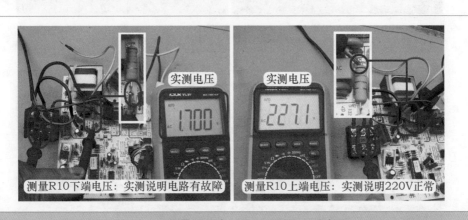

图 11-14　测量降压电阻 R10 下端和上端电压

4. 测量 R10 阻值

断开空调器电源，使用万用表电阻档，如图 11-15 所示，测量电阻 R10 阻值，正常为

257

25kΩ，在路测量阻值为无穷大，说明 R10 开路损坏；为准确判断，将其取下后，单独测量阻值仍为无穷大，确定开路损坏。

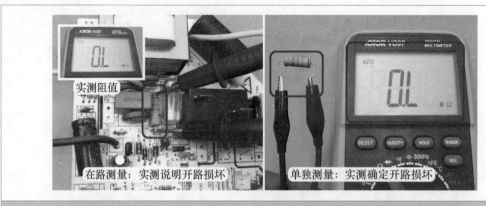

图 11-15　测量 R10 阻值

5. 更换电阻

电阻 R10 参数为 25kΩ/3W，由于没有相同型号的电阻更换，如图 11-16 和图 11-17 所示，实际维修时选用两个电阻串联代替，1 个为 15kΩ/2W，1 个为 10kΩ/2W，串联后安装在室内机主板上面。

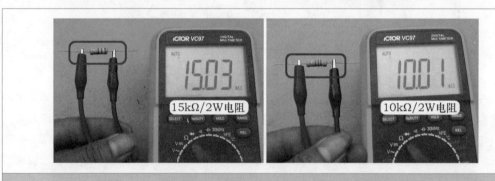

图 11-16　15kΩ 和 10kΩ 电阻

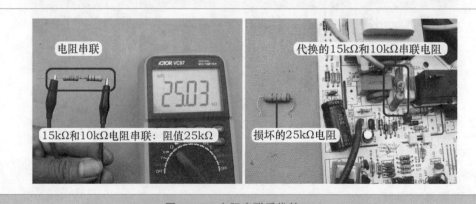

图 11-17　电阻串联后代替 R10

6. 测量通信电压和 R10 下端电压

将空调器接通电源，使用万用表直流电压档，如图 11-18 左图所示，黑表笔接室内机接线端子上的 2 号零线 N 端，红表笔接 4 号 S 端测量电压，实测约为直流 24V，说明通信电压恢复正常。

万用表改用交流电压档，如图 11-18 右图所示，黑表笔不动依旧接 N 端，红表笔接电阻 R10 下端测量电压，实测约为交流 135V。

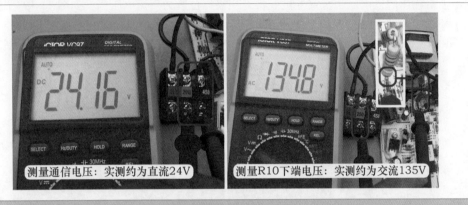

测量通信电压：实测约为直流24V　　测量R10下端电压：实测约为交流135V

图 11-18　测量室内机接线端子通信电压和 R10 下端交流电压

维修措施：如图 11-17 右图所示，代换降压电阻 R10。代换后恢复线路试机，用遥控器开机后室外风机运行，约 10s 后压缩机开始运行，制冷恢复正常。

总结：

① 本例通信电路专用的降压电阻开路，使得通信电路没有工作电压，室内机和室外机的通信电路不能构成回路，室内机 CPU 发送的通信信号不能传送到室外机 CPU，室外机 CPU 也不能接收和发送通信信号，室外风机和压缩机均不能运行，室内机 CPU 因接收不到室外机 CPU 传送的通信信号，约 2min 后停止向室外机供电，并记忆故障代码含义为通信故障。

② 用遥控器开机后，室外机得电工作，在通信电路正常的前提下，N 与 S 端的电压，由待机状态的直流 24V，立即变为 0～24V 跳动变化的电压。如果室内机向室外机输出交流 220V 供电后，通信电压不变仍为直流 24V，说明室外机 CPU 没有工作或室外机通信电路出现故障，应首先检查室外机的直流 300V 和 5V 电压，再检查通信电路元件。

四、　开关电源电路损坏，海尔空调器通信故障

故障说明：海尔 KFR-26GW/（BP）2 挂式交流变频空调器，用户反映不制冷。上门检查，用遥控器开机，电源指示灯亮，运转指示灯不亮，同时室内风机运行，但室外机不运行，约 2min 后，室内机显示板组件以"电源 - 定时指示灯灭、运转指示灯闪"报出故障代码，查看代码含义为通信故障。

1. 测量室内机和室外机通信电压

将空调器重新上电开机，使用万用表交流电压档，黑表笔接 1 号零线 N 端，红表笔接 2 号相线 L 端测量电压，实测约 220V，说明室内机已向室外机输出供电。将万用表档位改为直流电压档，黑表笔依旧接 1 号零线 N 端，红表笔改接 3 号 C 端测量通信电压，实测约为

0V，而正常应为 0～70V 跳动变化的电压，说明通信电路出现故障。

由于本机通信电路直流 140V 专用电源设计在室外机主板，为判断是室内机还是室外机故障，如图 11-19 左图所示，将室内外机连接线中的红线从 3 号通信 C 端上取下，黑表笔依旧接零线 N 端，红表笔接红线测量电压，实测仍约为 0V，说明故障在室外机或室内外机连接线。

到室外机检查，使用万用表交流电压档，测量 1 号 L 端和 2 号 N 端间的电压为 220V，说明室内机输出的供电已送至室外机。将万用表档位改为直流电压档，如图 11-19 右图所示，测量 1 号零线 N 端和 3 号通信 C 端间的电压，实测仍约为 0V，确定故障在室外机。

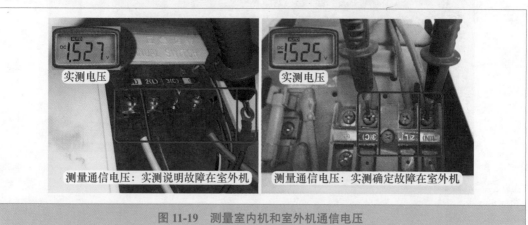

图 11-19　测量室内机和室外机通信电压

2. 室外机电控系统和指示灯不亮

取下室外机上盖，如图 11-20 左图所示，查看室外机电控系统主要由主板和模块组成，其中主控继电器、PTC 电阻、滤波电容、硅桥均为外置元器件，未设计在室外机主板上。

本机室外机主板设有直流 12V 和 5V 指示灯，如图 11-20 右图所示，在室外机接线端子交流 220V 电压供电正常时，查看两个指示灯均不亮，也说明室外机电控系统有故障。

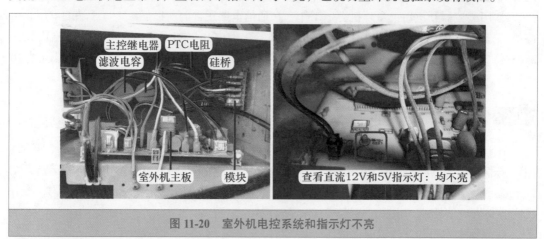

图 11-20　室外机电控系统和指示灯不亮

3. 测量直流 300V 电压和手摸 PTC 电阻

当直流 12V 和 5V 指示灯均不亮时，说明开关电源电路没有工作，应首先测量其工作电压直流 300V，使用万用表直流电压档，如图 11-21 左图所示，黑表笔接模块上的 N 端黑线，红表笔接 P 端红线测量电压，正常应为 300V，实测约为 0V，判断强电电路开路或直流 300V 负载有短路故障。

为区分是开路还是短路故障，如图 11-21 右图所示，使用手摸 PTC 电阻，感觉表面温度很烫，说明直流 300V 负载有短路故障。

➡ 说明：如果 PTC 电阻表面为常温，通常为强电电路开路故障。

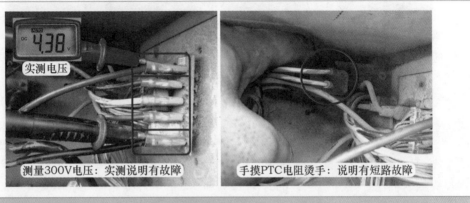

实测电压

测量300V电压：实测说明有故障

手摸PTC电阻烫手：说明有短路故障

图 11-21　测量 300V 电压和手摸 PTC 电阻

4. 测量模块

直流 300V 主要为模块和开关电源电路供电，而模块在实际维修中故障率较高。断开空调器电源，如图 11-22 所示，拔下模块 P 端红线、N 端黑线、U 端黑线、V 端白线、W 端红线共 5 根引线，使用万用表二极管档，测量 5 个端子，红表笔接 N 端，黑表笔接 P 端，实测为 734mV；红表笔接 N 端，黑表笔分别接 U、V、W 端时，实测均为 408mV；黑笔表接 P 端，红表笔分别接 U、V、W 端时，实测均为 408mV；根据测量结果，判断模块正常。

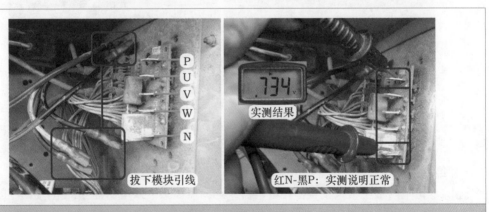

P
U
V
W
N

实测结果

拔下模块引线

红N-黑P：实测说明正常

图 11-22　拔下模块引线和测量模块

5. 测量开关电源电路供电插座阻值

直流 300V 的另一个负载为开关电源电路，如图 11-23 所示，拔下为其供电的插头（设有红线和黑线共两根引线），使用万用表电阻档，直接测量插座引针阻值，实测约为 0Ω，说明开关电源电路短路损坏。

图 11-23　拔下 300V 供电插头和测量插座阻值

维修措施：如图 11-24 左图所示，申请同型号的室外机主板进行更换。更换后将空调器插头插入插座，室外机主板的直流 12V 和 5V 指示灯即点亮，说明开关电源电路已经工作。使用万用表直流电压档，如图 11-24 右图所示，黑表笔接模块 N 端黑线，红表笔接 P 端红线测量电压，实测约为 309V。恢复室内外机连接线中的通信红线至室内机 3 号端子，使用遥控器以制冷模式开机，室外风机和压缩机均开始运行，制冷恢复正常，故障排除。

图 11-24　更换主板和测量 300V 电压

总结：

① 本机室内机主板未设置主控继电器，空调器插头插入电源插座，室内机上电后即向室外机供电，开关电源电路一直处于工作状态，故障率相对较高，通常为开关管的集电极 C 和发射极 E 短路，造成直流 300V 电压为 0V，室外机主板不能工作，室内机报出通信故障的代码。

② 本机制冷系统使用的四通阀比较特别，四通阀线圈上电时为制冷模式，线圈断电时为制热模式，和常规空调器不同。

第二节 单元电路故障

一、 电压检测电路电阻开路，海信空调器过欠电压故障

故障说明：海信 KFR-26GW/11BP 挂式交流变频空调器，用遥控器开机后室外机有时根本不运行，有时可以运行一段时间，但运行时间不固定，有时 10min，有时 15min 或更长。

1. 故障代码和测量直流 300V 电压

在室外机停止运行后，取下室外机外壳，如图 11-25 左图所示，观察模块板指示灯闪 8 次报出故障代码，查看含义为过欠电压故障；回到室内检查，按压遥控器上的"传感器切换"键两次，室内机显示板组件上的"定时"指示灯亮报出故障代码，含义仍为过欠电压故障，室内机和室外机同时报过欠电压故障，判断电压检测电路出现故障。

出现过欠电压故障时应首先测量直流 300V 电压是否正常，使用万用表直流电压档，如图 11-25 右图所示，黑表笔接模块板上的 N 端子，红表笔接 P 端子测量电压，正常为 300V，实测为 315V 也正常，此电压由交流 220V 经硅桥整流、滤波电容滤波得出，如果输入的交流电压高，则直流 300V 也相应升高。

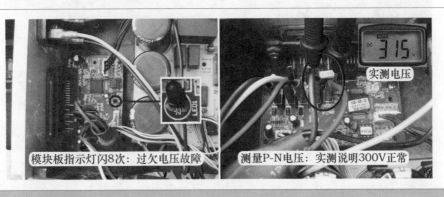

模块板指示灯闪8次：过欠电压故障　　　测量P-N电压：实测说明300V正常

图 11-25 故障代码和测量 300V 电压

2. 电压检测电路工作原理

本机电压检测电路使用检测直流 300V 母线电压的方式，电路原理图如图 11-26 所示，工作原理为电阻组成分压电路，上分压电阻为 R19、R20、R21、R12，下分压电阻为 R14，经 R22 输出代表直流 300V 的参考电压，室外机 CPU ㉝脚通过计算，得出输入的实际交流电压，从而对空调器进行控制。

3. 测量直流 15V 和 5V 电压

由于模块板 CPU 工作电压 5V 由室外机主板提供，因此应测量其电压是否正常，使用万用表直流电压档，如图 11-27 所示，黑表笔接模块 N 端子，红表笔接 3 芯插座 CN4 中左侧的白线测量电压，实测约为 15V，此电压为模块内部控制电路供电；红表笔接右侧红线测量电压，实测约为 5V，说明室外机主板为模块板提供的直流 15V 和 5V 电压均正常。

➡ 说明：本机模块板为热地设计，即直流 300V 负极地（N 端）和直流 15V、5V 的负极地相通。

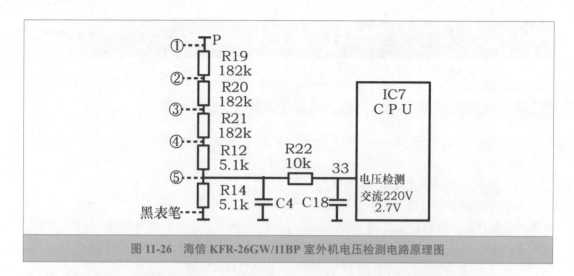

图 11-26　海信 KFR-26GW/11BP 室外机电压检测电路原理图

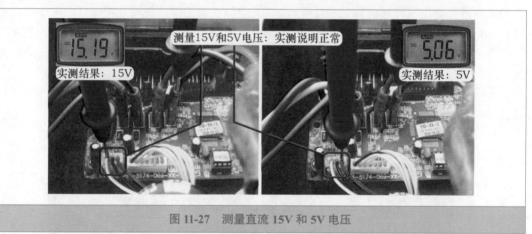

图 11-27　测量直流 15V 和 5V 电压

4. 测量电压检测电路电压

在室外机不运行即待机状态时，使用万用表直流电压档，如图 11-28 所示，黑表笔接模块 N 端子，测量电压检测电路的关键点电压。

图 11-28　测量电压检测电路电压

红表笔接 P 接线端子（①处），测量直流 300V 电压，实测为 315V，说明正常。

红表笔接 R19 和 R20 相交点（②处），实测电压在 150～180V 跳动变化，由于 P 接线端子电压稳定不变，判断电压检测电路出现故障。

红表笔接 R20 和 R21 相交点（③处），实测电压在 80～100V 跳动变化。

红表笔接 R21 和 R12 相交点（④处），实测电压在 3.9～4.5V 跳动变化。

红表笔接 R12 和 R14 相交点（⑤处），实测电压在 1.9～2.4V 跳动变化。

红表笔接 CPU 电压检测引脚即㉝脚，实测电压也在 1.9～2.4V 跳动变化，和⑤处电压相同，判断电阻 R22 阻值正常。

使用遥控器开机，室外风机和压缩机均开始运行，直流 300V 电压开始下降，此时测量 CPU 的㉝脚电压也逐渐下降；压缩机持续升频，直流 300V 电压也下降至约 250V，CPU ㉝脚电压约为 1.7V，室外机运行约 5min 后停机，模块板上的指示灯闪 8 次，报故障代码为过欠电压故障。

5. 测量电阻阻值

静态和动态测量均说明电压检测电路出现故障，应使用万用表电阻档测量电路容易出现故障的分压电阻阻值。

断开空调器电源，待室外机主板开关电源电路停止工作后，使用万用表电阻档测量电路中分压电阻的阻值，如图 11-29 所示，测量电阻 R19 阻值无穷大，为开路损坏，电阻 R20 阻值约为 182kΩ 判断正常，电阻 R21 阻值无穷大，为开路损坏，电阻 R12、R14、R22 阻值均正常。

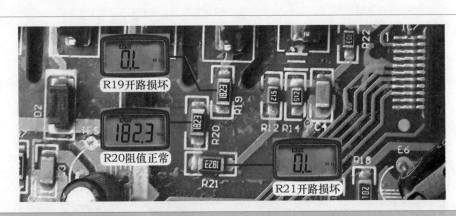

图 11-29　测量电压检测电路电阻阻值

6. 电阻阻值

如图 11-30 所示，电阻 R19、R21 为贴片电阻，表面数字 1823 代表阻值，正常阻值为 182kΩ，由于没有相同型号的贴片电阻更换，选择阻值接近（180kΩ）的五环精密电阻进行代换。

维修措施：如图 11-31 所示，使用两个 180kΩ 的五环精密电阻，代换阻值为 182kΩ 的贴片电阻 R19、R21。

拔下模块板上 3 个一束的传感器插头，然后再使用遥控器开机，室内机主板向室外机供电后，室外机主板开关电源电路开始工作向模块板供电，由于室外机 CPU 检测到室外环温、

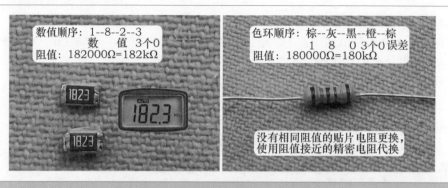

数值顺序：1--8--2--3
　　　数　值　3个0
阻值：182000Ω=182kΩ

色环顺序：棕--灰--黑--橙--棕
　　　1　8　0　3个0误差
阻值：180000Ω=180kΩ

没有相同阻值的贴片电阻更换，
使用阻值接近的精密电阻代换

图 11-30　182kΩ 贴片电阻和 180kΩ 精密电阻

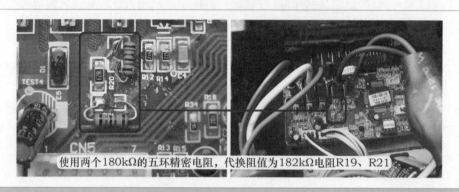

使用两个180kΩ的五环精密电阻，代换阻值为182kΩ电阻R19、R21

图 11-31　使用 180kΩ 精密电阻代换 182kΩ 贴片电阻

室外管温、压缩机排气传感器均处于开路状态，因此报出相应的故障代码，并且控制室外风机和压缩机均不运行，此时相当于待机状态，使用万用表直流电压档，测量电压检测电路电压，如图 11-32 所示，实测均为稳定电压不再跳变，直流 300V 电压实测为 315V 时，CPU 电压检测③③脚实测为 2.88V。恢复线路后再次使用遥控器开机，室外风机和压缩机均开始运行，当直流 300V 电压降至直流 250V 时，实测 CPU ③③脚电压约 2.3V，长时间运行不再停机，制冷恢复正常，故障排除。

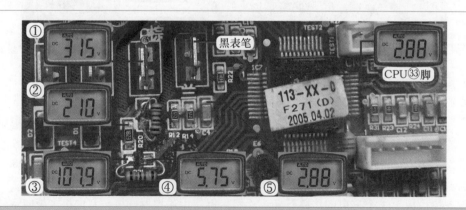

图 11-32　待机状态测量正常的电压检测电路电压

总结：

① 电压检测电路中电阻 R19 上端接模块 P 端子，由于长时间受直流 300V 电压冲击，其阻值容易变大或开路，在实际维修中由于 R19、R20、R21 开路或阻值变大损坏，占到一定比例，属于模块板上的常见故障。

② 本例电阻 R19、R21 开路，其下端电压均不为直流 0V，而是具有一定的感应电压，CPU 电压检测㉝脚分析处理后，判断交流输入电压在适合工作的范围以内，因而室外风机和压缩机可以运行；而压缩机持续升频，直流 300V 电压逐渐下降，CPU 电压检测㉝脚电压也逐渐下降，当超过检测范围，则控制室外风机和压缩机停机进行保护，并报出过欠电压的故障代码。

③ 在实际维修中，也遇到过电阻 R19 开路，室外机上电后并不运行，模块板直接报出过欠电压的故障代码。

④ 如果电阻 R12（5.1kΩ）开路，CPU 电压检测㉝脚的电压约为直流 5.7V，室外机上电后室外风机和压缩机均不运行，模块板指示灯闪 8 次报出过欠电压故障的代码。

二、 存储器电路电阻开路，格力空调器存储器故障

故障说明：格力 KFR-26GW/（26556）FNDe-3 挂式直流变频空调器（凉之静），用户反映开机后室内机吹出的是自然风，显示屏显示"EE"代码。

1. 显示屏代码和检测仪故障

上门检查，将空调器通上电源，使用遥控器开机，室内风机开始运行，如图 11-33 左图所示，约 15s 后显示屏显示"EE"代码，同时制热指示灯间隔 3s 闪烁 15 次，查看代码含义为室外机存储器故障。

到室外机检查，室外风机和压缩机均不运行，断开空调器电源在接线端子处接上格力变频空调器专用检测仪的检测线，再次开机后选择第 1 项：数据监控，显示如下内容，如图 11-33 右图所示，故障：EE（外机记忆芯片故障）。

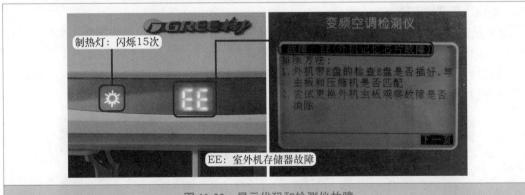

制热灯：闪烁 15 次

EE：室外机存储器故障

图 11-33　显示代码和检测仪故障

2. 查看室外机指示灯和存储器电路

取下室外机外壳，查看室外机主板指示灯状态，如图 11-34 左图所示，绿灯 D2 持续闪烁，说明通信电路工作正常；红灯 D1 闪烁 8 次，含义为达到开机温度，说明室外机 CPU 已处理室内机传送的通信信号；黄灯 D3 闪烁 11 次，含义为记忆芯片损坏，说明室外机 CPU 检测存储器电路损坏，控制室外风机和压缩机均不运行进行保护。

存储器电路的作用是向 CPU 提供工作时所需要的参数和数据。存储器内部存储有压缩机 U/f 值、电流和电压保护值等数据。实物图如图 11-34 右图所示，电路原理图如图 11-35 所示，主要由 CPU 的时钟和数据引脚、U5 存储器（24C08）和电阻等组成。24C08 为双列 8 个引脚，其中①~④脚接地，⑧脚为电源 5V 供电，⑤脚数据和⑥脚时钟接 CPU 引脚。

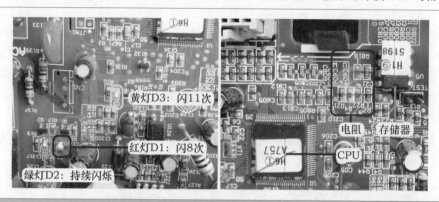

图 11-34 指示灯状态和存储器电路实物图

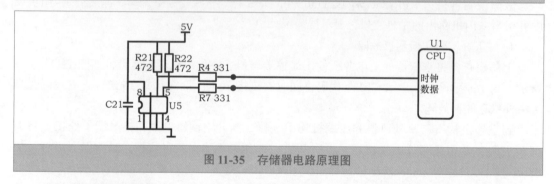

图 11-35 存储器电路原理图

3. 测量存储器电压

U5 存储器 24C08 中①脚为地，测量时使用万用表直流电压档，黑表笔接①脚相当于接地，如图 11-36 左图所示，红表笔首先接⑧脚测量供电电压，实测约 4.9V，说明正常。

如图 11-36 中图所示，红表笔接⑤脚测量电压，实测约 4.9V，说明正常；

如图 11-36 右图所示，红表笔接⑥脚测量电压，实测约 4.9V，说明正常。

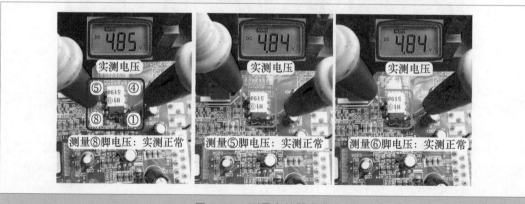

图 11-36 测量存储器电压

268

4. 测量 CPU 电压

存储器引脚电压正常，应测量 CPU 相关引脚电压，但由于 CPU 引脚较为密集、距离过近，且不容易判断引脚位置，测量时可接在和存储器与 CPU 引脚之间电阻相通的焊点。

依旧使用万用表直流电压档，如图 11-37 左图所示，黑表笔依旧接①脚地，红表笔接和 R7 下端相通的焊点，相当于测量 CPU 数据电压，实测约 4.9V，说明正常。

如图 11-37 右图所示，红表笔改接和 R4 下端相通的焊点，相当于测量 CPU 时钟电压，实测约 1.8V，和正常的 4.9V 相差较大，说明故障在 CPU 时钟引脚。

➡ 说明：图中 R7 和 R4 上端焊点接存储器引脚，测量时红表笔接上端焊点相当于测量存储器电压。

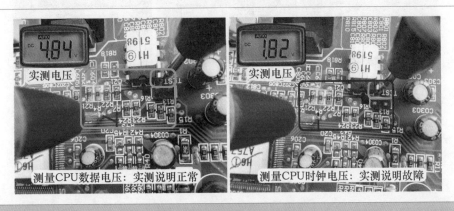

图 11-37 测量 CPU 电压

5. 在路测量阻值

断开空调器电源，待约 60s 后滤波电容直流 300V 电压基本释放完毕，使用万用表电阻档，测量存储器电路中的电阻阻值。如图 11-38 左图所示，表笔接 R21 两端实测阻值为 4.68kΩ，说明正常。

如图 11-38 右图所示，测量电阻 R4 阻值为无穷大，正常约 330Ω，实测说明开路损坏。测量 R22 阻值为 4.69kΩ、测量 R7 阻值为 332Ω（0.332kΩ），均说明正常。

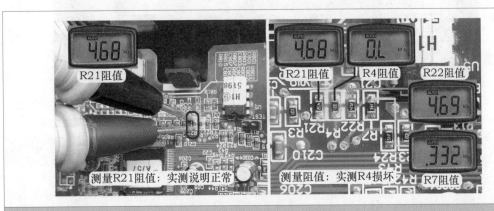

图 11-38 在路测量阻值

6. 单独测量阻值

R4 为贴片电阻，标号 331，如图 11-39 左图所示，第 1 位 3 和第 2 位 3 为数值，第 3 位 1 为 0 的个数，331 阻值为 330Ω。

如图 11-39 中图所示，使用万用表电阻档，单独测量阻值，实测仍为无穷大，确定开路损坏。

如图 11-39 右图所示，测量型号相同（标号 331）的电阻阻值，实测为 0.330kΩ（330Ω）。

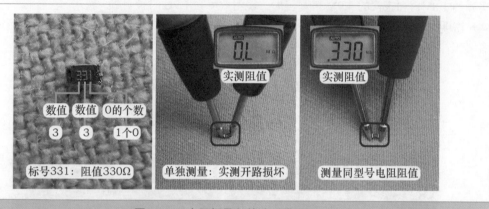

图 11-39 电阻标号和单独测量阻值

维修措施：如图 11-40 左图和中图所示，使用标号相同（331）的贴片电阻进行更换。更换后空调器上电开机，室外机主板得到供电，查看绿灯 D2 持续闪烁表示通信正常，红灯 D2 闪烁 8 次表示为达到开机温度，约 60s 后室外风机和压缩机开始运行，黄灯 D3 闪烁 1 次表示为压缩机起动，此时室内机显示屏也不显示"EE"代码。如图 11-40 右图所示，使用万用表直流电压档，再次测量 R4 下端 CPU 时钟电压约为 4.9V，和数据电压相同，说明故障排除，空调器制冷也恢复正常。

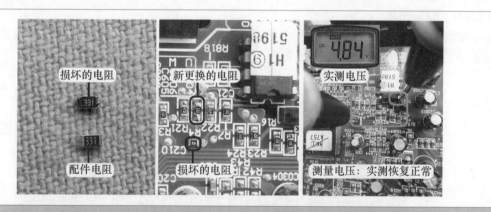

图 11-40 更换电阻和测量电压

总结：

室外机主板上电后，CPU 复位结束首先检测压缩机顶盖温度开关、传感器、存储器等信号，如果检测到有故障，不再驱动室外风机和压缩机运行，故障表现为开机后室外机不运行。

三、 相电流电路电阻开路，格力空调器模块保护

故障说明：格力 KFR-35GW/（35556）FNDe-3 挂式直流变频空调器（凉之静），用户反映不制冷，室内机一直吹出的是自然风，一段时间以后显示"H5"代码，查看含义为 IPM 电流保护。

1.室外机运行状况和测量电流

上门检查，重新上电开机，到室外机检查，室内机主板向室外机主板供电，如图 11-41 左图所示，约 15s 时室外风机运行，45s 时停止（运行 30s），3min15s 时室外风机再次运行（间隔 2min30s），3min45s 时停止（运行 30s），但查看压缩机始终不运行。

使用万用表交流电流档，如图 11-41 右图所示，钳头夹在接线端子上的 N（1）端子蓝线，测量室外机电流，室内机主板向室外机供电，待机电流约为 0.1A，室外风机运行时电流约为 0.4A，室外风机运行 30s 停止时电流又下降至约 0.1A，从室外机电流数值较低也可以判断压缩机没有运行。

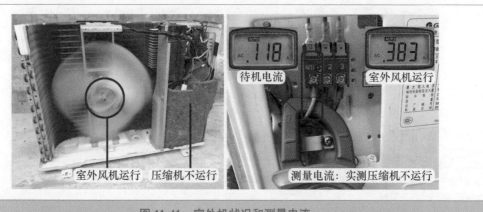

图 11-41 室外机状况和测量电流

2.故障代码

室外风机运行 30s 后停止，间隔 2min30s 再次运行 30s，室内机显示屏一直显示设定温度。在 15min45s 时、室外风机间断运行 6 次停止后，如图 11-42 左图所示，显示屏才显示"H5"代码，同时制热指示灯闪烁 5 次，查看室内机主板向室外机一直供电，但室外风机也不再运行。

使用格力变频空调器专用检测仪的第 1 项数据监控功能，显示如图 11-42 右图所示，故障代码为 H5（模块电流保护）。

3.查看指示灯和电流检测电路

在室外机主板上电室外风机开始运行、室内机显示屏未显示代码时，查看室外机主板指示灯，如图 11-43 左图所示，绿灯 D2 持续闪烁，表示为通信正常；红灯 D1 闪 8 次，表示为达到开机温度；黄灯 D3 闪 4 次，表示为 IPM 过电流保护，和 H5 代码内容含义相同，说明室外机 CPU 在刚上电运行时即检测到模块电流不正常，停止驱动压缩机进行保护。

相电流检测电路实物图如图 11-43 右图所示，电路原理图如图 11-44 所示，其作用是实时检测压缩机转子的位置，同时作为压缩机的相电流电路，输送至室外机 CPU 和模块保护电路。电路主要由 IPM 部分引脚、电流检测放大集成电路 U601（OPA4374）、二极管、CPU 电流检测引脚等组成。

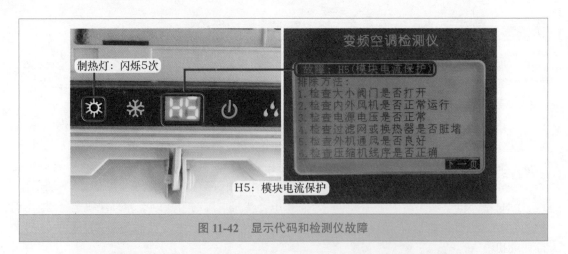

图 11-42   显示代码和检测仪故障

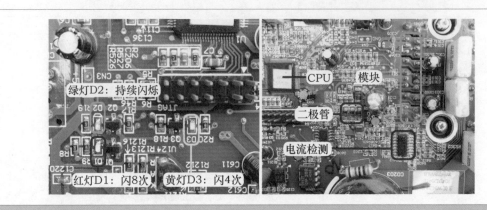

图 11-43   指示灯状态和相电流检测电路实物图

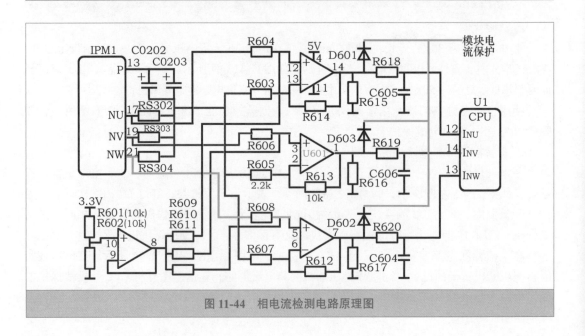

图 11-44   相电流检测电路原理图

4. 测量二极管电压

二极管 D601、D602、D603 正极经电阻接 CPU 电流检测引脚，其负极相通接模块电流保护电路，测量二极管正极电压接近于测量 CPU 电流检测引脚电压。测量时使用万用表直流电压档，如图 11-45 所示，黑表笔接公共端地（实接电容 C614 地脚，或者接 D205 正极），待机状态下测量相电流检测电路电压。

红表笔接 D603 正极测量电压，实测约为 1.6V，说明压缩机 V 相电流支路正常。

红表笔接 D602 正极测量电压，实测约为 1.6V，说明压缩机 W 相电流支路正常。

红表笔接 D601 正极测量电压，实测约为 0.3V，说明压缩机 U 相电流支路出现故障。

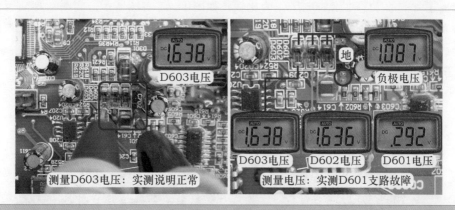

图 11-45　测量二极管电压

5. 测量 U601 引脚电压

U601 电流检测放大集成电路使用型号为 OPA4374，共有 14 个引脚，④脚为 5V 电源、⑪脚接地。内部设有 4 路相同的放大器，放大器 1A（①脚、②脚、③脚）检测压缩机 V 相电流，放大器 2B（⑤脚、⑥脚、⑦脚）检测 W 相电流，放大器 4D（⑫脚、⑬脚、⑭脚）检测 U 相电流，放大器 3C（⑧脚、⑨脚、⑩脚）为放大器 1、2、4 提供基准电压。

如图 11-46 所示，黑表笔依旧接地，红表笔接①脚测量电压，实测约为 1.6V，说明放大器 1 工作正常。

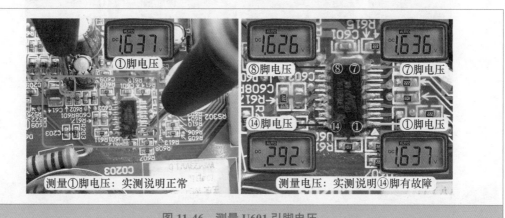

图 11-46　测量 U601 引脚电压

红表笔接⑦脚测量电压，实测约为 1.6V，说明放大器 2 工作正常。

红表笔接⑧脚测量电压，实测约为 1.6V，说明放大器 3 工作正常。

红表笔接⑭脚测量电压，实测约为 0.3V，和 D601 正极电压相同，说明放大器 4 有故障。

6. 测量放大器 4 电压

如图 11-47 左图所示，黑表笔依旧接地，红表笔测量放大器 4 引脚电压。红表笔接⑫脚同相输入端＋，实测约为 0.3V；红表笔接⑬脚反相输入端，实测约为 0.3V，⑫脚、⑬脚、⑭脚电压均相同，说明放大器 4 未工作。

测量正常的放大器 1 引脚电压作为比较，如图 11-47 右图所示，实测③脚同相输入端＋约为 0.3V，②脚反向输入端－约为 0.3V，①脚输出端约为 1.6V，也可说明放大器 4 未工作。

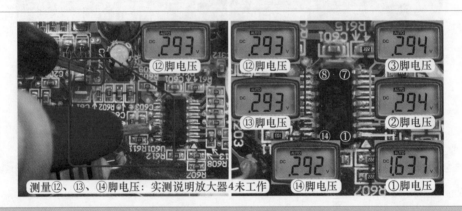

图 11-47　测量放大器 4 和放大器 1 引脚电压

7. 在路测量阻值

断开空调器电源，待约 1min 后直流 300V 电压下降至约 0V 时，使用万用表电阻档，如图 11-48 所示，测量放大器 4 的引脚外围电阻阻值。

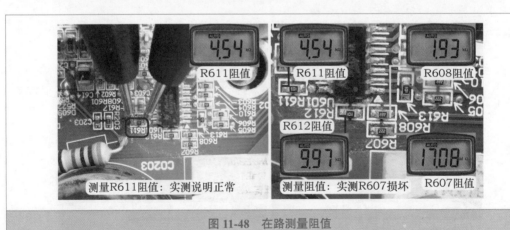

图 11-48　在路测量阻值

表笔接电阻 R611（标号 103、10kΩ）两端测量阻值，实测约为 4.5kΩ，判断正常。

R608（标号 222、2.2kΩ）实测阻值约为 1.9kΩ，判断正常。

R612（标号 103、10kΩ）实测阻值约为 10kΩ，判断正常。

R607（标号 222、2.2kΩ）实测阻值约为 17MΩ，大于正常值较多，判断开路损坏。

8. 单独测量阻值

R607 为贴片电阻，标号 222，如图 11-49 左图所示，第 1 位 2 和第 2 位 2 为数值，第 3 位 2 为 0 的个数，222 阻值为 2200Ω=2.2kΩ。

如图 11-49 中图所示，使用万用表电阻档，单独测量阻值，实测仍为无穷大，确定开路损坏。

如图 11-49 右图所示，测量型号相同（标号 222）的电阻阻值，实测约为 2.2kΩ。

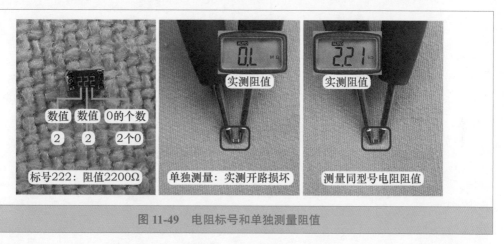

图 11-49　电阻标号和单独测量阻值

维修措施：如图 11-50 左图和中图所示，将标号 222 的配件贴片电阻，焊至主板 R607 焊点，更换损坏的电阻。更换后上电试机，使用万用表直流电压档，如图 11-50 右图所示，在压缩机未运行时，测量 U601 的⑭脚和 D601 正极电压均约为 1.6V 和 D602、D603 的正极电压相同，约 15s 后室外风机运行，压缩机也随之运行，查看黄灯 D3 闪烁 1 次，表示为压缩机起动，说明故障已排除，制冷也恢复正常。

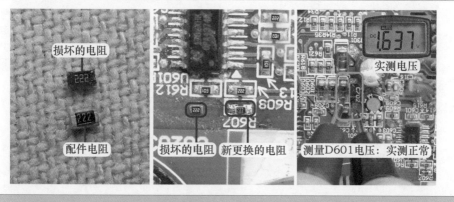

图 11-50　更换电阻和测量电压

总结：

① 本例 R607 开路损坏，放大器 4 未工作，压缩机的三相电流检测电路电压不相同，CPU 检测后判断有故障，不起动压缩机进行保护，约 15min 后显示"H5"代码。

② 室外机主板 CPU 起动运行时检测压缩机三相电流不正常时，即通过黄灯 D3 闪烁 4 次显示代码内容，但由于程序设定，室外风机间隔运行 6 次后，约 15min 时室内机显示屏才显示"H5"代码。

③ 在实际维修中，假如压缩机始终不起动，显示屏显示"H5"代码，通常为电控系统故障，可更换室外机电控盒或检修相电流检测电路。

变频空调器室外机常见故障

第一节　强电负载电路故障

一、开关管短路，格力空调器通信故障

故障说明：格力 KFR-35GW/（35561）FNCa-2 挂式全直流变频空调器（U 雅），用户反映正在使用时突然断路器（俗称空气开关）跳闸，合上断路器按钮后使用遥控器开机，室内风机运行但不制冷，约 1min 后显示屏显示"E6"代码，查看代码含义为通信故障。

1. 测量室外机供电和通信电压

变频空调器正在使用中断路器跳闸，故障一般在室外机。上门检查，首先到室外机查看，使用万用表交流电压档测量供电电压，如图 12-1 左图所示，表笔接接线端子上的 1 号零线 N 和 3 号相线 L，实测为 229V，说明室内机主板已输出供电至室外机。

使用万用表直流电压档测量通信电压，如图 12-1 右图所示，黑表笔接 1 号零线 N，红表笔接 2 号通信端子，实测约为 0V，由于本机通信电路专用电源直流 56V 设在室外机主板，也初步判断故障在室外机。

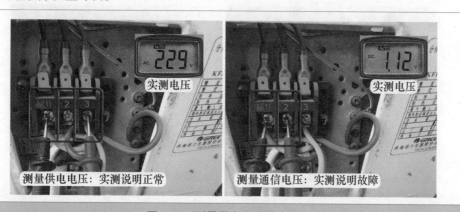

图 12-1　测量供电和通信电压

2. 查看指示灯和室外机主板

取下室外机上盖，室外机主板设有 3 个指示灯显示室外机信息，D2 绿灯以持续闪烁显

示通信状态,D1 红灯和 D3 黄灯以闪烁的次数显示工作状态和故障内容,如图 12-2 左图所示,查看 3 个指示灯均不亮处于熄灭状态,说明室外机电控系统有故障。

本机室外机电控系统主要由室外机主板和外置滤波电感组成,室外机主板为一体化设计,主要元器件和单元电路均集成在一块电路板上面,如图 12-2 右图所示,驱动压缩机的模块、PFC 电路中的快恢复二极管和 IGBT 开关管、整流硅桥、电容、开关电源电路设计在左侧位置,驱动直流风机的风机模块、CPU、指示灯、PTC 电阻、熔丝管等位于右侧位置。电路原理图如图 12-14 所示。

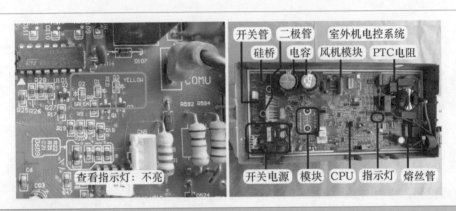

图 12-2　指示灯状态和室外机主板

3. 测量直流 300V 电压和手摸 PTC 电阻

使用万用表直流电压档,如图 12-3 左图所示,黑表笔接滤波电容负极地铜箔,红表笔接滤波电感橙线(硅桥正极输出经滤波电感至 PFC 电路)相当于接正极,测量直流 300V 电压,实测约为 0V,说明前级供电有开路或负载有短路故障。

为区分故障部位,如图 12-3 右图所示,用手摸 PTC 电阻(主板标号 RT1)表面,感觉发烫,说明通过电流过大,负载有短路故障,常见为模块、硅桥、IGBT 开关管短路损坏。

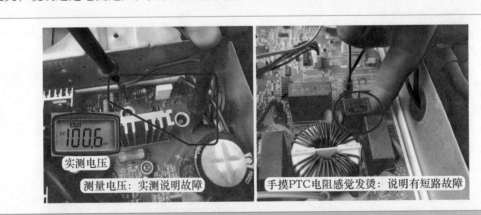

图 12-3　测量 300V 电压和手摸 PTC

4. 测量模块

断开空调器电源,拔下压缩机和滤波电感等引线,使用万用表二极管档测量模块(主板标号 IPM），3 个水泥电阻连接的模块引脚为 N 端，滤波电容正极连接的引脚为 P 端。

将红表笔接 N 端，黑表笔分别接压缩机端子 U、V、W，如图 12-4 左图所示，实测结果均为 460mV；表笔反接，即黑表笔接 N 端、红表笔分别接 U、V、W，实测结果均为无穷大。

将红表笔接 N 端子，黑表笔接 P 端，如图 12-4 右图所示，实测结果为 518mV，表笔反接即红表笔接 P 端，黑表笔接 N 端，实测结果为无穷大。

将红表笔接模块 P 端，黑表笔分别接 U、V、W 端子时，实测结果均为无穷大，表笔反接即黑表笔接 P 端，红表笔分别接 U、V、W 端子，实测结果均为 460mV。

根据几次测量结果，判断模块正常。假如测量时有任意 1 次结果接近 0mV，说明模块短路损坏。

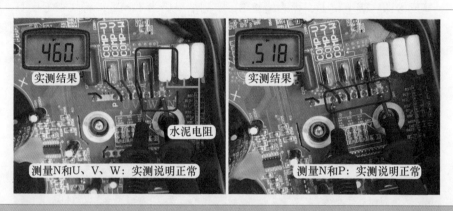

图 12-4　测量模块

5. 测量硅桥

接水泥电阻的引脚为硅桥（主板标号 DB1）负极，中间两个引脚为交流输入端，接滤波电感蓝线的引脚为正极，测量硅桥时依旧使用万用表二极管档。

将红表笔接负极（－），黑表笔分别接两个交流输入端（～），如图 12-5 左图所示，实测结果均为 504mV；表笔反接即黑表笔接负极、红表笔接两个交流输入端，实测结果为无穷大。

将红表笔接负极，黑表笔接正极（＋），如图 12-5 右图所示，实测结果为 937mV，表笔反接即红表笔接正极，黑表笔接负极，实测结果为无穷大。

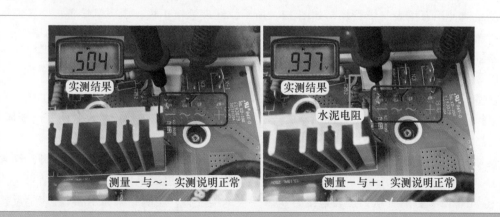

图 12-5　测量硅桥

将红表笔接正极，黑表笔分别接两个交流输入端，实测结果为无穷大，表笔反接即红表笔接两个交流输入端，黑表笔接负极，实测结果均为 504mV。

根据几次实测结果，判断硅桥正常。假如测量时有任意 1 次结果接近 0mV，说明硅桥短路损坏。

6. 测量开关管

IGBT 开关管（主板标号 Z1）共有 3 个引脚，中间引脚漏极 D 接直流 300V 电压正极，实接硅桥正极经滤波电感的输出橙线，和快恢复二极管正极相通；右侧引脚源极 S 接负极即地，和滤波电容负极、硅桥负极相通；左侧引脚控制极 G 为控制，接 CPU 输出的驱动电路。

依旧使用万用表二极管档，如图 12-6 所示，红表笔接 S，黑表笔接 D，实测结果为 11mV，表笔反接即红表笔接 D，黑表笔接 S，实测结果仍为 11mV；将红表笔接 G，黑表笔接 D，实测结果为 0mV；将红表笔接 G，黑表笔接 S，实测结果为 11mV；根据几次测量结果，说明 IGBT 开关管短路损坏。

图 12-6　测量开关管

7. 测量二极管

一般开关管损坏时，有时会附带将快恢复二极管（主板标号 D203）短路或开路损坏，二极管共有两个引脚，和开关管 D 极、滤波电感橙线相通的引脚为正极，接滤波电容正极的引脚为二极管负极。

测量时使用万用表二极管档，如图 12-7 所示，红表笔接正极，黑表笔接负极为正向测量，实测结果为无穷大，表笔反接即红表笔接负极，黑表笔接正极，实测结果仍为无穷大，两次测量均为无穷大，判断开路损坏。

8. 取下开关管单独测量

从室外机上取下室外机电控盒，再取出室外机主板，取下模块、硅桥、开关管的固定螺钉，拿掉散热片后，如图 12-8 左图所示，查看开关管引脚有熏黑的痕迹，也说明其已损坏。使用电烙铁取下开关管，型号为东芝 GT30J122，查看右下角已炸裂轻微向上翘起。

使用万用表二极管档，再次测量开关管，如图 12-8 中图所示，黑表笔接 G 脚，红表笔接 D 脚，实测结果为 1mV；表笔反接即红表笔接 G 脚，黑表笔接 D 脚，实测结果仍为 1mV；如图 12-8 右图所示，红表笔接 D 脚，黑表笔接 S 脚，实测结果为 10mV，表笔反接即红表笔接 S 脚，黑表笔接 D 脚，实测结果仍为 10mV，确定开关管短路损坏。

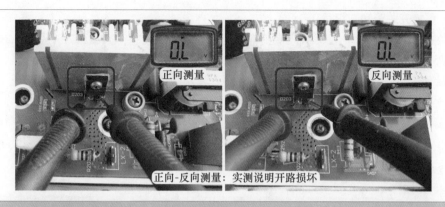

图 12-7　测量二极管

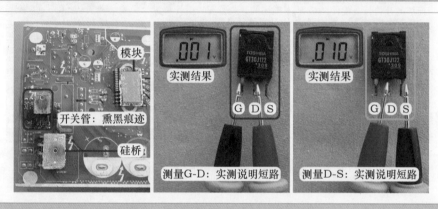

图 12-8　取下开关管和单独测量

9. 测量正常开关管和二极管

使用万用表二极管档，测量正常的配件 IGBT 开关管 GT30J122，如图 12-9 左图和中图所示，测量 G 和 D、D 和 S、G 和 S 引脚，实测均为无穷大，没有短路故障。

测量正常的配件快恢复二极管（BYC20X），如图 12-9 右图所示，测量时红表笔接正极，黑表笔接负极为正向测量，实测约为 422mV，表笔反接，即红表笔接负极，黑表笔接正极为反向测量，实测为无穷大。

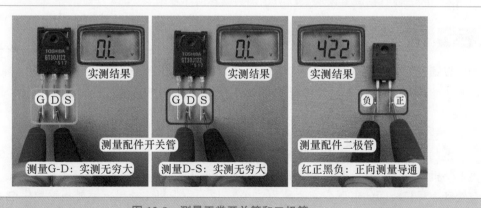

图 12-9　测量正常开关管和二极管

10. 更换开关管和二极管

如图 12-10 左图和中图所示，将正常的配件 IGBT 开关管 GT30J122 引脚按原开关管的引脚掰弯，并焊至 Z1 焊孔，将配件二极管反面涂抹散热硅脂，引脚穿入 D203 焊孔，拧紧固定螺钉后使用电烙铁焊接；再将开关管、硅桥、模块表面均涂抹散热硅脂，室外机主板安装至电控盒后，拧紧固定螺钉。

恢复线路后，上电试机，测量直流 300V 电压已正常，如图 12-10 右图所示，查看绿灯 D2 持续闪烁说明通信正常，红灯 D1 闪烁 8 次表示已达到开机温度，黄灯 D3 闪烁 1 次表示压缩机起动，同时室外风机和压缩机均开始运行，制冷恢复正常，故障排除。

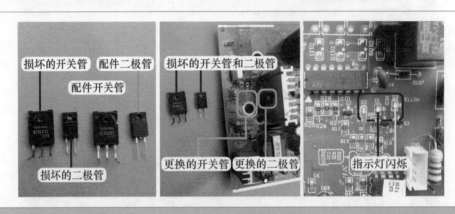

图 12-10　更换配件和指示灯状态

总结：

① 本机为全直流变频空调器，室外风机使用直流电机，驱动线圈的模块没有集成在电机内部，而是设计在室外机主板上面。

② 维修时测量直流 300V 电压，实测为 0V 时，可用手摸 PTC 电阻来区分故障部位：如果手摸感觉为常温，说明 PTC 电阻中无电流通过，常见为前级供电电路开路故障；如果手摸感觉烫手温度较高，说明通过电流较大，常见为后级负载短路故障。

③ 目前的主板通常为一体化设计，滤波电容和模块均直接焊接在主板上面，且电容引脚和模块 PN 引脚相通。因此在测量模块时，应测量直流 300V 电压，待其下降至约 0V，再使用万用表二极管档测量模块，以防止误判或者损坏万用表。

二、　硅桥击穿，格力空调器通信故障

➡ 故障说明：格力 KFR-32GW/（32556）FNDe-3 挂式直流变频空调器（凉之静），用户反映上电开机后室内机吹出的是自然风，显示屏显示 "E6" 代码，查看代码含义为通信故障。

1. 查看指示灯和测量 300V 电压

上门检查，重新上电开机，室内风机运行但不制冷，约 15s 后显示屏显示 "E6" 代码。到室外机检查，室外风机和压缩机均不运行，使用万用表交流电压档，测量接线端子 N（1）蓝线和 3 号棕线间的电压，实测约为 220V，说明室内机主板已向室外机输出供电。使用万用表直流电压档，黑表笔接 N（1）号端子蓝线，红表笔接 2 号端子黑线测量通信电压，实

测约为 0V，由于通信电路专用电源由室外机提供，初步判断故障在室外机。

取下室外机外壳，查看室外机主板上的指示灯，如图 12-11 左图所示，发现绿灯 D2、红灯 D1、黄灯 D3 均不亮，而正常时为闪烁状态，也说明故障在室外机。

使用万用表直流电压档，如图 12-11 右图所示，黑表笔接和硅桥负极水泥电阻相通的焊点（即电容负极），红表笔接快恢复二极管的负极（即电容正极）测量 300V 电压，实测约为 0V，说明强电通路出现故障。

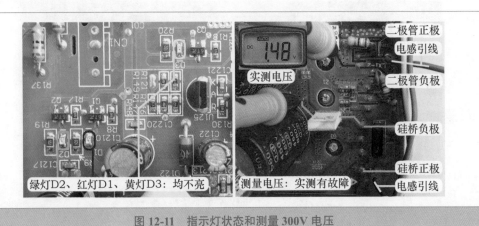

图 12-11　指示灯状态和测量 300V 电压

2. 测量硅桥输入端电压和手摸 PTC 电阻

硅桥位于室外机主板的右侧最下方位置，其共有 4 个引脚，中间的两个引脚为交流输入端（~1 引脚接电源 N 端，~2 引脚经 PTC 电阻和主控继电器触点接电源 L 端），上方引脚接水泥电阻为负极（经水泥电阻连接滤波电容负极），下方引脚接滤波电感引线（图中为蓝线）为正极，经 PFC 升压电路（滤波电感、快恢复二极管、IGBT 开关管）接电容正极。

将万用表档位改为交流电压档，如图 12-12 左图所示，表笔接中间两个引脚测量交流输入端电压，实测约为 0V，正常应为市电 220V 左右。

为区分故障部位，如图 12-12 右图所示，用手摸 PTC 电阻表面温度感觉很烫，说明其处于开路状态，判断为强电负载有短路故障。

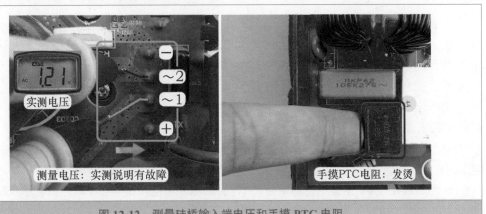

图 12-12　测量硅桥输入端电压和手摸 PTC 电阻

3. 300V 负载主要部件

直流 300V 负载主要部件如图 12-13 所示，电路原理图如图 12-14 所示，由模块 IPM、快恢复二极管 D203、IGBT 开关管 Z1、硅桥 G1、电容 C0202 和 C0203 等组成，安装在室外机主板上右侧位置，最上方为模块，向下依次为二极管和开关管，最下方为硅桥，两个滤波电容安装在靠近右侧的下方位置。

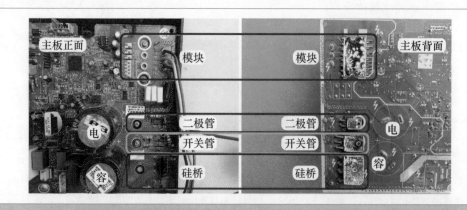

图 12-13　300V 负载主要部件

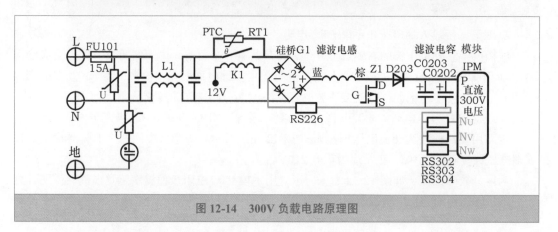

图 12-14　300V 负载电路原理图

4. 测量模块

断开空调器电源，使用万用表直流电压档测量滤波电容 300V 电压，确认约为 0V 时，再使用万用表二极管档测量模块是否正常，测量前应拔下滤波电感的两根引线和压缩机的 3 根引线（或对接插头）。测量模块时主要测量 P、N、U、V、W 共 5 个引脚，假如主板未标识引脚功能，可按以下方法判断。

P 为正极接 300V 正极，和电容正极引脚相通，比较明显的标识是，和引脚相连的铜箔走线较宽且有很多焊孔（或者焊孔已渡上焊锡）；假如铜箔走线在主板背面，可使用万用表电阻档，测量电容正极（或 300V 熔丝管）和模块阻值，为 0Ω 的引脚即为 P 端。

N 为负极接 300V 负极地，通常通过 1 个或 3 个水泥电阻接电容负极，因此和水泥电阻相通的引脚为 N，目前模块通常设有 3 个引脚，只使用 1 个水泥电阻时 3 个 N 端引脚相通，使用 3 个水泥电阻时，3 个引脚分别接 3 个水泥电阻，但测量模块时只接其中 1 个引脚即为 N 端。

U、V、W 为负载输出，比较好判断，和压缩机引线或接线端子相通的 3 个引脚依次为 U、V、W。

如图 12-15 左图所示，红表笔接 N 端、黑表笔接 P 端，实测为 457mV（0.475V），表笔反接即红表笔接 P 端，黑表笔接 N 端，实测为无穷大，说明 P、N 端子正常。

如图 12-15 中图所示，红表笔接 N 端，黑表笔分别接 U、V、W 端子，3 次实测均为 446mV，表笔反接即红表笔分别接 U、V、W，黑表笔接 N 端，3 次实测均为无穷大，说明 N 和 U、V、W 端子正常。

如图 12-15 右图所示，红表笔分别接 U、V、W 端子，黑表笔接 P 端，3 次实测均为 447mV（实际显示 446 或 447），表笔反接即红表笔接 P 端，黑表笔分别接 U、V、W 端子，3 次实测均为无穷大，说明 P 和 U、V、W 端子正常。

图 12-15　测量模块

根据上述测量结果，判断模块正常，无短路故障。

5. 测量开关管和二极管

IGBT 开关管 Z1 共有 3 个引脚，源极 S、漏极 D 和控制极 G。S 和 D 与直流 300V 并联，漏极 D 接硅桥正极连接的滤波电感引线另一端（棕线），相当于接正极，源极 S 接电容负极。如图 12-16 左图所示，测量时使用万用表二极管档，红表笔接 D（电感棕线），黑表笔接 S 实测为无穷大，红表笔接 S，黑表笔接 D 实测为无穷大，没有出现短路故障，说明开关管正常。

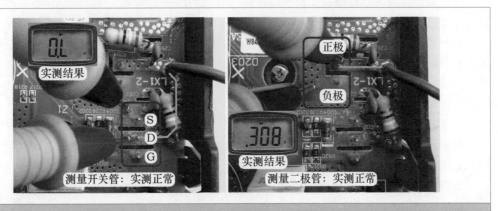

图 12-16　测量开关管和二极管

快恢复二极管 D203 共有两个引脚,正极接硅桥正极连接的滤波电感引线另一端(棕线),负极接电容正极。测量时使用万用表二极管档,如图 12-16 右图所示,红表笔接正极(电感棕线),黑表笔接负极,正向测量实测为 308mV,红表笔接负极,黑表笔接正极,反向测量实测为无穷大,两次实测说明二极管正常。

6. 在路测量硅桥

测量硅桥 G1 依旧使用万用表二极管档,如图 12-17 左图所示,红表笔接负极,黑表笔接交流输入端 ~2,实测为 479mV,说明正常。

红表笔依旧接负极,黑表笔接 ~1,如图 12-17 中图所示,实测接近 0mV,正常时应正向导通,结果和红表笔接负极,黑表笔接 ~2 时相等为 479mV。

如图 12-17 右图所示,红表笔接 ~1,黑表笔接正极,实测接近 0mV,正常时应正向导通,结果和红表笔接负极,黑表笔接 ~2 时相等为 479mV,根据两次实测为 0mV,说明硅桥短路损坏。

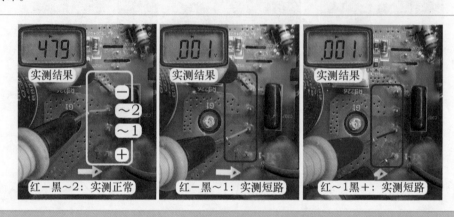

图 12-17 在路测量硅桥

7. 单独测量硅桥

取下固定模块的两个螺钉、快恢复二极管的 1 个螺钉、IGBT 开关管的 1 个螺钉、硅桥的 1 个螺钉共 5 个安装在散热片的螺钉,以及固定室外机主板的自攻螺钉,在室外机电控盒中取下室外机主板,使用电烙铁焊下硅桥,型号为 GBJ15J,如图 12-18 左图所示,使用万用表二极管档,单独测量硅桥,红表笔接负极,黑表笔接 ~1 时,实测仍接近 0mV,排除室外机主板短路故障,确定硅桥短路损坏。

测量型号为 D15XB60 的正常配件硅桥,如图 12-18 中图和右图所示,红表笔接负极,黑表笔分别接 ~1 和 ~2,两次实测均为 480mV,表笔反接为无穷大;红表笔接负极,黑表笔接正极,实测为 848mV,表笔反接为无穷大;红表笔分别接 ~1 和 ~2,黑表笔接正极,两次实测均为 480mV,表笔反接为无穷大。

8. 安装硅桥

参照原机硅桥引脚,如图 12-19 左图和中图所示,首先将配件硅桥的 4 个引脚掰弯,再使用尖嘴钳子剪断多余的引脚长度,使配件硅桥引脚长度和原机硅桥相接近。

将硅桥引脚安装至室外机主板焊孔,调整高度使其和 IGBT 开关管等相同,如图 12-19 右图所示,使用电烙铁搭配焊锡焊接 4 个引脚。

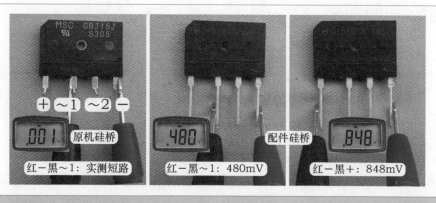

图 12-18 单独测量硅桥

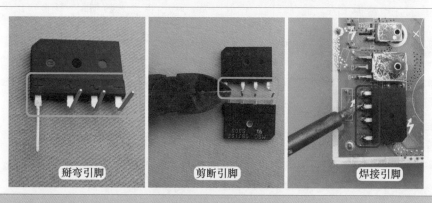

图 12-19 掰弯剪断和焊接引脚

图 12-20 左图为损坏的硅桥和焊接完成的配件硅桥。

由于硅桥运行时热量较高，如图 12-20 中图所示，应在表面涂抹散热硅脂，使其紧贴散热片，降低表面温度，减少故障率，并同时查看模块、开关管、二极管表面的硅脂，如已经干涸时应擦掉，再涂抹新的散热硅脂至表面。

将室外机主板安装至电控盒，调整位置使硅桥、模块等的螺钉眼对准散热片的螺钉孔，如图 12-20 右图所示，使用螺钉旋具安装螺钉并均匀地拧紧，再安装其他的自攻螺钉。

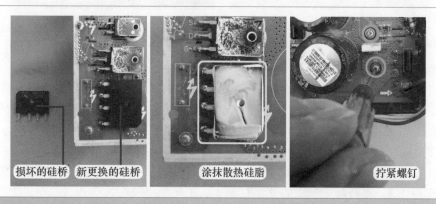

图 12-20 涂抹散热硅脂和拧紧螺钉

维修措施：更换硅桥。更换完成后上电开机，测量 300V 电压恢复正常，约为直流 323V，3 个指示灯按规律闪烁，室外风机和压缩机开始运行，空调器制冷恢复正常。

总结：

① 硅桥内部设有 4 个大功率的整流二极管，本例部分损坏（即 4 个没有全部短路），在室外机主板上电时，因短路电流过大使得 PTC 电阻温度逐渐上升，其阻值也逐渐上升直至无穷大，输送至硅桥交流输入端的电压逐渐下降直至约为 0V，直流输出端电压约为 0V，开关电源电路不能工作，因而 CPU 也不能工作，不能接收和发送通信信号，室内机主板 CPU 判断为通信故障，在显示屏显示"E6"代码。

② 由于硅桥工作时通过的电流较大，表面温度相对较高，焊接硅桥时应在室外机主板正面和背面均焊接引脚焊点，以防止引脚虚焊。

③ 原机硅桥型号为 GBJ15J，其最大正向整流电流为 15A；配件硅桥型号为 D15XB60，其最大正向整流电流为 15A，最高反向工作电压为 600V，两者参数相同，因此可以进行代换。

三、 模块 P-U 端子击穿，海信空调器模块故障

故障说明：海信 KFR-28GW/39MBP 挂式交流变频空调器，用遥控器开机后室外风机运行，但压缩机不运行，空调器不制冷。

1. 查看故障代码

用遥控器开机后室外风机运行，但压缩机不运行，如图 12-21 所示，室外机主板直流 12V 电压指示灯点亮，说明开关电源电路已正常工作，模块板上以 LED1 和 LED3 灭、LED2 闪的方式报故障代码，查看代码含义为模块故障。

图 12-21　压缩机不运行和模块板报故障代码

2. 测量直流 300V 电压

使用万用表直流电压档，如图 12-22 所示，红表笔接室外机主板上滤波电容输出红线，黑表笔接蓝线测量直流 300V 电压，实测为 297V 说明正常，由于代码含义为模块故障，应断开空调器电源，拔下模块板上的 P、N、U、V、W 的 5 根引线测量模块。

3. 测量模块

使用万用表二极管档，如图 12-23 所示，测量模块的 P、N、U、V、W 的 5 个端子，测量结果见表 12-1，在路测量模块的 P 和 U 端子，正向和反向均为 0mV，判断模块 P 和 U 端子击穿；取下模块，单独测量 P 与 U 端子正向和反向均为 0mV，确定模块击穿损坏。

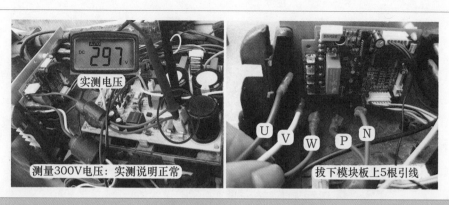

图 12-22 测量 300V 电压和拔下 5 根引线

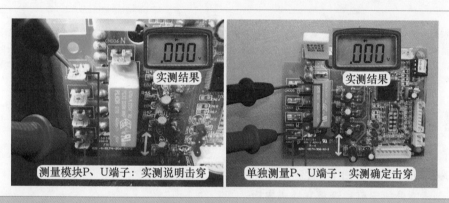

图 12-23 测量模块 P 和 U 端子击穿

表 12-1 测量模块

	模 块 端 子										
万用表（红）	P			N			U	V	W	U	V	W	P	N
万用表（黑）	U	V	W	U	V	W	P			N			N	P
结果 /mV	0	无	无	436			0	436	436	无穷大			无	436

维修措施：如图 12-24 所示，更换模块板，更换后上电试机，室外风机和压缩机均开始运行，制冷恢复正常，故障排除。

总结：

① 本例模块 P 和 U 端子击穿，在待机状态下由于 P-N 未构成短路，因而直流 300V 电压正常，而用遥控器开机后室外机 CPU 驱动模块时，立即检测到模块故障，瞬间就会停止驱动模块，并报出模块故障的代码。

② 如果为早期模块，同样为 P 和 U 端子击穿，则直流 300V 电压可能会下降至 260V 左右，出现室外风机运行、压缩机不运行的故障。

③ 如果模块为 P 和 N 端子击穿，相当于直流 300V 短路，则室内机主板向室外机供电后，室外机直流 300V 电压为 0V，PTC 电阻发烫，室外风机和压缩机均不运行。

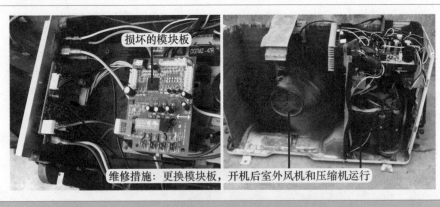

损坏的模块板

维修措施：更换模块板，开机后室外风机和压缩机运行

图 12-24　更换模块板和运行正常

第二节　室外风机和压缩机故障

一、室外风机线圈开路，海尔空调器模块故障

故障说明：海尔 KFR-35GW/01（R2DB0）-S3 挂式直流变频空调器，用户反映不制冷，开机一段时间以后显示"F1"代码，查看代码含义为模块故障。

1. 测量室外机电流和查看室外机主板

上门检查，使用遥控器开机，在室外机 1 号 N 端零线接上电流表测量室外机电流，室内机主板向室外机供电后，约 30s 后电流由 0.5A 逐渐上升，空调器开始制冷，手摸室外机感觉开始振动，且连接管道中的细管开始变凉，说明压缩机正在运行，用手在室外机出风口感觉无风吹出，说明室外风机不运行。

在室外机运行 5min 之后，如图 12-25 左图所示，测量电流约为 6A 时，压缩机停止运行，查看室外机主板指示灯闪两次，代码含义为模块故障。

约 3min 后压缩机再次运行，但室外风机仍然不运行，手摸冷凝器感觉烫手，判断室外风机或室外机主板单元电路出现故障，应先检查室外风机的供电电压是否正常，因室外机主板表面涂有一层薄薄的绝缘胶，应使用万用表的表笔尖刮开涂层，如图 12-25 右图所示，以便万用表测量。

2. 测量室外风机供电

使用万用表交流电压档，如图 12-26 左图所示，黑表笔接零线 N 端，红表笔接高风端子测量电压，实测约为 220V。

如图 12-26 右图所示，黑表笔接 N 端，红表笔改接低风端子测量电压，实测仍约为 220V，说明室外机主板已输出供电，排除供电电路故障。

3. 用手拨动风扇

由于风机电容损坏也会引起室外风机不能运行的故障，如图 12-27 所示，用手摸室外风扇时，感觉没有振动；再用手拨动室外风扇，仍不能运行，从而排除风机电容故障。

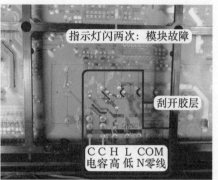

指示灯闪两次：模块故障

实测电流

刮开胶层

测量N线电流：实测约6A时压缩机停机

C C H L COM
电容 高 低 N零线

图 12-25   测量室外机电流和室外风机电路

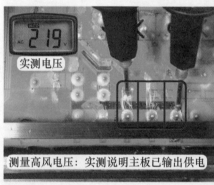
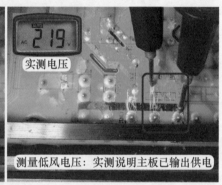

实测电压

实测电压

测量高风电压：实测说明主板已输出供电

测量低风电压：实测说明主板已输出供电

图 12-26   测量室外风机高风和低风电压

手摸室外风扇无振动感

拨动风扇：风机不运行

图 12-27   手摸室外风扇和拨动风扇

4. 测量室外风机引线阻值

断开空调器电源，如图 12-28 所示，使用万用表电阻档，测量室外风机引线阻值，结果见表 12-2，测量公共端接零线 N 的白线和高风抽头黑线间的阻值为无穷大，白线和低风抽头的黄线间的阻值也为无穷大，说明室外风机内部的线圈开路损坏，可能为白线串接的温度保险开路。

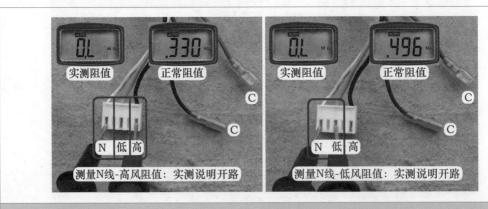

图 12-28　测量线圈阻值

表 12-2　测量室外风机引线阻值

红表笔 和 黑表笔	白线 - 黄线 N-L 公共 - 低风	白线 - 黑线 N-H 公共 - 高风	白线 - 棕线 N-C 公共 - 电容	白线 - 蓝线 （内部相通）	黄线 - 黑线 L-H 低风 - 高风	黄线 - 棕线 L-C 低风 - 电容	黑线 - 棕线 H-C 高风 - 电容
结果	无穷大	无穷大	无穷大	无穷大	166Ω	174Ω	339Ω

　　维修措施：如图 12-29 所示，更换室外风机。更换后上电开机，室外风机和压缩机均开始运行，制冷恢复正常。

图 12-29　更换室外风机

　　总结：

　　本例室外风机线圈开路，室外机主板输出供电后不能运行，压缩机运行时冷凝器因无法散热，表面温度很高，使得压缩机运行电流迅速上升，相对应模块电流也迅速上升，超过一定值后输出保护信号至室外机 CPU，室外机 CPU 检测后停止驱动压缩机进行保护，并显示代码为模块故障。

二、直流风机线圈开路，格力空调器室外风机故障

故障说明：格力 KFR-32GW/（32561）FNCa-2 挂式全直流变频空调器（U 雅），用户反映不制冷，显示屏显示"L3"代码。查看代码含义为直流风机故障或室外风机故障保护。

1. 显示屏代码和检测仪故障

上门检查，用户正在使用空调器，室内风机运行，但室外机不运行，如图 12-30 左图所示，显示屏处显示"L3"代码，同时"运行"指示灯间隔 3s 闪烁 23 次，含义为室外直流风机故障。

断开空调器电源，在室外机接线端子接上格力变频空调器专用检测仪的 3 根连接线，使用万用表交流电流档，钳表卡住 3 号棕线测量室外机电流，再重新上电开机，室内风机运行，室内机主板向室外机主板供电后，首先电子膨胀阀复位，查看电流约为 0.1A，约 40s 时压缩机起动运行，但室外风机不运行，电流逐渐上升，约 1min30s 时电流约为 3.2A，压缩机停止（共运行约 50s），室内机显示"L3"代码，查看检测仪显示信息如下，如图 12-30 右图所示，故障：L3（室外风机 1 故障）。查看室外机主板指示灯状态，绿灯 D3 持续闪烁，表示为通信正常；黄灯熄灭，表示为压缩机停止；红灯闪烁 8 次，表示为达到开机温度；根据 3 个指示灯含义，说明室外机主板未报出故障代码。

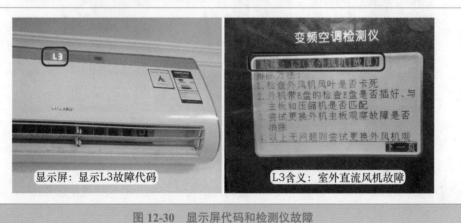

图 12-30　显示屏代码和检测仪故障

2. 转动室外风扇和室外风机铭牌

室内机显示屏和检测仪均显示故障为室外直流风机故障，说明室外风机电路有故障。在压缩机停止运行后，如图 12-31 左图所示，用手转动室外风扇，感觉很轻松没有阻力，排除异物卡住室外风扇或电机内部轴承卡死故障。

如图 12-31 右图所示，查看室外风机铭牌，使用松下公司生产的直流电机（风扇用塑封直流电动机），型号为 ARL8402JK（FW30J-ZL），其连接线只设有 3 根，分别为黄线 U、红线 V、白线 W，U-V-W 为模块输出，说明电机内部未设置电路板，只有电机绕组的线圈。

3. 测量引线阻值

断开空调器电源，在室外机主板上拔下风机插头，和风机铭牌标识相同，只有黄白红 3 根引线。使用万用表电阻档测量引线阻值，如图 12-32 所示，黄线和红线实测阻值为无穷大、黄线和白线实测阻值为无穷大、白线和红线实测阻值为无穷大，根据测量结果，说明室外风机线圈开路损坏。

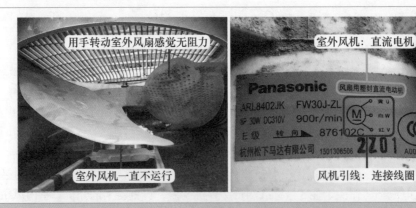

图 12-31　转动室外风扇和室外风机铭牌

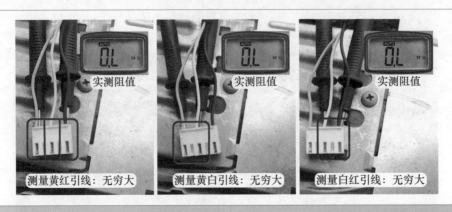

图 12-32　测量引线阻值

4. 配件电机和铭牌

　　按空调器型号和条码申请室外风机，发过来的配件实物外形和铭牌标识如图 12-33 所示，由凯邦公司生产的直流电机（无刷直流塑封电动机），型号为 ZWR30-J（FW30J-ZL），共有 3 根引线，分别为黄线 U、红线 V、白线 W，引线插头和原机相同。

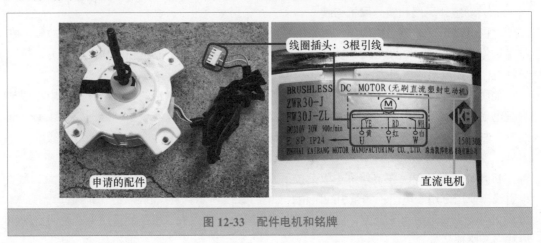

图 12-33　配件电机和铭牌

5. 测量配件电机引线阻值

使用万用表电阻档，测量配件电机插头引线阻值，如图 12-34 所示，黄线和红线实测阻值约为 82Ω，黄线和白线实测阻值约为 82Ω，白线和红线实测阻值约为 82Ω，根据测量结果也说明直流电机内部只有绕组线圈，没有设计电路板，也确定原机直流电机线圈开路损坏。

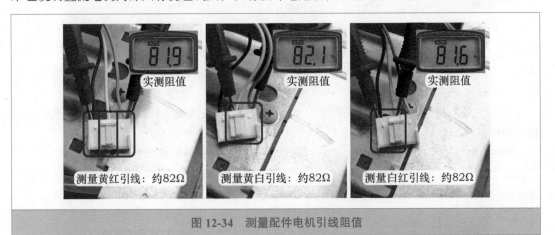

图 12-34　测量配件电机引线阻值

6. 更换室外风机

如图 12-35 左图所示，将配件电机引线插头安装至室外机主板插座，再次上电试机，待电子膨胀阀复位过后，压缩机开始运行并逐渐升频，室外风机开始运行转速并逐渐加快，手摸冷凝器温度逐渐上升，同时室内机显示屏不再显示"L3"代码。

使用遥控器关机，并断开空调器电源，由于室外机前方安装有防盗窗并且距离过近，无法取下前盖，如图 12-35 右图所示，维修时取下室外风扇后慢慢取下原机的直流电机，再将配件电机安装至固定支架，再安装室外风扇并拧紧螺钉。

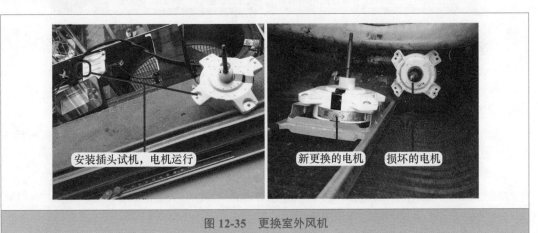

图 12-35　更换室外风机

维修措施：更换室外直流风机。更换后再次上电试机，室外风机和压缩机均开始运行，制冷恢复正常。

总结：

本例线圈开路，室外风机不能运行，室外机主板 CPU 检测后停止压缩机运行，并在室内机显示屏显示"L3"代码。

三、 直流电机损坏，海尔空调器直流风机异常

故障说明：卡萨帝（海尔高端品牌）KFR-72LW/01B（R2DBPQXFC）-S1 柜式全直流变频空调器，用户反映不制冷。

1. 查看室外机主板指示灯和直流电机插头

上门检查，使用遥控器开机，室内风机运行但不制冷，出风口吹出的为自然风。到室外机检查，室外风机和压缩机均不运行，取下室外机外壳和顶盖，如图 12-36 左图所示，查看室外机主板指示灯闪 9 次，查看代码含义为室外或室内直流电机异常。由于室内风机运行正常，判断故障在室外风机。

本机室外风机使用直流电机，用手转动室外风扇，感觉转动轻松，排除轴承卡死引起的机械损坏，说明故障在电控部分。

如图 12-36 右图所示，室外直流电机和室内直流电机的插头相同，均设有 5 根引线，其中红线为直流 300V 供电，黑线为地线，白线为直流 15V 供电，黄线为驱动控制，蓝线为转速反馈。

指示灯闪9次：室外或室内直流电机异常　　直流电机：5根引线

图 12-36　室外机主板指示灯闪 9 次和室外直流电机引线

2. 测量 300V 和 15V 电压

使用万用表直流电压档，如图 12-37 左图所示，黑表笔接黑线地线，红表笔接红线测量 300V 电压，实测为 312V，说明主板已输出 300V 电压。

如图 12-37 右图所示，黑表笔依旧接黑线地线，红表笔接白线测量 15V 电压，实测约为 15V，说明主板已输出 15V 电压。

3. 测量反馈电压

如图 12-38 所示，黑表笔依旧接黑线地线，红表笔接蓝线测量反馈电压，实测约为 1V，慢慢用手拨动室外风扇，同时测量反馈电压，蓝线电压约为 1V ~ 15V ~ 1V ~ 15V 跳动变化，说明室外风机输出的转速反馈信号正常。

4. 测量驱动电压

将空调器重新上电开机，如图 12-39 所示，黑表笔依旧接黑线地线，红表笔接黄线测量驱动电压，电子膨胀阀复位后，压缩机开机始运行，约 1s 后黄线驱动电压由 0V 上升至 2V，再上升至 4V，最高约为 6V，再下降至 2V，最后变为 0V，但同时室外风机始终不运行，约 5s 后压缩机停机，室外机主板指示灯闪 9 次报出故障代码。

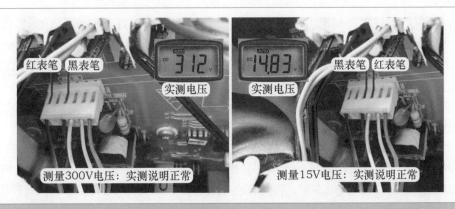

红表笔　黑表笔

实测电压

测量300V电压：实测说明正常

黑表笔　红表笔

实测电压

测量15V电压：实测说明正常

图 12-37　测量 300V 和 15V 电压

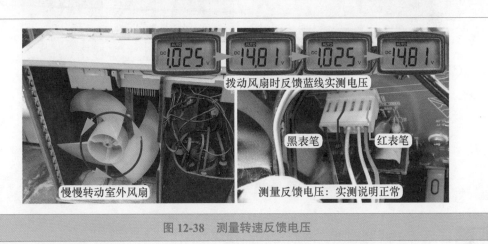

慢慢转动室外风扇

拨动风扇时反馈蓝线实测电压

黑表笔　　　红表笔

测量反馈电压：实测说明正常

图 12-38　测量转速反馈电压

　　根据上电开机后驱动电压由 0V 上升至最高约 6V，同时在直流 300V 和 15V 供电电压正常的前提下，室外风机仍不运行，判断室外风机内部控制电路或线圈开路损坏。

➡ 说明：由于空调器重新上电开机，室外机运行约 5s 后即停机保护，因此应先接好万用表表笔，再上电开机。

测量驱动黄线电压

黑表笔　　　红表笔

测量驱动电压：实测说明正常

图 12-39　测量驱动电压

维修措施：本机室外风机由松下公司生产，型号为EHDS31A70AS，如图12-40所示，申请同型号电机将插头安装至室外机主板，再次上电开机，压缩机运行，室外机主板不再停机保护，也确定室外风机损坏，经更换室外风机后上电试机，室外风机和压缩机一直运行不再停机，制冷恢复正常。

在室外风机运行正常时，使用万用表直流电压档，黑表笔接黑线地线，红表笔接黄线测量驱动电压为4.2V，红表笔接蓝线测量反馈电压为10.3V。

➡ 说明：本机如果不安装室外风扇，只将室外风机插头安装在室外机主板试机（见图12-40左图），室外风机运行时抖动严重，转速很慢且时转时停，但不再停机显示故障代码；将室外风机安装至室外机固定支架，再安装室外风扇后，室外风机运行正常，转速较快。

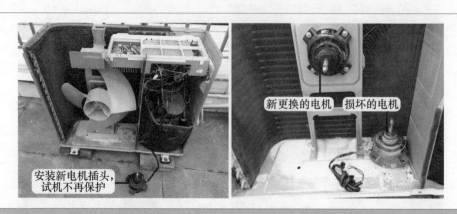

图 12-40　更换室外风机

四、　压缩机线圈短路，海信空调器模块故障

故障说明：海信KFR-26GW/27BP挂式交流变频空调器，开机后不制冷，到室外机查看，室外风机运行，但压缩机运行15s后停机。

1. 查看故障代码

拔下空调器电源插头，约1min后重新上电，室内机CPU和室外机CPU复位，用遥控器以制冷模式开机，在室外机观察，压缩机首先运行，但约15s后停止运行，室外风机一直运行，如图12-41左图所示，模块板上指示灯报故障为"LED1和LED3灭、LED2闪"，查看代码含义为IPM故障；在室内机按压遥控器上的"高效"键4次，显示屏显示代码为"05"，含义同样为IPM故障。

断开空调器电源，待室外机主板开关电源电路停止工作后，拔下模块板上的"P、N、U、V、W"的5根引线，使用万用表二极管档，如图12-41右图所示，测量模块5个端子，符合正向导通、反向截止的二极管特性，判断模块正常。

2. 测量压缩机线圈阻值

使用万用表电阻档，测量压缩机线圈阻值，压缩机线圈共有3根引线，分别为红（U）、白（V）、蓝（W），如图12-42所示，测量UV引线间的阻值为1.6Ω，UW引线间的阻值为1.7Ω，VW引线间的阻值为2.0Ω，实测阻值不平衡，相差约0.4Ω。

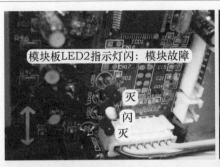

图 12-41　故障代码和测量模块

图 12-42　测量压缩机线圈阻值

3. 测量室外机电流和模块电压

恢复模块板上的 5 根引线，使用两块万用表，一块为 UT202，如图 12-43 所示，选择交流电流档，钳头夹住室外机接线端子上的 1 号电源 L 相线，测量室外机的总电流；一块为 VC97，如图 12-44 所示，选择交流电压档，测量模块板上红线 U 和白线 V 间的电压。

图 12-43　测量室外机电流

图 12-44　测量压缩机 UV 引线间的电压

重新上电开机，室内机主板向室外机供电后，电流为 0.1A；室外风机运行，电流为 0.4A；压缩机开始运行，电流开始直线上升，由 1A → 2A → 3A → 4A → 5A，电流约为 5A 时压缩机停机，从压缩机开始运行到停机总共只有约 15s 的时间。

查看红线 U 和白线 V 间的电压，压缩机未运行时电压为 0V，运行约 5s 时电压为交流 4V，运行约 15s 电流约为 5A 时电压为交流 30V，模块板 CPU 检测到运行电流过大后，停止驱动模块，压缩机停机，并报代码含义为 IPM 故障，此时室外风机一直运行。

4. 手摸二通阀和测量模块空载电压

在三通阀检修口接上压力表，此时显示静态压力约为 1.2MPa，约 3min 后 CPU 再次驱动模块，压缩机开始运行，系统压力逐步下降，当压力降至 0.6MPa 时压缩机停机，如图 12-45 左图所示，此时手摸二通阀感觉已经变凉，说明压缩机压缩部分正常（系统压力下降、二通阀变凉），为电机中线圈短路引起（测量线圈阻值相差 0.4Ω、室外机运行电流上升过快）。

试将压缩机 3 根引线拔掉，再次上电开机，室外风机运行，模块板 3 个指示灯同时闪，含义为正常升频无限频因素，模块板不再报 IPM 故障，在室内机按压遥控器上的"高效"键 4 次，显示屏显示"00"，含义为无故障，使用万用表交流电压档，如图 12-45 右图所示，测量模块板 UV、UW、VW 间的电压结果均衡，开机 1min 后测量电压约为交流 160V，也说明模块输出正常，综合判断压缩机线圈短路损坏。

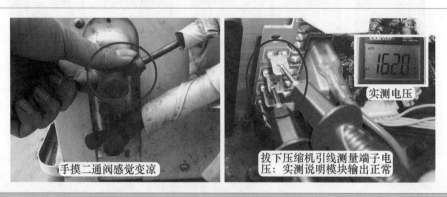

图 12-45　手摸二通阀和测量模块空载电压

维修措施：如图 12-46 所示，更换压缩机。压缩机型号为庆安 YZB-18R，工作频率为 30～120Hz、电压为交流 60～173V，使用 R22 制冷剂。英文 "Rotary Inverter Compressor" 含义为旋转式变频压缩机。更换压缩机后顶空加制冷剂至 0.45MPa，模块板不再报 IPM 故障，压缩机一直运行，空调器制冷正常，故障排除。

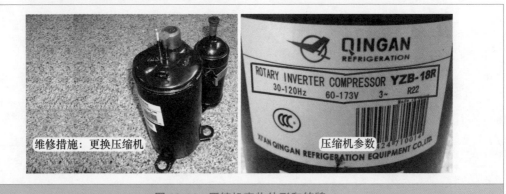

图 12-46　压缩机实物外形和铭牌